漠河盆地油气地质特征

文志刚　赵省民　肖传桃　胡道功　邓　磊　等　著

科学出版社

北京

内 容 简 介

本书综合展示近年来漠河盆地的油气地质研究成果。在野外地质调查的基础上，依据大量的分析化验资料，系统论述漠河盆地的地层、区域构造、沉积相、烃源岩、储层、成矿条件等基本特征，较为系统地分析油气前景及有利勘探区。

本书可供从事漠河盆地基础地质和油气地质研究的生产、科研人员及高等院校资源勘查工程、地质资源与地质工程等相关专业的师生参考阅读。

图书在版编目（CIP）数据

漠河盆地油气地质特征/文志刚等著.—北京：科学出版社，2022.9
ISBN 978-7-03-071116-8

Ⅰ.① 漠⋯　Ⅱ.① 文⋯　Ⅲ.① 盆地-石油天然气地质-研究-黑龙江省
Ⅳ. ① P618.130.2

中国版本图书馆 CIP 数据核字（2021）第 270559 号

责任编辑：孙寓明/责任校对：高　嵘
责任印制：彭　超/封面设计：无极书装

科学出版社 出版
北京东黄城根北街 16 号
邮政编码：100717
http://www.sciencep.com

武汉精一佳印刷有限公司印刷
科学出版社发行　各地新华书店经销
*
开本：787×1092　1/16
2022 年 9 月第 一 版　印张：14 1/4
2022 年 9 月第一次印刷　字数：338 000
定价：188.00 元
（如有印装质量问题，我社负责调换）

　　漠河盆地位于大兴安岭北部地区，为我国三大永久冻土分布区之一，区域构造上位于兴安—内蒙古地槽褶皱带额尔古纳地块中的上黑龙江中生代断（拗）陷带，呈东西向展布，长度约为 300 km，宽度约为 80 km，在我国境内面积为 21 500 km²，与北部俄罗斯境内的乌舒蒙盆地（1.7×10^4 km²）相连为同一盆地。漠河盆地蕴含丰富的油气资源，潜力巨大，自 20 世纪 80 年代以来，历经了 40 余年的勘探开发，受区域内自然环境恶劣及基础地质资料相对匮乏的制约，未能对其油气地质特征进行系统有效的研究，漠河盆地至今仍为一个勘探早期的盆地。

　　在综合调研前人研究成果的基础上，本书通过翔实的区域地质调查和周密的实验数据分析，重新划分区域内额木尔河群岩石地层，明确沉积相类型及演化特征，评价各层位的生烃潜力及储集性能，厘定漠河盆地区域构造格架及构造期次，论述区域内成矿条件及控矿因素，探讨成矿模式，并首次对区域内的油气前景及有利勘探区进行深入系统的剖析。

　　全书共 7 章，第 1 章绪论，简要介绍漠河盆地的区域地质概况及油气与天然气水合物的研究进展；第 2 章地层划分与对比，首次对漠河盆地额木尔河群进行地层划分与对比研究，建立额木尔河群的孢粉化石组合和古植物化石组合，结合 U-Pb 年龄测试结果综合判断漠河组及其以下的绣峰组和二十二站组形成于中侏罗世晚期之前；第 3 章区域构造特征，重新厘定漠河盆地区域构造格架及构造期次，明确区域内经历 120～90 Ma 和 20 Ma以来的两次快速抬升与剥蚀事件；第 4 章沉积相，将研究区划分为近源陡坡型和近源缓坡型两大沉积体系，并细分出 5 种沉积相、13 种沉积亚相、20 余种沉积微相类型，深入分析额木尔河群各组沉积的平面展布特征和纵向演化特征；第 5 章烃源岩评价与地球化学特征，介绍漠河盆地侏罗系各套地层烃源岩的分布特征和有机质丰度、类型、成熟度，对单井烃源岩进行综合评价，同时系统论述生物标志化合物特征；第 6 章储层特征，阐述区域内侏罗系各套地层储层的岩石学特征、物性特征及孔隙特征，总结储层物性平面和纵向演化特征及其影响因素，分析成岩作用，并挑选出典型井进行单井储层评价；第 7 章成矿条件分析，综合分析区域内的烃源岩、储层、生储盖组合、圈闭、运移通道、输导体系及保存条件，利用多种方法计算区域内潜在资源量，探讨天然气水合物的成矿特征，通过模拟判断区域内的埋藏史及生烃史，最终总结出成矿模式并划分成矿有利区带。

　　本书内容源于中国地质调查局项目"东北冻土区天然气水合物资源勘查（长江大学）"（GZHL20120304）成果。科研团队的主要成员有中国地质调查局油气资源调查中心的赵省民、邓坚、易立，长江大学的文志刚、肖传桃、邓磊，吉林大学的孙友红、郭威，黑龙江省地质调查研究总院齐齐哈尔分院的杨晓平、张文龙，中国地质科学院地球物理地球化学勘查研究所的方慧、邱礼泉、刘畅往、冯杰、何梅兴、白大卫，中国地质大学（北京）的唐玄、王金友。参与野外地质调查的还有中国科学院地质与地球物理研究所的赵希涛，中国地质科学院地质力学研究所的刘晓佳和吴环环等硕士生，中国地质大学（北京）的高雪咪和田珺等硕士生，长江大学的李威和王登等硕士生。

本书主要执笔人为文志刚、赵省民，参与写作的有肖传桃、胡道功、邓磊、易立，由邓磊统稿。本书图件主要由梁文燕、雷冠宇、韩欣、林静文等清绘完成。

由于作者水平有限，书中难免存在疏漏和不足之处，敬请读者批评指正。

作　者

2022 年 3 月

第 *1* 章

绪 论

　　漠河盆地位于蒙古—鄂霍茨克褶皱带中额尔古纳地块的东北端，是我国永久冻土带的重要组成部分。地质勘探与研究表明，漠河盆地具备一定的油气成藏条件和良好的天然气水合物赋存远景。

1.1 区域地质概况

  漠河盆地位于黑龙江省的西北部,分属漠河、呼玛、塔河管辖。地理坐标为121°07'E～125°45'E,52°20'N～53°03'N。漠河盆地处于山区,大部分为原始森林,交通以森林公路和国防公路为主,南部有塔河—西林吉铁路。漠河盆地内水系较发育,除界河黑龙江外还有呼玛河、额木尔河、盘古河等。漠河盆地中西部海拔为 700～900 m,东部仅为400 m 左右,高差可达 500 m,西高东低。漠河盆地属于大陆高寒气候,结冰期长达 7 个月,年平均气温为-4.9℃,年降水量为 394 mm,降水集中在秋季。

  大地构造上,漠河盆地位居蒙古—鄂霍茨克褶皱带中的额尔古纳地块的东北端(图 1.1)。漠河盆地是中国东北拼贴板块的一部分,其北、西与西伯利亚板块相邻,东接布列雅地块,南与大兴安岭地块北端相接,处于西伯利亚板块与中国东北拼贴板块碰撞缝合的部位。在现今大地构造上,特别是在东北亚大地构造演化上,漠河盆地占有非常重要的地位。在古地理特征上,漠河盆地属于蒙古—鄂霍茨克洋的一部分。漠河盆地的地层充填、沉积与构造演化均受控于华北板块与西伯利亚板块间的相互作用及蒙古—鄂霍茨克洋壳的俯冲作用。然而,关于漠河盆地的构造性质还存在争议,有些学者认为其属于前陆盆地(侯伟 等,2010;李锦轶 等,2004),有的学者则认为其属于挠曲盆地或山间盆地(和钟铧 等,2008),本书倾向于后一种观点。尽管后期漠河盆地经过燕山晚期和喜马拉雅期构造运动的改造和破坏,但是其基本构造构架没有改变。漠河盆地由西向东划分为 4 个一级构造带,即额木尔河冲断带、盘古河断拗带、二十二站背斜带和腰站断拗带。

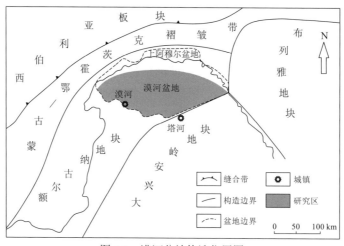

图 1.1 漠河盆地构造位置图

1.2 漠河盆地油气研究进展

漠河盆地的油气地质勘探与研究工作始于 20 世纪 80 年代，主要完成以下几方面的工作。

1988 年，大庆石油管理局勘探部委托长春市东方地球物理技术服务总公司，在漠河盆地进行 1 : 20 万高精度的构造航磁普查工作，控制面积达 25 930 km²。

1994 年，大庆石油管理局勘探开发研究院进行区域地质调查，指出漠河盆地上侏罗统二十二站组和额木尔河组具有生油能力。

1995 年，中国石油天然气总公司新区勘探开发事业部东北裂谷系石油勘探项目经理部委托中国科学院地质研究所，在漠河盆地进行地面石油地质调查工作，预测漠河盆地油气远景资源量达 $2.6 \times 10^8 \sim 3.9 \times 10^8$ t。同年，东北裂谷系石油勘探项目经理部委托北京市华达石油天燃气技术开发公司，在漠河盆地中部进行高精度的重磁剖面测量工作，测量三条重磁剖面共计 191.2 km。

1998 年，大庆石油管理局勘探开发研究院对兴安岭盆地群进行了综合分析与评价，在漠河盆地进行标准地质剖面测量和采集部分地层岩石地球化学数据分析样品，提交研究报告，明确漠河盆地中央拗陷区具有较好的油气勘探远景。

2001 年，大庆油田有限责任公司在漠河县境内钻探漠 D1 井，并于 2002 年 6 月完钻，井深为 1456 m。此外，还在漠河盆地中部进行了地质调查及早期评价等石油地质研究工作。早期评价结果表明，漠河盆地具有较好的油气勘探远景。

2004 年，漠河盆地盘古河断拗带长缨凹陷西北缘完成了第二口油气地质探井（漠 D2 井）。同年，启动全国油气资源战略选区调查与评价项目"大庆探区外围中、新生代断陷盆地油气地质条件综合评价"，重新对漠河盆地的含油气条件开展研究。

自 20 世纪 90 年代以来，大庆油田有限责任公司、国土资源部先后委托不同部门在漠河盆地开展了以重磁电为主并伴以少量地震的地球物理勘查，以及以了解该区域油气地质条件为目标的油气基础地质与油气成藏条件调查；21 世纪初，大庆油田有限责任公司还在漠河盆地实施了以了解油气地质条件为目标的地质钻探，先后钻探了两口深度约为 1500 m 的地质浅井。

上述工作对全面了解漠河盆地的油气成藏条件具有重要意义。

1.3 漠河盆地天然气水合物研究进展

2002～2003 年，中国地质科学院矿产资源研究所自筹资金在东北地区开展了"中国永久冻土带天然气水合物形成条件和成矿背景的先期调查"项目，初步了解了该区域永久冻土的发育特征和天然气水合物的成矿地质背景，发现了一些天然气水合物的成矿标志及其赋存的相关异常情况。

2003 年下半年，在地方政府的支持下，黑龙江省地质调查研究总院分别在漠河盆地西南部的霍拉盆地和三江流域的饶河县开展了以天然气水合物为目标的电法（瞬变电磁）勘查与钻探，但因基础地质工作薄弱，对工作区的成矿条件和永久冻土的发育规律缺乏了解，该次勘探并未获得突破。

2004～2005 年，中国地质科学院矿产资源研究所负责开展了"我国陆域永久冻土带天然气水合物资源远景调查"项目，实施了以天然气水合物资源远景调查为目标的地质、地球物理和地球化学联合调查，发现了天然气水合物赋存的一系列标志。

2010 年秋季，在中国地质调查局的支持下，中国地质科学院矿产资源研究所组织相关单位，在漠河图强林业局管辖的二十八站林场附近实施了以地球物理和地球化学勘查为先导，以天然气水合物钻探为目标的综合勘查，尽管没有取得天然气水合物钻探的重大发现，但对了解该区域的永久冻土特征、地质特征、生烃条件及成矿背景均具有重要的参考价值。2010 年初冬，黑龙江省有关部门以地热钻探为目标，在漠河盆地北部实施一口深度约为 1600 m 的地质探井。虽然地热钻探未获突破，但却意外发现了天然气泄漏，展示了良好的天然气水合物赋存远景。

第 *2* 章

地层划分与对比

　　漠河盆地发育的侏罗系包括绣峰组（J_2x）、二十二站组（J_2er）、漠河组（J_2m）、开库康组（J_2k）等。本章主要涉及额木尔河群的划分与对比问题，即绣峰组、二十二站组、漠河组和开库康组地层特征及生物地层的划分与对比。

2.1 地层剖面

本次野外共测量剖面 27 条,其中精测剖面 4 条,草测剖面 23 条。以下主要介绍精测的 4 条剖面特征。

2.1.1 瓦拉干—二十二站绣峰组剖面

瓦拉干—二十二站绣峰组剖面如图 2.1 所示。剖面终点坐标:52°56'25.82"N,124°35'06.33"E;高程 $H = 141.22$ m。

未见顶

76. 浅灰绿色中-厚层粗砂岩	15.17 m
75. 浅灰色中-厚层粗砂岩,灰绿色细砂岩、粉砂岩,与粉砂质泥岩互层	34.39 m
74. 灰绿色中-厚层含砾粗砂岩与灰绿色厚层粗砂岩互层	13.25 m
73. 灰绿色中层粉砂岩与灰绿色泥岩互层	5.53 m
72. 灰色厚层中-粗砂岩	5.73 m
71. 灰绿色中-厚层细砂岩	8.06 m
70. 灰绿色厚层含砾粗砂岩	6.32 m
69. 灰绿色厚层含砾粗砂岩	11.55 m
68. 深灰绿色薄层粉砂岩与粉砂质泥岩夹灰色中层细砂岩。[含孢粉化石:桫椤孢属(Cyathidites)]	5.06 m
67. 浅灰色中-厚层砾岩,浅灰色薄层粗砂岩	10.79 m
66. 灰绿色中层中-粗砂岩,灰绿色中层细砂岩,灰绿色厚-中层粉砂岩、粉砂质泥岩	2.25 m
65. 浅灰绿色中-厚层粗粒岩屑石英砂岩夹薄层含砾粗砂岩	6.16 m
64. 灰绿色中层中砂岩、中层细-粉砂岩,灰绿色薄-中层粉砂质泥岩[含孢粉化石:两气囊花粉(Disacciatrileti)]	5.27 m
63. 浅灰色中-厚层粗粒岩屑石英砂岩	6.16 m
62. 浅灰绿色中-厚层中粒岩屑砂岩与灰绿色薄层粉砂质泥岩互层	6.14 m
61. 浅灰绿色中-厚层粗砂岩	6.37 m
60. 灰绿色中-厚层含砾粗砂岩、粉砂岩与深灰色中-薄层粉砂质泥岩互层。[含孢粉化石:两气囊花粉(Disacciatrileti),三角粒面孢属(Granulatisporites)]	19.45 m
59. 浅灰绿色中-厚层含砾粗砂岩、细砂岩与灰绿色薄层粉砂质泥岩互层	22.25 m
58. 浅灰绿色含砾粗砂岩、细砂岩与粉砂岩互层	190.17 m

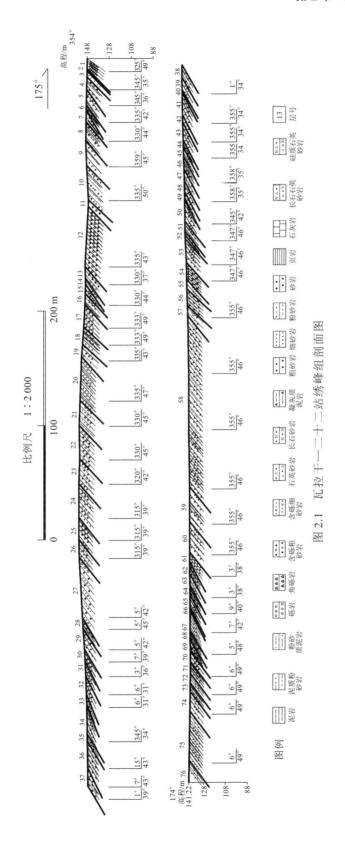

图 2.1　瓦拉干一二十三站绣峰组剖面图

57.浅灰绿色厚层含砾粗粒岩屑石英砂岩夹灰绿色凝灰岩及玻屑凝灰岩　6.72 m

56.灰绿色中-厚层粉砂岩与深灰色薄层粉砂质泥岩互层　11.06 m

55.浅灰绿色厚层-块状粗粒岩屑石英砂岩　6.08 m

54.浅灰绿色厚层-块状粗砂岩与灰绿色薄-中层粉砂岩互层　10.77 m

53.灰色薄-中层砾岩与浅灰绿色厚层含砾粗砂岩互层　15.48 m

52.浅灰绿色厚层-块状粗砂岩、深灰色中层粉砂岩及黑色碳质页岩　4.48 m

51.浅灰绿色块状含砾粗砂岩与灰绿色中层泥质粉砂岩互层　5.63 m

50.灰色厚层-块状含砾粗砂岩与粗砂岩互层,底部为 20 cm 的厚砾岩　11.11 m

49.灰绿色厚层含砾粗砂岩、中-粗砂岩,绿色薄层粉砂质泥岩　4.38 m

48.灰绿色厚层-块状含砾粗砂岩、中-粗砂岩　5.50 m

47.灰色、灰绿色厚层含砾粗砂岩与灰色中层粉砂岩互层　6.41 m

46.灰色、灰绿色厚层含砾粗砂岩与深灰色中层粉砂质泥岩互层。[含孢粉
化石:光面三缝孢属(*Leiotriletes*),桫椤孢属(*Cyathidites*),三角粒
面孢属(*Granulatisporites*),紫萁孢属(*Osmundacidites*),网叶蕨孢属
(*Dictyophyllidites*),两气囊花粉(*Disacciatrileti*)]　6.46 m

45.灰绿色块状岩屑石英砂岩　4.59 m

44.灰色、灰绿色厚层粗粒岩屑石英砂岩与灰绿色薄-中层泥质粉砂岩互层
　3.82 m

43.灰色厚层粗粒岩屑石英砂岩　9.40 m

42.浅灰、灰色厚层中粒岩屑石英砂岩　3.61 m

41.浅灰色厚层-块状粗粒岩屑石英砂岩　11.41 m

40.浅灰色厚层含砾粗砂岩　1.55 m

39.浅灰绿色块状粗粒岩屑石英砂岩　6.99 m

38.灰色中层中-粗砂岩与灰绿色粉砂质泥岩互层　7.27 m

37.灰色厚层粗砂岩,灰绿色中-厚层粉砂岩　10.04 m

36.灰绿色、灰色中-厚层粉砂岩与灰绿色薄层泥岩互层　13.31 m

35.灰色、灰褐色厚层中-粗砂岩　3.35 m

34.灰绿色厚层细砂岩夹中层粉砂岩,灰绿色中-厚层粉砂岩与灰绿色薄层
粉砂质泥岩互层　12.74 m

33.灰色中-厚层含砾粗砂岩、中-粗砂岩,灰绿色厚层细砂岩,灰绿色薄层
泥质粉砂岩　5.71 m

32.灰色厚层砾岩,灰色厚层含砾粗砂岩夹中-粗砂岩　9.43 m

31.深灰色厚层细砂岩与灰绿色薄层粉砂岩互层　8.32 m

30.灰色厚层中-粗粒岩屑石英砂岩夹 0.3 m 灰色中层含砾粗砂岩　7.09 m

29.灰色块状中-粗粒岩屑石英砂岩,灰绿色薄-中层粉砂岩　12.66 m

28.灰绿色薄-中层粉砂质泥岩,灰色中层细砂岩,与灰色厚层中-粗粒岩
屑石英砂岩互层。[含孢粉化石:光面三缝孢属(*Leiotriletes*),三角粒
面孢属(*Granulatisporites*),圆形粒面孢属(*Cyclogranisporites*)]　6.79 m

27.灰色、浅灰绿色厚层-块状中-粗砂岩夹灰色中层含砾粗砂岩　34.51 m

26. 灰褐色中-厚层含砾粗砂岩，浅灰色厚层-块状中-粗砂岩、中层细砂岩，
　　 灰绿色粉砂岩　　　　　　　　　　　　　　　　　　　　　　11.40 m

25. 灰褐色厚层中-粗砂岩，灰色、灰褐色厚层含砾粗砂岩，灰色块状砾
　　 岩、含砾粗砂岩　　　　　　　　　　　　　　　　　　　　12.57 m

24. 灰色厚层含砾粗砂岩、粗砾岩与灰色中-厚层细砂岩、中层粉砂岩互层
　　　　　　　　　　　　　　　　　　　　　　　　　　　　19.49 m

23. 灰色厚层粗粒岩屑砂岩、含砾粗砂岩与灰色厚层细粒岩、泥质粉砂岩
　　 互层　　　　　　　　　　　　　　　　　　　　　　　　15.56 m

22. 浅灰色厚层-巨厚层砾岩、含砾粗砂岩与中-粗砂岩韵律互层　20.30 m

21. 主体为灰色厚层-局部厚层砾岩与含砾粗砂岩不等厚互层，顶部为灰
　　 绿色粉砂质泥岩　　　　　　　　　　　　　　　　　　　　15.98 m

20. 灰色中层细砂岩、中层粉砂岩与灰绿色、灰黑色薄层泥岩互层　25.09 m

19. 灰褐色厚层-块状中-粗粒长石石英砂岩夹灰褐色含砾中-粗砂岩　8.30 m

18. 灰色中层细砂岩、薄-中层粉砂岩与灰绿色薄层泥岩互层。[含孢粉化石：
　　 光面三缝孢属（*Leiotriletes*），三角粒面孢属（*Granulatisporites*），圆形粒
　　 面孢属（*Cyclogranisporites*）]　　　　　　　　　　　　11.00 m

17. 灰色厚层-巨块状含砾粗砂岩夹灰色中层砾岩　　　　　　　12.77 m

16. 灰色厚层粉砂岩与灰色薄层泥岩互层　　　　　　　　　　　6.49 m

15. 灰色巨厚层砾岩，灰褐色厚层含砾粗砂岩　　　　　　　　　4.79 m

14. 灰色、灰褐色厚层砾岩、含砾粗砂岩与灰色、灰褐色中-厚层中-粗砂岩互
　　 层。[含孢粉化石：光面三缝孢属（*Leiotriletes*），三角孢属（*Deltoidospora*），
　　 桫椤孢属（*Cyathidites*），水藓孢属（*Sphagnumsporites*），三角锥刺孢属
　　（*Lophotriletes*），圆形粒面孢属（*Cyclogranisporites*），两气囊花粉
　　（*Disacciatrileti*），三角棒瘤孢属（*Conbaculatisporites*），四字粉属
　　（*Quadraeculina*），广口粉属（*Chasmatosporites*）]　　　8.54 m

13. 灰色厚层砾岩与灰色中-厚层中-粗粒岩屑砂岩互层　　　　　7.02 m

12. 灰色厚层中-粗粒岩屑砂岩　　　　　　　　　　　　　　　35.27 m

11. 灰色厚层含砾粗砂岩　　　　　　　　　　　　　　　　　　4.27 m

10. 灰色、灰绿色厚层中粒岩屑长石砂岩与灰绿色泥岩互层。[含孢粉化石：
　　 两气囊花粉（*Disacciatrileti*），圆形粒面孢属（*Cyclogranisporites*）]22.70 m

9. 浅灰色厚层粗粒岩屑石英砂岩夹灰绿色泥岩　　　　　　　　13.50 m

8. 黄褐色厚层中粒长石砂岩与灰绿色泥岩互层　　　　　　　　10.44 m

7. 浅灰色厚层-块状含砾粗砂岩，黄褐色中-厚层长石粗砂岩，与灰黑色含
　　 碳质页岩互层　　　　　　　　　　　　　　　　　　　　　5.47 m

6. 浅灰色厚层含砾粗砂岩，绿色中层泥质粉砂岩，与灰色薄层泥岩互层。[含
　　 孢粉化石：三角刺面孢属（*Acanthotriletes*），光面三缝孢属（*Leiotriletes*），
　　 单/双束松粉属（*Abietineaepollenites/Pinuspollenites*），两气囊花粉
　　（*Disacciatrileti*），皱球粉属（*Psophosphaera*），广口粉属（*Chasmatosporites*）]
　　　　　　　　　　　　　　　　　　　　　　　　　　　　2.93 m

5.浅灰色厚层含砾粗砂岩，灰色厚层细砂岩、灰绿色薄层泥质韵律层。 8.05 m

4.灰绿色中-厚层粉砂质灰泥岩、泥质粉砂岩。［含孢粉化石：杪椤孢属
  （*Cyathidites*），两气囊花粉（*Disacciatrileti*）］ 7.23 m

3.土黄色、灰绿色凝灰岩、玻屑凝灰岩 3.52 m

2.黄褐色中-厚层含岩屑长石质石英砂岩 1.13 m

1.灰色、灰褐色中-厚层角砾岩 5.16 m

未见底

剖面起点坐标：52°55'44.60"N，124°35'11.76"E；*H*=148 m。

2.1.2 二十二站后山二十二站组剖面

二十二站后山二十二站组剖面如图 2.2 所示。剖面终点坐标：52°59'27.69"N，124°34'40.82"E；*H*=353.57 m。

未见顶

70.灰绿色中层粉砂岩与灰黄色中-厚层细砂岩互层 29.42 m

69.灰绿色-绿灰色中层粉-细砂岩［含孢粉化石：大三角孢（*Deltoidospora major*），渐变三角孢（*D. gradata*），南方杪椤孢（*Cyathidites australis*），小杪椤孢（*C. minor*），杪椤孢（未定种）（*C.* sp.），诺斯里白孢（*Gleicheniidites rousei*），哈氏网叶蕨孢（*Dictyophyllidites harrisii*），穿孔水藓孢（*Stereisporites perforatus*），粒面水藓孢（*S. granulatus*），弗鲁格波缝孢（*Undulatisporites pflugii*），凹边波缝孢（*U. concavus*），奇异金毛狗孢（*Cibotiumspora paradoxa*），联合金毛狗孢（*C. juncta*），小托第蕨孢（*Todisporites minor*），侏罗三角粒面孢（*Granulatisporites jurassicus*），威氏紫萁孢（*Osmundacidites wellmanii*），紫萁孢（未定种）（*O.* sp.），疏穴孢（未定种）（*Foveosporites* sp.），卵形圆形锥瘤孢（*Apiculatisporis ovalis*），可变圆形锥瘤孢（*A. variabilis*），圆形锥瘤孢（未定种）（*A.* sp.），维纳三角块瘤孢（*Converrucosisporites venitus*），拟石松孢（未定种）（*Lycopodiacidites* sp.），阿纳格拉姆旋脊孢（*Duplexisporites anagrammensis*），疑问旋脊孢（*D. problematicus*），圆锥石松孢（*Lycopodiumsporites paniculatoides*），稀饰环孢（未定种）（*Kraeuselisporites* sp.），膜缘拟套环孢（*Densoisporites velatus*），假网克鲁克孢（*Klukisporites pseudoreticulatus*），变异克鲁克孢（*K. variegatus*），卡里尔脑形粉（*Cerebropollenites carlylensis*），敦普冠翼粉（*Callialasporites dampieri*），宽沟原始松粉（*Protopinus vastus*），原始松粉（未定种）（*P.* sp.），黄色原始松柏粉（*Protoconiferus flavus*），侏罗开通粉（*Vitreisporites jurassicus*），开通粉（未定种）（*V.* sp.），普通双束松粉（*Pinuspollenites divulgatus*），三合双束松粉（*P. tricompositus*），双束松粉（未定种）（*P.* sp.），多变假云杉粉（*Pseudopicea variabiliformis*），开

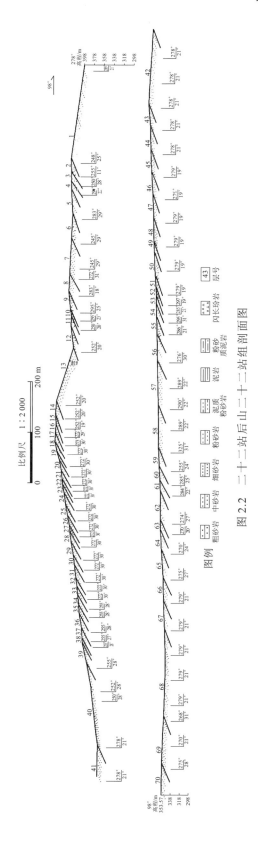

图 2.2　二十三站后山二十三站组剖面图

放拟云杉粉（*Piceites expositus*），隐藏拟云杉粉（*P. latens*），拟云杉粉（未定种）（*P. sp.*），中植云杉粉（*Piceaepollenites mesophyticus*），相同云杉粉（*P. omoriciformus*），小雪松粉（*Cedripites minor*），多四罗汉松粉（*Podocarpidites multesimus*），罗汉松粉（未定种）（*P. sp.*），不显四字粉（*Quadraeculina enigmata*），小四字粉（*Q. minor*），四字粉（未定种）（*Q. sp.*），鲜明拟本内苏铁粉（*Bennettiteaepollenites lucifer*），整洁苏铁粉（*Cycadopites nitidus*），卡城苏铁粉（*C. carpentieri*），典型苏铁粉（*C. typicus*），年青苏铁粉（*C. minimus*），中等苏铁粉（*C. medius*），苏铁粉（未定种）（*C. sp.*），环圈克拉梭粉（*Classopollis annulatus*），大克拉梭粉（*C. major*），克拉梭粉（未定种）（*C. sp.*），南方南美杉（*Araucariacites australis*）〕   45.24 m

68. 黄绿色细砂岩，灰绿色粉砂岩，灰黑色粉砂质泥岩   65.13 m

67. 灰白色中层细砂岩，灰绿色粉砂岩，与灰黑色粉砂质泥岩互层   17.80 m

66. 灰绿色薄-中层粉砂岩，灰黄色中层细砂岩   19.73 m

65. 本层整体岩性为上下两套粉-细砂岩夹灰黑色粉砂质泥岩   17.32 m

64. 灰绿色中层粉砂岩夹灰黑色薄层粉砂质泥岩   10.89 m

63. 本层整体岩性为上下两套砂岩夹粉砂质泥岩。〔含双壳类化石：长费尔干蚌（*Ferganoconcha elongate*），依斯法珍珠蚌（*Margaritifera isfarensis*），德隆山珍珠蚌（相似种）（*M. cf. delunshanensis*），西伯利亚费尔干蚌（相似种）（*F. cf. sibirica*），介形费尔干蚌（*F. estheriaeformis*）。腹足类化石：蛇卷螺属（*Ophileta*）〕   8.97 m

62. 灰绿色-黄褐色粉砂岩夹灰黑色粉砂质泥岩   21.46 m

61. 灰绿色粉砂岩夹少量灰黑色粉砂质泥岩   8.21 m

60. 灰绿色粉砂岩，灰黑色粉砂质泥岩   12.33 m

59. 灰绿色粉砂岩夹灰黑色粉砂质泥岩   12.07 m

58. 黄绿色细砂岩，灰绿色粉砂岩夹灰黑色粉砂质泥岩。〔含双壳类化石：珍珠蚌（未定种）（*Margaritifera sp.*），托姆费尔干蚌（*Ferganoconcha tomiensis*），新月西伯利亚蚌（相似种）（*Sibireconcha cf. lunata*）〕   34.62 m

57. 黄绿色厚层细砂岩，灰绿色中层粉砂岩   16.17 m

56. 黄绿色厚层细砂岩，灰绿色中层粉砂岩   24.73 m

55. 黄绿色厚层细砂岩，灰绿色中层粉砂岩   19.88 m

54. 黄绿色中层细砂岩，灰绿色薄-中层粉砂质泥岩   8.90 m

53. 灰绿色中层粉砂岩夹黑色泥岩   5.53 m

52. 灰绿色中层粉砂岩与黄绿色细砂岩互层   5.13 m

51. 灰绿色粉砂岩   6.36 m

50. 灰绿色细砂岩，灰绿色粉砂岩   12.62 m

49. 灰绿色细砂岩，灰绿色粉砂岩   14.50 m

48. 灰绿色细砂岩，灰绿色粉砂岩   14.47 m

47. 灰绿色细砂岩，灰绿色粉砂岩   13.55 m

46. 灰绿色细砂岩，灰绿色粉砂岩   12.01 m

45. 灰绿色细砂岩，灰绿色粉砂岩 14.18 m

44. 灰绿色细砂岩，灰绿色粉砂岩 16.64 m

43. 灰绿色细砂岩，灰绿色粉砂岩 12.22 m

42. 黄绿色细砂岩，灰绿色粉砂岩 61.17 m

41. 黄绿色细砂岩 22.95 m

40. 灰绿色粉砂岩，黄绿色细砂岩 60.87 m

39. 灰绿色粉砂岩，黄绿色细砂岩 13.66 m

38. 灰绿色粉砂岩，黄绿色细砂岩 4.83 m

37. 灰绿色粉砂岩，黄绿色细砂岩 10.14 m

36. 灰绿色粉砂岩 11.91 m

35. 灰绿色粉砂岩，黄绿色细砂岩 7.58 m

34. 灰绿色粉砂岩，灰黑色粉砂质泥岩 8.04 m

33. 灰绿色粉砂岩夹黑色薄层粉砂质泥岩 6.91 m

32. 灰绿色粉砂岩，灰黑色粉砂质泥岩 6.31 m

31. 灰绿色粉砂岩 10.57 m

30. 灰绿色粉砂岩，黄绿色细砂岩 7.42 m

29. 灰绿色粉砂岩，黄绿色细砂岩 8.41 m

28. 黄绿色细砂岩与灰绿色粉砂岩互层 7.32 m

27. 黄绿色细-中砂岩，灰绿色粉砂岩 5.09 m

26. 灰绿色粉砂岩，黄绿色细砂岩 5.58 m

25. 灰绿色粉砂岩，黄绿色细砂岩 6.11 m

24. 灰绿色粉砂岩，黄绿色细-中砂岩 10.14 m

23. 灰绿色粉砂岩与灰黑色粉砂质泥岩互层，黄绿色细砂岩 5.76 m

22. 灰绿色粉砂岩，灰黑色粉砂质泥岩 4.87 m

21. 灰黑色粉砂质泥岩与灰绿色粉砂岩互层 6.76 m

20. 灰黑色粉砂质泥岩与灰绿色粉砂岩互层 7.10 m

19. 灰黑色粉砂质泥岩，灰绿色粉砂岩 6.23 m

18. 黄绿色细砂岩，灰绿色粉砂岩 6.50 m

17. 灰黑色粉砂质泥岩，灰绿色粉砂岩，与黄绿色细砂岩互层 8.93 m

16. 灰绿色粉砂岩，黄绿色细砂岩 6.20 m

15. 黄绿色细砂岩，灰黑色薄层粉砂质泥岩 4.83 m

14. 灰绿色粉砂岩，黄绿色细-中砂岩 9.99 m

13. 灰绿色粉砂岩，浅绿色闪长玢岩岩墙 63.82 m

12. 浅灰色细-中砂岩，灰绿色粉砂岩。[含双壳类化石：珍珠蚌（未定种）
（*Margaritifera* sp.），依斯法珍珠蚌（*Margaritifera isfarensis*），费尔干蚌
（未定种）（*Ferganoconcha* sp.）] 7.99 m

11. 灰绿色粉-粗砂岩，灰黑色粉砂质泥岩 8.69 m

10. 灰绿色厚层-块状粉砂岩，灰黑色中-厚层灰黑色粉砂质泥岩 5.39 m

9. 黄绿色薄-中层细砂岩，灰绿色粉砂岩 7.85 m

8.灰绿色粉砂岩，黄绿色细砂岩，灰黑色粉砂质泥岩 17.81 m

7.灰绿色中-厚层粉砂岩，黄绿色细砂岩 33.20 m

6.灰绿色粉砂岩，浅灰色粗砂岩，灰黑色粉砂质泥岩 17.48 m

5.黄绿色含岩屑长石砂岩，灰黑色粉砂质泥岩。[含双壳类化石：珍珠蚌（未
 定种）（*Margaritifera* sp.），西伯利亚费尔干蚌（相似种）（*Ferganoconcha*
 cf. *Sibirica*），介形费尔干蚌（*F. estheriaeformis*）] 15.72 m

4.灰黑色粉砂质泥岩与灰绿色粉砂岩互层 6.31 m

3.浅灰绿色薄-中层泥质粉砂岩夹灰黑色薄层粉砂质泥岩，浅灰绿色含
 岩屑长石砂岩 11.64 m

2.灰黑色泥质粉砂岩，灰绿色粉砂岩，灰白色粗砂岩 9.83 m

1.灰绿色中层粉-细砂岩，灰黑色粉砂质泥岩 87.19 m

未见底

剖面起点坐标：52°59'27.15"N，124°38'15.43"E；H=398 m。

2.1.3 小丘古拉河南端漠河组剖面

小丘古拉河南端漠河组剖面如图 2.3 所示。剖面终点坐标：53°18'01.49"N，
123°11'53.70"E；H=348.18 m。

未见顶

38.深灰色粉砂岩，灰色细砂岩 22.60 m

37.浅灰色中层含砾粗砂岩，深灰色粉砂岩，与灰色细砂岩互层，底部见
 2 m 的厚层砾岩 42.89 m

36.浅灰色含砾粗砂岩，灰色细砂岩，底部见厚层砾岩 35.56 m

35.浅灰色含砾粗砂岩，深灰色粉砂岩 31.99 m

34.浅灰色含砾粗砂岩，深灰色粉砂岩 52.02 m

33.砾岩，浅灰色含砾粗砂岩，灰色细砂岩 54.76 m

32.砾岩，浅灰色含砾粗砂岩，灰色细砂岩 21.16 m

31.砾岩，浅灰色含砾粗砂岩，灰色细砂岩 40.94 m

30.灰色中砂岩，浅灰色含砾粗砂岩 25.07 m

29.灰色块状中砂岩 14.77 m

28.浅灰色含砾粗砂岩，灰色中砂岩 30.23 m

27.砾岩，浅灰色中-厚层含砾粗砂岩，灰黑色厚层粉砂岩。[含植物化石：
 披针苏铁杉（*Podozamites lanceolatus*）] 32.50 m

26.浅灰色中-厚层含砾粗砂岩，深灰色粉砂岩。[含孢粉化石：大三角孢
 （*Deltoidospora major*），渐变三角孢（*D. gradata*），三角孢（未定种）
 （*D.* sp.），南方桫椤孢（*Cyathidites australis*），小桫椤孢（*C. minor*），桫
 椤孢（未定种）（*C.* sp.），诺斯里白孢（*Gleicheniidites rousei*），尼尔森里白
 孢（*G. nilssonii*），哈氏网叶蕨孢（*Dictyophyllidites harrisii*），网叶蕨（未
 定种）（*D.* sp.），穿孔水藓孢（*Stereisporites perforatus*），粒面水藓孢

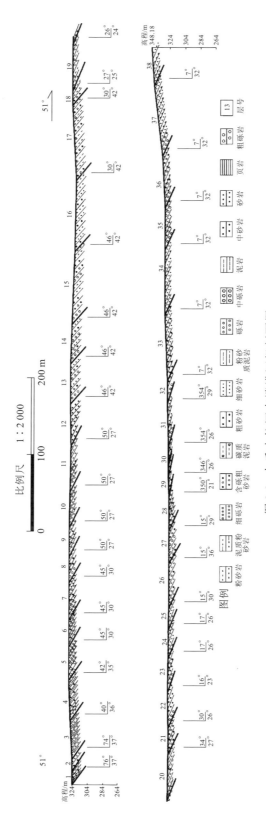

图 2.3　小丘古拉河南端漠河端组剖面图

（*S. granulatus*），水藓孢（未定种）（*S.* sp.），凹边波缝孢（*Undulatisporites concavus*），奇异金毛狗孢（*Cibotiumspora paradoxa*），联合金毛狗孢（*C. juncta*），小托第蕨孢（*Todisporites minor*），圆形光面孢（未定种）（*Punctatisporites* sp.），侏罗三角粒面孢（*Granulatisporites jurassicus*），威氏紫萁孢（*Osmundacidites wellmanii*），紫萁孢（未定种）（*O.* sp.），卵形圆形锥瘤孢（*Apiculatisporis ovalis*），可变圆形锥瘤孢（*A. variabilis*），圆形锥瘤孢（未定种）（*A.* sp.），普通三角刺面孢（*Acanthotriletes midwayensis*），截切新叉瘤孢（*Neoraistrickia truncata*），维纳三角块瘤孢（*Converrucosisporites venitus*），变瘤凹边瘤面孢（*Concavissimisporites variverrucatus*），拟石松孢（未定种）（*Lycopodiacidites* sp.），环绕旋脊孢（*Duplexisporites amplectiformis*），阿纳格拉姆旋脊孢（*D. anagrammensis*），疑问旋脊孢（*D. problematicus*），阿赛勒特孢（未定种）（*Asseretospora* sp.），稀饰环孢（未定种）（*Kraeuselisporites* sp.），膜缘拟套环孢（*Densoisporites velatus*），假网克鲁克孢（*Klukisporites pseudoreticulatus*），变异克鲁克孢（*K. variegatus*），薄壁粉（未定种）（*Perniopollenites* sp.），宽沟原始松粉（*Protopinus vastus*），黄色原始松柏粉（*Protoconiferus flavus*），原始松柏粉（未定种）（*P.* sp.），开通粉（未定种）（*Vitreisporites* sp.），普通双束松粉（*Pinuspollenites divulgatus*），三合双束松粉（*P. tricompositus*），双束松粉（未定种）（*P.* sp.），多变假云杉粉（*Pseudopicea variabiliformis*），开放拟云杉粉（*Piceites expositus*），隐藏拟云杉粉（*P. latens*），拟云杉粉（未定种）（*P.* sp.），假松粉（未定种）（*Pseudopinus* sp.），微细云杉粉（*Piceaepollenites exilioides*），中植云杉粉（*P. mesophyticus*），相同云杉粉（*P. omoriciformus*），小雪松粉（*Cedripites minor*），罗布辛蝶囊粉（*Platysaccus lopsinensis*），罗汉松粉（未定种）（*Podocarpidttes* sp.），有边四字粉（*Quadraeculina limbata*），不显四字粉（*Q. enigmata*），小四字粉（*Q. minor*），四字粉（未定种）（*Q.* sp.），鲜明拟本内苏铁粉（*Bennettiteaepollenites lucifer*），整洁苏铁粉（*Cycadopites nitidus*），卡城苏铁粉（*C. carpentieri*），典型苏铁粉（*C. typicus*），中等苏铁粉（*C. medius*），苏铁粉（未定种）（*C.* sp.），环圈克拉梭粉（*Classopollis annulatus*），克拉梭粉（未定种）（*C.* sp.），南方南美杉（*Araucariacites australis*）]

	33.92 m
25. 浅灰色中-厚层细砂岩与深灰色薄层粉砂岩互层	13.02 m
24. 浅灰色中-厚层细砂岩与深灰色薄层粉砂岩互层	16.01 m
23. 砾岩，灰色中层中砂岩	16.15 m
22. 砾岩，灰色中层中砂岩	21.35 m
21. 灰色中-厚层含砾粗砂岩，深灰色薄-中层细砂岩	16.24 m

20. 灰黑色中层泥质粉砂岩与粉砂质泥岩互层，深灰色粉砂岩。[含植物化石：布列亚锥叶蕨（相似种）（*Coniopteris* cf. *burejensis*）。含孢粉化石：三角孢（未定种）（*Deltoidospora* sp.），小桫椤孢（*Cyathidites minor*），诺斯里白孢（*Gleicheniidites rousei*），哈氏网叶蕨孢（*Dictyophyllidites harrisii*），粒面水藓孢（*Stereisporites granulatus*），圆形光面孢（未定种）

（*Punctatisporites* sp.），环绕旋脊孢（*Duplexisporites amplectiformis*），疑问旋脊孢（D. *problematicus*），原始松粉（未定种）（*Protopinus* sp.），双束松粉（未定种）（*Pinuspollenites* sp.），相同云杉粉（*Piceaepollenites omoriciformus*），多分罗汉松粉（*Podocarpidites multicinus*），有边四字粉（*Quadraeculina limbata*），苏铁粉（未定种）（*Cycadopites* sp.）]　25.53 m

19. 深灰色粉砂岩，黑色碳质泥岩　26.27 m

18. 浅灰色含砾粗砂岩，深灰色粉砂岩，灰黑色泥岩　12.02 m

17. 浅灰色含砾粗砂岩，深灰色粉砂岩，灰黑色碳质泥岩。[含植物化石：披针苏铁杉（*Podozamites lanceolatus*）]　58.63 m

16. 浅灰色粗砂岩，灰色细砂岩，与深灰色粉砂岩互层　57.77 m

15. 砾岩，深灰色粉砂岩，灰色中砂岩，浅灰色含砾粗砂岩　58.01 m

14. 砾岩，浅灰色含砾粗砂岩，深灰色细砂岩　32.74 m

13. 砾岩，浅灰色含砾粗砂岩，深灰色细砂岩。[含孢粉：大三角孢（*Deltoidospora major*），三角孢（未定种）（D. sp.），桫椤孢（未定种）（*Cyathidites* sp.），凹边波缝孢（*Undulatisporites concavus*），紫萁孢（未定种）（*Osmundacidites* sp.），普通三角刺面孢（*Acanthotriletes midwayensis*），膜缘拟套环孢（*Densoisporites velatus*），敦普冠翼粉（*Callialasporites dampieri*），普通双束松粉（*Pinuspollenites divulgatus*），双束松粉（未定种）（P. sp.），多变假云杉粉（*Pseudopicea variabiliformis*），多凹罗汉松粉（*Podocarpidites multesimus*），罗汉松粉（未定种）（P. sp.），四字粉（未定种）（*Quadraeculina* sp.），苏铁粉（未定种）（*Cycadopites* sp.），克拉梭粉（未定种）（*Classopollis* sp.）]　34.79 m

12. 深灰色粉砂岩，浅灰色中砂岩　25.72 m

11. 灰色粉砂岩与深灰色泥质粉砂岩互层。[含植物化石：布列亚锥叶蕨（*Coniopteris burejensis*），披针苏铁杉（*Podozamites lanceolatus*）]　25.69 m

10. 灰色粉砂岩与深灰色泥质粉砂岩互层　20.01 m

9. 深灰色厚层-块状粉砂岩，灰色中-厚层中砂岩，砾岩　16.87 m

8. 杂色块状砾岩，浅灰色中层中砂岩，深灰色薄-中层粉砂岩　16.23 m

7. 砾岩，深灰色细砂岩，灰色粗砂岩　23.01 m

6. 灰色薄层泥质粉砂岩与灰黑色碳质泥岩互层，砾岩　17.02 m

5. 杂色砾岩　23.23 m

4. 灰色粉砂岩，浅灰色中砂岩，灰黑色泥岩　30.34 m

3. 砾岩，灰黑色粉砂质泥岩与泥质粉砂岩互层。[含植物化石：亚洲枝脉蕨（相似种）（*Cladophlebis* cf. *asiatica*）]　43.41 m

2. 浅灰色中砂岩，灰色细砂岩　14.29 m

1. 浅灰色含砾粗砂岩，灰黑色泥质粉砂岩，黑色碳质泥岩。[含植物化石：披针苏铁杉（*Podozamites lanceolatus*）]　17.54 m

未见底

剖面起点坐标：53°17'14.43"N，123°10'44.71"E；*H*=324 m。

2.1.4 开库康五支线开库康组剖面

开库康五支线开库康组剖面如图 2.4 所示。剖面终点坐标：53°06'42.80"N，124°45'46.01"E；H=251 m。

未见顶

34. 灰绿色中层细砂岩   5.04 m

33. 灰绿色中-厚层中砂岩与粉砂质泥岩互层   9.38 m

32. 灰绿色厚层岩屑砂岩与薄层粉砂质泥岩互层，灰绿色中-厚层粉砂岩与薄层粉砂质泥岩互层   9.21 m

31. 灰绿色中-厚层细-中粒岩屑砂岩与灰绿色薄层粉砂质泥岩互层   6.93 m

30. 灰绿色块状含砾中粒岩屑砂岩，灰绿色中层岩屑砂岩与薄层粉砂质泥岩互层   2.83 m

29. 浅灰色中层岩屑砂岩与灰绿色薄层粉砂质泥岩互层。[含孢粉：光面三缝孢属（*Leiotriletes*），三角粒面孢属（*Granulatisporites*），圆形光面孢属（*Punctatisporites*），桫椤孢属（*Cyathidites*），水藓孢属（*Sphagnumsporites*），穿孔水藓孢（*S. perforatus*），具唇孢属（*Toroisporis*），凹边孢属（*Concavisporites*），网叶蕨孢属（*Dictyophyllidites*），圆形粒面孢属（*Cyclogranisporites*），紫萁孢属（*Osmundacidites*），小紫萁孢（*O. parvus*），威氏紫萁孢（*O. wellmanii*），三角锥刺孢属（*Lophotriletes*），三角块瘤孢属（*Converrucosisporites*），圆形块瘤孢属（*Verrucosisporites*），泰勒新叉瘤孢（*Neoraistrickia taylorii*），石松孢属（*Lycopodiumsporites*），光滑石松孢（*L. laevigatus*），条纹鲁氏孢（*Rogalskaisporites cicatricosus*），环圈孢属（*Annulispora*），膜环孢属（*Hymenozonotriletes*），多环孢属（*Polycingulatisporites*），阿赛勒特孢属（*Asseretospora*），绕转阿赛勒特孢（*A. gyrate*），单/双束松粉属（*Abietineaepollenites/Pinuspollenites*），原始松粉属（*Protopinus*），云杉粉属（*Piceaepollenites*），拟云杉粉属（*Piceites*），假云杉粉属（*Pseudopicea*），罗汉松粉属（*Podocarpidites*），四字粉属（*Quadraeculina*），矩形四字粉（*Q. anellaeformis*），皱球粉属（*Psophosphaera*），脑形粉属（*Cerebropollenites*），苏铁粉属（*Cycadopites*），两气囊花粉（*Disacciatrileti*）]   10.16 m

28. 灰绿色厚层中粒岩屑砂岩与灰绿色薄层粉砂质泥岩互层，浅灰绿色块状中-粗粒岩屑砂岩   14.42 m

27. 灰绿色厚层细-中粒岩屑砂岩与灰绿色薄层粉砂质泥岩互层   25.07 m

26. 灰绿色厚层中粒岩屑砂岩与灰绿色薄-中层灰绿色粉砂质泥岩互层，夹灰绿色中-厚层粉砂岩   4.46 m

25. 灰绿色中层粉砂岩与灰绿色薄层粉砂质泥岩互层   19.59 m

24. 灰绿色厚层细-中砂岩与灰绿色薄层粉砂质泥岩互层   11.59 m

23. 灰绿色块状粗粒岩屑砂岩夹灰绿色厚层含砾粗粒岩屑砂岩   13.24 m

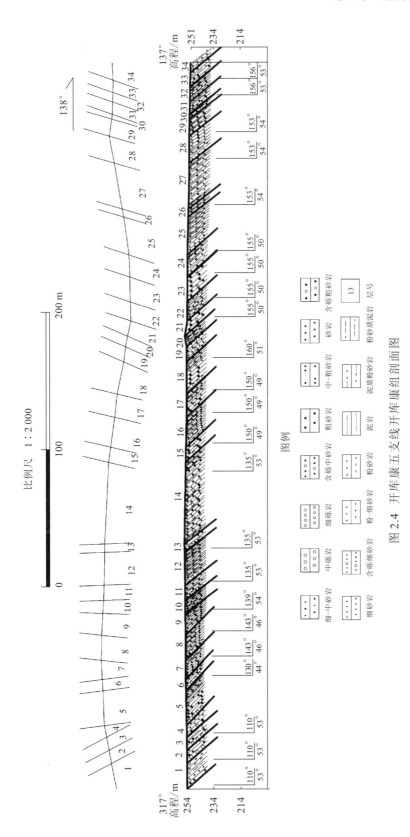

图 2.4　开库康五支线开库康组剖面图

22.浅灰绿色中-厚层细砂岩、粉砂岩与灰绿色薄层粉砂质泥岩互层　　　10.56 m

21.浅灰绿色块状粗粒岩屑砂岩夹灰绿色中-厚层含砾粗砂岩　　　9.83 m

20.灰绿色中-厚层粉砂岩与灰绿色薄层粉砂质泥岩互层　　　6.79 m

19.灰绿色块状细砂岩夹灰绿色含砾细砂岩透镜体　　　8.36 m

18.浅灰绿色厚层粗砂岩，浅灰绿色中层粉-细砂岩与灰绿色薄层粉砂质泥岩
互层　　　18.11 m

17.浅灰绿色厚层粗粒岩屑砂岩夹薄层含砾粗砂岩，浅灰色细砂岩与灰绿
色薄层粉砂质泥岩互层　　　8.99 m

16.浅灰绿色厚层细砂岩与灰绿色薄层粉砂质泥岩互层　　　16.79 m

15.灰绿色块状粗粒岩屑砂岩夹含砾粗砂岩及砾岩透镜体　　　8.55 m

14.浅灰黄色厚层含砾粗砂岩、细砂岩与灰绿色薄-中层砂岩、粉砂质泥岩
互层　　　47.63 m

13.浅灰绿色巨厚层-块状含砾粗砂岩，中-粗砂岩　　　4.93 m

12.灰绿色中层粉砂岩与灰绿色薄层粉砂质泥岩互层　　　19.39 m

11.灰绿色厚层含砾杂砂岩，浅灰色薄层岩屑长石砂岩，与灰绿色粉砂质 泥岩
互层　　　8.84 m

10.灰绿色厚层细粒岩屑砂岩，灰绿色薄层粉砂岩，与绿色薄层粉砂质泥岩
互层　　　7.68 m

9.灰绿色块状中-粗粒岩屑砂岩与灰绿色薄-中层细砂岩、粉砂质泥岩互层

　　　11.57 m

8.灰绿色中-厚层细砂岩与灰绿色薄层粉砂质泥岩互层　　　13.21 m

7.灰绿色块状细-中粒岩屑砂岩，浅灰色中-厚层细粒岩屑砂岩，与灰绿色
薄-中层粉砂质泥岩互层　　　9.70 m

6.浅灰绿色厚层含砾中-粗粒岩屑砂岩，灰绿色厚层细粒岩屑砂岩，与灰
绿色薄-中层粉砂质泥岩互层　　　5.89 m

5.灰绿色中-厚层细-中粉砂岩、粉砂岩、泥岩互层　　　49.75 m

4.灰绿色厚层含砾粗粒岩屑砂岩、中厚层细粒岩屑砂岩　　　6.61 m

3.灰绿色中层中粒岩屑砂岩，灰绿色薄层粉砂岩　　　7.55 m

2.浅灰绿色厚层-块状中-粗粒岩屑砂岩　　　7.48 m

1.浅灰绿色细砂岩、粉砂岩与粉砂质泥岩互层　　　14.66 m

未见底

剖面起点坐标：53°06'53.73"N，124°45'21.45"E；$H = 254$ m。

2.2 岩石地层

研究区额木尔河群（绣峰组、二十二站组、漠河组、开库康组）的地层单位经过了一个历史划分的演变过程（表2.1）。根据各岩石地层单位的岩性组合及发育的标志层，本节首次对研究区绣峰组、二十二站组、漠河组和开库康组进行分段划分，并开展漠河盆地范围内的对比，为后期的油气、天然气水合物等矿产地质勘探提供依据。

表 2.1　漠河盆地侏罗系绣峰组、二十二站组、漠河组、开库康组沿革表

项目	纳吉宾娜	纳吉宾娜	中国科学院黑龙江流域综合考察队	地质科学院 1:100 万地质图编图组	黑龙江省区域地层表编写组	其和日格等	黑龙江省地矿局《黑龙江地质志》	《黑龙江省岩石地层》	吴河勇	本书作者
年份	1951 年	1958 年	1963 年	1963 年	1979 年	1985 年	1993 年	1997 年	2003 年	2013 年
地区	上黑龙江流域	上黑龙江流域	上黑龙江拗陷	上黑龙江小区	上黑龙江小区	大兴安岭北部	额尔古纳分区	漠河小区	漠河盆地	漠河盆地
地层	上部砾岩，复矿砂岩（K_1, J_3 阿穆尔拗陷沉积层） 中部含煤系（淡水陆相） 下部砂岩（淡水陆相） （J_2 阿穆尔拗陷沉积层）J_1	上部砾岩，复矿砂岩（K_1, J_3 阿穆尔拗陷沉积层） 中部含煤系（淡水陆相） 下部砂岩（海相） （J_2 阿穆尔拗陷沉积层）	腰站砂页岩组 开库康砾岩组 古站砂岩组 乌苏里碳质页岩砂岩组 老沟砾岩砂岩组 （J_{2+3} 上黑龙江群）	开库康组 漠河组 栖林集组 （J_{2+3} 上黑龙江群）	开库康组 漠河组 栖林集组 （J_2 额木尔河群）	下渔亮子组（K_1） 开库康组（J_3） 额木尔河组（J_2） 二十二站组 绣峰组（J_1） 阿抗提河组（T_3）	开库康组（J_3） 额木尔河组 二十二站组 绣峰组（J_2）	开库康组（J_3） 漠河组 二十二站组 绣峰组 （J_2 额木尔河群）J_1	开库康组 漠河组（J_3） 二十二站组 绣峰组（J_2）	开库康组 漠河组 ～～～ 二十二站组 绣峰组（J_2）

2.2.1 绣峰组

通过对绣峰组实测剖面及区域内该组岩性及其组合特征分析，大致将绣峰组分为三段（图 2.5）。

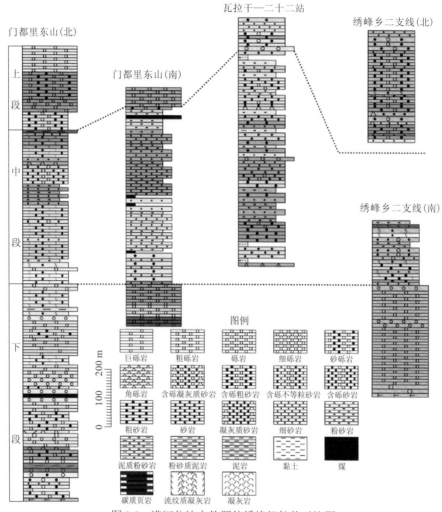

图 2.5 漠河盆地中侏罗统绣峰组柱状对比图

下段（下砾岩段）以浅黄褐色厚层-块状砾岩为主；中段（砂岩段）为灰色厚层细-中砂岩与粉砂岩互层，夹碳质页岩、煤线；上段（上砾岩段）为灰色厚层-块状含砾粗砂岩和砾岩。漠河县门都里东山地区的绣峰组实测剖面具较好的代表性，三段发育齐全，可以作为绣峰组分段地层对比的代表性剖面。

从横向上来看，绣峰组三段的地层出露由西向东表现出由好变差的趋势，以漠河盆地中西部的门都里东山的地层出露最完整（图 2.5）；在漠河盆地中南部瓦拉干——二十二站一线，野外实测的绣峰组剖面大致只出露了中段和上段的一部分，绣峰乡二支线（南）

的绣峰组出露了下段和中段的一部分；绣峰乡（二支线）18 km 处北山的绣峰组只出露了上段。上述实测剖面岩石地层的分段界线清晰，具有一定的对比性。

2.2.2　二十二站组

二十二站组在纵向上较为均一，差异不明显，较难进一步划分。通过对二十二站组实测剖面及区域上该组岩性及其组合特征分析，以中上部一套稳定的暗色粉砂质泥岩及泥质粉砂岩为标志层，大致可以将二十二站组分为两段（图 2.6）。

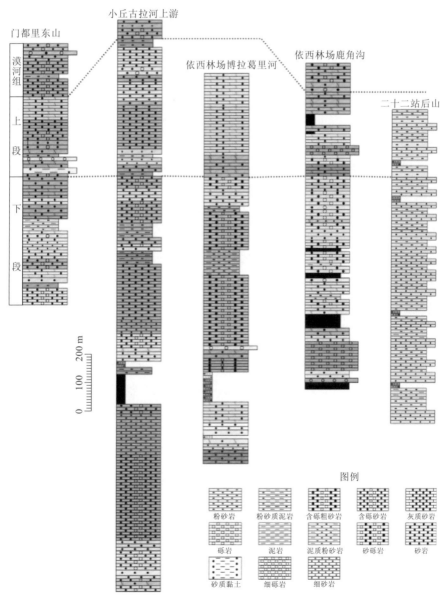

图 2.6　漠河盆地中侏罗统二十二站组柱状对比图

下段以黄绿色、灰绿色厚层砂岩为主，夹少量含砾砂岩；上段以灰绿色砂岩与深灰色粉砂岩、粉砂质泥岩互层为特色，含双壳类和古植物等化石。

从横向上来看，二十二站组两段地层的出露在漠河盆地中较为稳定，小丘古拉河上游实测剖面发育较全，其次为二十二站后山实测剖面，上述两个实测剖面均可以作为分段代表性剖面。自西向东，对比剖面依次还有门都里东山实测剖面、前哨林场公路实测剖面（李春雷，2007）、小丘古拉河上游实测剖面、依西林场博拉葛里河实测剖面、依西林场鹿角沟实测剖面、二十二站后山实测剖面a、二十二站后山实测剖面b，上述实测剖面两段地层出露情况总体较好，在漠河盆地范围内具有一定的对比性。

2.2.3 漠河组

漠河组是以灰黑色、褐黑色、褐黄色为主基调的大套碎屑岩。通过对漠河组实测剖面及区域上该组岩性及其组合特征分析，大致将漠河组分为三段（图2.7）。

下段（砂泥互层段）以灰黑色、褐黑色厚层-块状细砾岩、含砾粗砂岩、细砂岩和粉砂质泥岩韵律互层为主，该段砂泥比为3∶1~5∶1，以三零干线44 km处漠河组与二十二站组分界处至三零干线实测剖面终点为代表；中段（砂包泥段）以灰黑色含砾粗砂岩、细砂岩和粉砂岩夹多层灰黑色薄层泥岩为主，呈砂包泥的特征，以小丘古拉河（南）、北面的实测剖面为代表；上段（泥包砂段）为深灰色、灰黑色细砂岩与粉砂岩、粉砂质页岩、页岩互层，该段泥质含量增高，呈泥包砂的特征，含双壳类、古植物化石，以北极村、洛古河及北红村等地的实测剖面为代表，主要分布于漠河盆地北部的中西段和黑龙江沿线，从北红村向东该段砂质含量相对增加，向西以泥岩、页岩为主夹粉砂岩和少量细砂岩。

由于森林覆盖等原因，漠河组下段和中段出露完整的实测剖面很少，给岩石地层的横向对比带来较大困难。漠河组下段在三零干线发育较典型（图2.7），该段和龙河林场实测剖面具有较好的对比性；中段以小丘古拉河南、北面的实测剖面为代表，该段与兴安—沿江公路实测剖面1具有较好的对比性；上段分布和出露较广，研究区西部见于洛古河实测剖面、北极村飞来松垃圾场—二道沟实测剖面，研究区中部见于北红村实测剖面和乌苏里—沿江实测剖面，总体对比性较好，但在二道沟以西，页岩均有一定程度的变质。

2.2.4 开库康组

通过对开库康组实测剖面及区域内该组岩性及其组合特征分析，大致将开库康组分为两段（图2.8）。

下段（砂岩段）以灰绿色、灰褐色厚层-块状粗砂岩、长石岩屑砂岩为主，夹砾岩和含砾粗砂岩，局部夹泥质粉砂岩；上段（砾岩段）以灰色、灰绿色厚层-块状砾岩为主，夹灰色厚层岩屑长石砂岩。

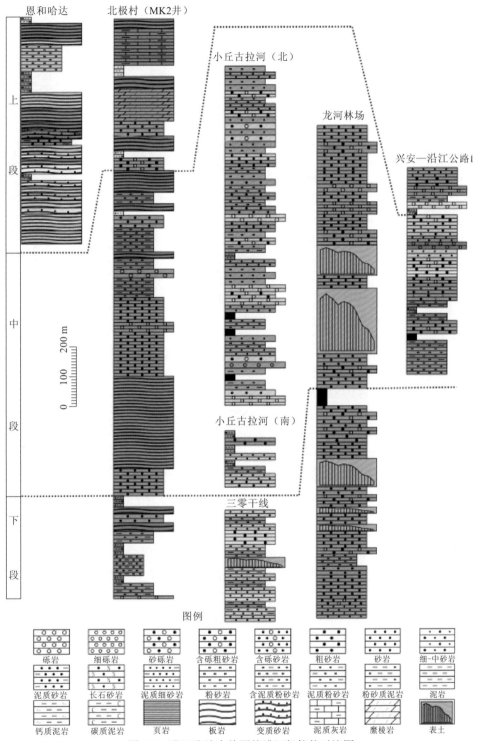

图 2.7　漠河盆地中侏罗统漠河组柱状对比图

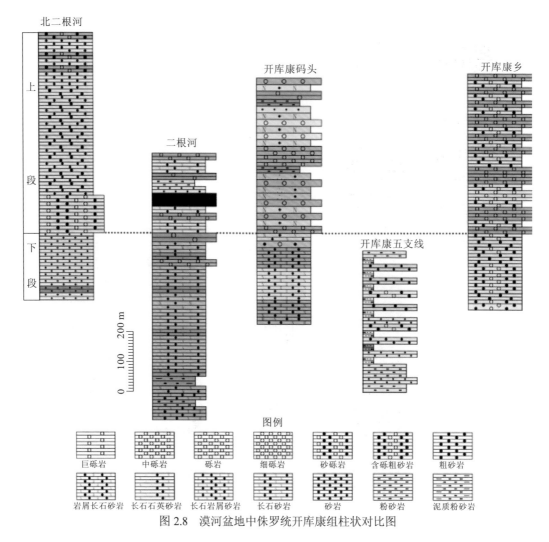

图2.8 漠河盆地中侏罗统开库康组柱状对比图

开库康组分布较为局限，可能与该组沉积时期漠河盆地抬升剥蚀有关。代表性实测剖面有开库康码头实测剖面和二根河实测剖面。开库康组对比剖面包括北二根河实测剖面、二根河—开库康实测剖面、开库康乡开库康码头西黑龙江右岸实测剖面、二十二站—开库康乡公路实测剖面、开库康乡实测剖面等（辛仁臣 等，2003），除了二十二站—开库康乡公路实测剖面缺少上段，其他实测剖面两段均发育较全，而且对比性较好（图2.8）。

2.3 生 物 地 层

生物地层学主要是研究生物化石的时空分布特征，并利用生物化石进行地层划分与对比，最后确定地层相对时代的一门地层学分支学科。常用的生物地层单位有延限带、顶峰带和组合带，延限带和顶峰带常用于海相地层研究，组合带常用于陆相地层研究。

由于陆相地层中的生物化石延限时限较长，难以作为划分与对比地层的标准，故多采用两个或三个生物化石属种的组合或组合带方法进行地层划分与对比。

通过近年来大量的野外工作，在研究区发现了一批生物化石，主要门类有孢粉、古植物、双壳类等。本节通过对各类生物化石的组成、体积分数及其组合特征分析，建立相应门类的生物地层，并首次建立研究区的孢粉化石组合系列。

2.3.1 孢粉化石

孢粉是孢子和花粉的简称，是植物的繁殖器官。苔藓植物和蕨类植物又称孢子植物。裸子植物和被子植物以种子繁殖后代，又称种子植物，花粉是它们的雄性繁殖器官。孢粉学是以孢粉为研究对象的一门科学。

在中生代陆相地层中，不同种类孢粉化石的体积分数、孢粉化石组合特征与地质时代有着较为密切的关系，因此，孢粉化石是中生代地层划分对比的重要依据，以下将重点阐述漠河盆地额木尔河群的孢粉化石组合特征及其地质时代。

1. 孢粉化石组合特征

根据对不同地层单位中的孢粉化石体积分数及其各自组成比例，本小节首次系统地研究区域内额木尔河群孢粉化石组合特征，通过孢粉化石组合的详细对比分析研究区地层年代、古环境演变及生物地层对比特征。

本小节中所采集的孢粉化石样品均来自额木尔河群，近年来所采集样品共计 95 件，经过中国科学院南京地质古生物研究所和中国地质大学（北京）有关专家的分析及鉴定（表 2.2），选取具有数据统计意义的样品 29 件，其中绣峰组 10 件，二十二站组 8 件，漠河组 10 件，开库康组 1 件。

表 2.2 额木尔河群各组孢粉化石平均体积分数

组	体积分数/%	
	蕨类植物孢子	裸子植物花粉
绣峰组	47.93	52.07
二十二站组	28.32	71.68
漠河组	51.61	48.39
开库康组	40.68	59.32

额木尔河群孢粉化石以松柏纲及真蕨纲占绝对优势，同时还有一定比例的藓纲、石松纲和苏铁纲（表 2.2、表 2.3）。

表2.3　额木尔河群孢粉化石体积分数统计 （单位：%）

组别说明：绣峰组（WE-J₂x-BF1）；二十二站组（EN-4-BF1～GE-16-BF1）；漠河组（三零干-J₂m-2-BF2～XQ2-J₂m-26-BF1）；开库康组（KW-J₂x(K)-29-BF1）

门	纲	科/属	WE-J_2x-BF1	EN-4-BF1	EN-12-BF1	GE-2-BF1	GE-5-BF1	GE-7-BF1	GE-12-BF1	GE-13-BF1	GE-16-BF1	三零干-J_2m-2-BF2	三零干-J_2m-6-BF1	三零干-J_2m-7-BF1	三零干-J_2m-8-BF1	三零干-J_2m-9-BF1	三零干-J_2m-9-BF2	XQ-J_2m-1-BF1	XQ-J_2m-2-BF1	XQ-J_2m-10-BF1	XQ2-J_2m-26-BF1	KW-$J_2x(K)$-29-BF1
蕨类植物孢子	真蕨纲	蚌壳蕨科	0	0	0	0	0	0	0	3.45	0	1.10	0.94	0	0	1.04	1.49	1.04	3	1	3	0
		格脉蕨属	4.96	0	0	22.67	0	0	1.6	1.15	0	1.10	1.89	0	2.25	1.04	0	1.04	1	2	1	8.90
		莎草蕨科	0	0	0	0	0	0	0	3.45	0	1.10	2.83	1.72	1.12	2.08	1.49	1.04	2	2	2	0.42
		里白科	0	0	0	0	0	0	0	1.15	0.79	0	3.77	3.45	3.37	4.17	4.48	5.21	5	3	4	0
		莲座蕨科	0.83	0	0	0	1.39	0	2.4	3.45	1.58	3.30	0.94	1.72	3.37	5.21	1.49	3.13	3	8	6	0
		双扇蕨科	0.83	9.09	5.41	5.33	5.56	0	0	1.15	39.13	3.30	3.77	5.17	3.37	4.17	5.97	2.08	8	3	3	1.69
		槲蕨科	9.09	6.06	1.35	1.33	9.72	1.04	2.4	11.49	0	10.99	11.32	12.07	12.36	15.63	14.93	8.33	8	8	16	1.27
		紫萁科	8.26	0	0	6.67	0	3.13	2.4	4.60	0.40	3.30	4.72	1.72	2.25	5.21	2.99	3.13	3	1	3	10.17
	薄囊纲	水藓科	1.65	0	0	2.67	0	0	0	3.45	2.37	5.49	5.66	6.90	4.49	7.29	7.46	4.17	5	3	4	2.97
	石松纲	卷柏科	0	0	0	0	0	0	0	3.45	0	3.30	5.66	1.72	3.37	9.38	1.49	6.25	5	7	5	0
		石松科	0	0	0	0	0	0	0	2.30	6.90	2.20	1.89	3.45	1.12	1.04	0	2.08	1	1	1	1.27
		蕨类植物未分类	22.31	18.18	9.46	25.33	18.06	0	0.8	6.32	0	10.99	7.55	12.07	5.62	8.33	11.94	10.42	9	11	11	13.98
裸子植物花粉	松柏纲	南洋杉科	0	0	0	0	0	0	0	3.45	13.04	10.34	2.20	0.94	1.12	5.21	11.94	4.17	2	4	2	0
		松科	4.96	15.15	5.41	29.33	13.89	78.13	68.8	18.39	1.19	6.90	16.40	15.09	22.47	12.50	5.97	14.58	18	15	18	44.49
		罗汉松科	0.83	6.06	1.35	0	0	5.21	10.4	2.30	1.58	5.17	4.40	1.89	6.74	4.17	2.99	7.29	4	7	2	0.42
		掌鳞杉科	0	0	0	0	0	0	0	4.60	5.93	8.62	3.30	1.89	3.37	3.13	7.46	2.08	4	3	2	0
		针叶树亲缘	38.84	45.45	68.92	1.33	8.33	11.46	3.2	4.60	0	5.17	6.59	2.83	3.37	0	5.97	7.29	5	5	6	13.14
		原始松柏属	0	0	0	0	0	0	0	1.15	9.88	0	3.30	2.83	3.37	1.04	1.49	3.13	3	2	2	0
	苏铁纲	苏铁科	1.28	0.01	1.33	1.33	16.67	0	2.4	10.34	17.21	8.62	3.30	16.05	6.74	5.21	5.97	8.33	10	11	8	0.42
		裸子植物未分类	6.16		6.85	4.00	26.39	1.04	5.6	9.76		9.01	9.57	8.49	10.11	4.17	4.48	5.21	1	3	1	0.85

2. 孢粉化石组合划分及其特征

表 2.2 及表 2.3 反映额木尔河群中各组孢粉化石的体积分数在地质历史时期存在变化，这些变化与古环境的演化密切相关。本小节在额木尔河群孢粉化石中划分出 4 个组合，分别为绣峰组两气囊花粉-光面三缝孢（*Disacciatrileti-Leiotriletes*）组合；二十二站组单束松粉-两气囊花粉-桫椤孢（*Abietineaepollenites-Disacciatrileti-Cyathidites*）组合；漠河组四字粉-桫椤孢（*Quadraeculina-Cyathidites*）组合；开库康组单束松粉-两气囊花粉（*Abietineaepollenites-Disacciatrileti*）组合。

1）绣峰组两气囊花粉-光面三缝孢（*Disacciatrileti-Leiotriletes*）组合

组合中孢粉化石样品采集于瓦拉干—二十二站绣峰组剖面，其中 10 件样品中见孢粉化石，含量较少。该组合共计含孢粉化石 20 属，其中蕨类植物孢子 12 属，裸子植物花粉 8 属。总体孢粉化石特征如下：裸子植物花粉体积分数较高，平均为 52.07%，剩余的 47.93%均为蕨类植物孢子。裸子植物花粉中以两气囊花粉（*Disacciatrileti*）占绝对优势，占所有孢粉化石比例的 37.19%。蕨类植物孢子中则以光面三缝孢属（*Leiotriletes*）占绝对优势，体积分数达到 20.66%。剩余的孢粉化石中圆形粒面孢属（*Cyclogranisporites*）为 6.61%，桫椤孢属（*Cyathidites*）为 5.79%，三角粒面孢属（*Granulatisporites*）为 4.96%，单/双束松粉属（*Abietineaepollenites/Pinuspollenites*）为 4.96%，广口粉属（*Chasmatosporites*）为 4.13%，其余各孢粉体积分数均在 4%以下。

2）二十二站组单束松粉-两气囊花粉-桫椤孢（*Abietineaepollenites-Disacciatrileti-Cyathidites*）组合

组合中孢粉化石样品采集于二十二站后山（EN-4-BF1）及二十二站西（GE-2-BF1）二十二站组剖面，重点挑选 8 件孢粉化石相对丰富的样品进行统计分析。二十二站组见蕨类植物孢子 29 属，裸子植物花粉 31 属。裸子植物花粉以 71.68%的体积分数占优势，剩余的 28.32%为蕨类植物孢子。裸子植物花粉中以 31.57%的单/双束松粉属（*Abietineaepollenites/Pinuspollenites*）占绝对优势，蕨类植物孢子中以 11.88%的桫椤孢属（*Cyathidites*）占绝对优势，同时还有棒瘤孢属（*Baculatisporites*）。剩余的孢粉化石中两气囊花粉（*Disacciatrileti*）为 8.32%，苏铁粉属（*Cycadopites*）为 7.82%，广口粉属（*Chasmatosporites*）为 5.79%，其余各孢粉体积分数均在 4%以下。

3）漠河组四字粉-桫椤孢（*Quadraeculina-Cyathidites*）组合

组合中孢粉化石样品采集于三零干线剖面及小丘古拉河南端漠河组剖面，有 10 件样品中孢粉化石相对丰富，其中蕨类植物孢子 45 属，裸子植物花粉 40 属。孢粉化石组合中裸子植物花粉体积分数略低于蕨类植物孢子体积分数，分别为 48.39%、51.61%；裸子植物花粉中以双气囊类花粉占绝对优势，单沟类花粉次之，单气囊类花粉经常出现；双气囊类花粉中原始松粉属（*Protopinus*）、原始松柏粉属（*Protoconiferus*）两属在孢粉化石组合中体积分数较小，而双束松粉属（*Pinuspollenites*）、云杉粉属（*Piceaepollenites*）

和罗汉松粉属（*Podocarpidites*）三属的体积分数较大，均在 4.0% 以上；孢粉化石组合中克拉梭粉属（*Classopollis*）和四字粉属（*Quadraeculina*）的体积分数较小，分别为 1.9%～8.6%、3.8%～6.6%；苏铁类花粉占孢粉化石组合体积分数的 2.2%～13.3%；蕨类植物孢子以桫椤科的各属为主，占整个孢粉化石组合的 10.2%～12.2%；当前孢粉化石样品中还见一定数量的克鲁克孢属（*Klukisporites*），其体积分数均可达 1.1%～2.8%，特别是变异克鲁克孢（*Klukisporites variegatus*）。

当前孢粉化石样品是以桫椤科的蕨类植物孢子为主，其中主要是桫椤孢属（*Cyathidites*）。裸子植物花粉中，气囊与本体分化相对完善的双气囊类花粉体积分数较高，均为 15.0% 左右。

4）开库康组单束松粉-两气囊花粉（*Abietineaepollenites-Disacciatrileti*）组合

该组合中开库康五支线开库康组剖面样品中孢粉化石丰富，蕨类植物孢子 25 属，裸子植物花粉 13 属。孢粉化石组合中裸子植物花粉体积分数为 59.32%，略高于蕨类植物孢子的 40.68%。裸子植物花粉中以单/双束松粉属（*Abietineaepollenites/Pinuspollenites*）占绝对优势，双气囊类花粉次之。蕨类植物孢子以三角粒面孢属（*Granulatisporites*）和光面三缝孢属（*Leiotriletes*）体积分数较高。

3. 孢粉化石时代

根据额木尔河群各组中孢粉化石的体积分数及其在时间和空间上的分布组合情况，结合地层上下叠覆关系等，对额木尔河群孢粉化石所代表的时代做如下分析。

在所见的孢粉化石中缺乏我国北方晚三叠世组合中常见的蕨类植物孢子：三叠孢属（*Triassisporis*）、锉蛤属（*Limatulasporites*）、稀饰环孢属（*Kraeuselisporites*）、单脊周囊孢属（*Aratrisporites*）等。裸子植物花粉：科达粉属（*Cordaitina*）、单缝周囊孢属（*Potonieisporites*）、四肋粉属（*Taeniaesporites*）、南辅币属（*Parataeniaesporites*）、条带孢属（*Chordasporites*）、头侧叶属（*Jugasporites*）等。孢粉化石中也缺乏早白垩世组合常见的长突肋纹孢属（*Appendicisporites*）、无突肋纹孢属（*Cicatricosisporites*）、非均饰孢属（*Impardecispora*）、瘤面海金砂孢属（*Lygodioisporites*）、海金砂孢属（*Lygodiumsporites*）、刺毛孢属（*Pilosisporites*）、膜环弱缝孢属（*Aequitriradites*）、有孔孢属（*Foraminisporis*）、库里孢属（*Kuylisporites*）、三孔孢属（*Triporoletes*）、莎草蕨孢属（*Schizaeoisporites*）和原始被子植物花粉等（刘兆生、1998）。

桫椤孢属（*Cyathidites*）、广口粉属（*Chasmatosporites*）、四字粉属（*Quadraeculina*）、矩形四字粉（*Q.anellaeformis*）为中生代常见类型。

新叉瘤孢属（*Neoraistrickia*）是中侏罗统的重要分子，在我国北方见于陕甘宁盆地延安组（2.37%）、直罗组（0.39%）（杜宝安 等，1982），内蒙古包头石拐地区下侏罗统五当沟组（1.7%）、中侏罗统召沟组（占 0.5%）（尚玉珂，1995），山西大同地区中侏罗统大同组（0.27%～11.5%），新疆准噶尔盆地八道湾组（0～1.5%）、三工河组（0～0.5%）、西山窑组（0～3.5%）、头屯河组（0～6%）（黄嫔，1995；刘兆生和孙立广，1992；孙峰，1989）。在二十二站组和开库康组中均发现泰勒新叉瘤孢（*Neoraistrickia taylorii*），二十二站组和开库康组中孢粉化石均表现出中侏罗世化石的特征。

　　桫椤孢属（*Cyathidites*）是侏罗纪的常见分子，在中侏罗世中晚期组合中以高体积分数出现。在二十二站组中，桫椤孢属（*Cyathidites*）体积分数为 10.78%，特别是在 GE-13-BF1 号样品中 243 粒孢粉中有 99 粒为桫椤孢属（*Cyathidites*）。在漠河组中桫椤孢属（*Cyathidites*）均为 8%～16%，本书认为二十二站组及漠河组中孢粉化石均表现出中侏罗世化石的特征。

　　环圈孢属（*Annulispora*）分布于澳大利亚、欧亚大陆上三叠统—中侏罗统。漠河盆地开库康乡的开库康组中出现环圈孢属（*Annulispora*），结合研究区上、下地层序列特征来看，开库康组仍然表现出中侏罗世地层的特征。

　　综上所述，额木尔河群孢粉化石可以构成一个超组合，其时代应为中侏罗世。

4. 孢粉化石生物地层对比

1）绣峰组

　　漠河盆地绣峰组孢粉化石组合划分及其特征已在 2.3.1 小节中论述。

　　在新疆维吾尔自治区库车凹陷牙哈镇井下（井深 5 393.00～5 409.70 m）克孜勒努尔组底部的泥岩中产丰富的孢粉化石，共 24 属 32 种（刘兆生 等，1999）。克孜勒努尔组中蕨类植物孢子占孢粉化石总数的 62.02%，裸子植物花粉占孢粉化石总数的 36.25%，藻类化石 2 属 3 种占孢粉化石总数的 1.71%。蕨类植物孢子以桫椤孢属（*Cyathidites*）（平均体积分数为 33.59%）占优势，裸子植物花粉以松柏类两气囊花粉（*Disacciatrileti*）体积分数最高，平均为 27.09%。对比绣峰组与克孜勒努尔组中的孢粉化石可以发现，克孜勒努尔组蕨类植物孢子中桫椤孢属（*Cyathidites*）占绝对优势，而桫椤孢属（*Cyathidites*）的高体积分数为中侏罗世孢粉化石的整体特征，在绣峰组中桫椤孢属（*Cyathidites*）的体积分数虽然不及克孜勒努尔组，但也达到 5.79%，在漠河盆地中仅有绣峰组中的两气囊花粉（*Disacciatrileti*）体积分数可与克孜勒努尔组中两气囊花粉（*Disacciatrileti*）27.09% 的体积分数对比。且两组地层序列同时表现为中侏罗世早期特征，因此克孜勒努尔组孢粉化石可与绣峰组孢粉化石对比。

　　在新疆玛纳斯河红沟剖面下部西山窑组桫椤孢-新叉瘤孢-两气囊花粉（*Cyathidites-Neoraistrickia-Disacciatrileti*）组合中（黄嫔和李建国，2007），共鉴定出孢粉化石 44 属 87 种，其中蕨类植物孢子 18 属 30 种，裸子植物花粉 24 属 55 种，疑源类孢粉化石 2 属 2 种。裸子植物花粉以 48.8%～80.4% 的体积分数高于蕨类植物孢子的 20.6%～51.2%，疑源类孢粉化石（0～4.4%）少量或偶然出现。裸子植物花粉中，本体无肋两气囊花粉以体积分数为 32.7%～67.4% 居首位，单沟类花粉体积分数为 0～7.3%，平均为 3.4%。蕨类植物孢子中桫椤孢属（*Cyathidites*）的体积分数为 5.7%～36%，其次是紫萁孢属（*Osmundacidites*），它的体积分数为 0～18.4%。漠河盆地绣峰组的两气囊花粉-光面三缝孢（*Disacciatrileti-Leiotrileti*）组合中，裸子植物花粉中以两气囊花粉（*Disacciatrileti*）的体积分数最为突出，占所有孢粉化石的 37.19%。二十二站组单束松粉-两气囊花粉-

杪椤孢（*Abietineaepollenites-Disacciatrileti-Cyathidites*）组合中，蕨类植物孢子中以杪椤孢属（*Cyathidites*）11.88%的体积分数相对较高。西山窑组的孢粉化石与漠河盆地绣峰组及二十二站组的孢粉化石有较强的相似性，故绣峰组和二十二站组的地层年代及生物地层与西山窑组有较强的相似性，可以对比。

2）二十二站组

漠河盆地二十二站组孢粉化石组合划分及其特征已在 2.3.1 小节中论述。

在黄陇煤田中部的延安组中共计发现孢粉化石 60 属 83 种，该组中建立的孢粉化石组合为杪椤孢-新叉瘤孢-拟云杉粉（*Cyathidites-Neoraistrikia-Piceites*）与杪椤孢-新叉瘤孢-周壁粉（*Cyathidites-Neoraistrcikia-Perinopollenites*）（尹凤娟和侯宏伟，1999）。该地区延安组孢粉化石组合中蕨类植物孢子占 48.8%，裸子植物花粉占 51.2%。蕨类植物孢子以杪椤科（*Alsophila*）（平均体积分数为 21.4%）占优势，杪椤科以杪椤孢属（*Cyathidites*）和三角孢属（*Deltoidospora*）为主。裸子植物花粉主要为苏铁、银杏类的单沟类花粉，占孢粉化石总数的 29.3%，松柏类花粉占孢粉化石总数的 12.3%。对比二十二站组与延安组中孢粉化石，可以发现，两组中单/双束松粉属（*Abietineaepollenites/Pinuspollenites*）占裸子植物花粉的 20%～50%，且杪椤科以杪椤孢属（*Cyathidites*）和三角孢属（*Deltoidospora*）为主，故延安组孢粉化石可以与二十二站组孢粉化石对比。

在吐哈盆地台北凹陷重点探井都勒构造带勒巧井和萨克桑构造带萨东 2 井西山窑组棒瘤孢-双束松粉-单束松粉（*Baculatisporites-Pinuspollenites-Abietineaepollenites*）组合中（李强，2009），蕨类植物孢子以棒瘤孢属（*Baculatisporites*）体积分数最高，为 27.1%，裸子植物花粉中，仍以无肋双气囊类花粉为主，其中囊体分化完善的花粉居多，以双束松粉属（*Pinuspollenites*）（体积分数为 31.3%）和单束松粉属（*Abietineaepollenites*）（体积分数为 27.2%）为主。对比二十二站组与吐哈盆地西山窑组孢粉化石可以发现，两组中单/双束松粉属（*Abietineaepollenites/Pinuspollenites*）体积分数均占有绝对优势，且两组孢粉化石属种有很强的相似性，故吐哈盆地西山窑组层位大致与漠河盆地二十二站组层位相当。

3）漠河组

漠河盆地漠河组孢粉化石组合划分及其特征已在 2.3.1 小节中论述。

在塔西南区乌恰县库孜贡苏河口西侧塔尔尕组剖面的中、下部，共计发现孢粉化石 33 属 48 种，其中蕨类植物孢子 16 属 20 种，体积分数为 29%～45%；裸子植物花粉 17 属 28 种，体积分数为 55%～71%（江德昕 等，2008）。蕨类植物以真蕨纲为主，其中杪椤科和蚌壳蕨科及与此有亲缘关系的孢子居首位，体积分数为 18.6%～22.9%，与紫其科有一定亲缘关系的孢子居第二位，体积分数为 2.8%～5.3%，剩余的还有与海金砂科、双扇蕨科或马通蕨科有亲缘关系的孢子，石松类、卷柏科及分类位置不明的蕨类孢子。裸子植物花粉以松柏类为主，其中以掌鳞杉科花粉最为突出，占孢粉化石总数的 20%～50%，其次为松科花粉，体积分数为 1.6%～10.5%。另外，属于罗汉松科的花粉体积分数为 1.6%～5.3%，属于杉科的花粉体积分数为 0～1.2%，南洋杉科的花粉体积分数为 0～

2.0%，以及含有松杉目分类位置不明的花粉。苏铁、银杏类花粉在裸子植物中的地位仅次于松柏类，占孢粉化石总数的 2.0%～3.9%，与苏铁类有关的花粉体积分数为 4.0%～6.4%，与买麻藤目麻黄科有关的花粉体积分数为 9.5%，以及含有裸子植物分类位置不明的花粉。塔尔孱组孢粉化石整体表现为掌鳞杉科克拉梭粉属（*Classopollis*）体积分数在组合中居首位，其中拟克拉梭粉（*C. classoides*）的体积分数为 10.8%～28.6%，环圈克拉梭粉（*C. annulatu*s）的体积分数为 9.3%～21.4%。桫椤科（*Cyathidites*）孢子体积分数在蕨类植物孢子中居首位，体积分数为 18.6%～22.9%。对比塔尔孱组与漠河组孢粉化石可以发现，虽然两组在孢粉化石的体积分数上存在一定的差异，但孢粉化石种类极为相似，其中在塔尔孱组中具有时代意义的主要特征分子，如变异克鲁克孢（*Klukisporites variegatus*）为英国巴通期的特征分子，小托第蕨孢（*Todisporites minor*）则为英国巴柔期的特征分子。细网密穴孢（*Foveotriletes microreticulatus*）、不显四字粉（*Quadraeculina enigmata*）见于英国约克郡巴通期上三角洲段，是巴通期的特征分子。上述特征分子在漠河组与塔尔孱组中均有出现，可见两组孢粉化石所反映的年代大致相当，可以对比。

在新疆玛纳斯河红沟剖面上部头屯河组桫椤孢-两气囊花粉-克拉梭粉（*Cyathidites-Disacciatrileti-Classopollis*）组合中（黄嫔和李建国，2007），共鉴定出孢粉化石 41 属 87 种，其中苔藓植物孢子 1 属 3 种，蕨类植物孢子 19 属 34 种，裸子植物花粉 20 属 49 种，疑源类孢粉化石 1 属 1 种。其中裸子植物花粉体积分数为 22.9%～77.1%，蕨类植物孢子体积分数为 19.6%～76.6%，苔藓植物孢子体积分数为 0.5%～14.5%，疑源类孢粉化石体积分数为 0～1.9%，少量或偶然出现。头屯河组桫椤孢-两气囊花粉-克拉梭粉（*Cyathidites-Disacciatrileti-Classopollis*）组合中绝大多数属种是桫椤孢-新叉瘤孢-两气囊花粉（*Cyathidites-Neoraistrickia-Disacciatrileti*）组合中延续下来的分子，其中两组合中相同的属种就达 33 属 66 种，但两组合还是存在一定的差异性，如桫椤孢-新叉瘤孢-两气囊花粉（*Cyathidites-Neoraistrickia-Disacciatrileti*）组合中气囊与本体分化完善的两气囊花粉（*Disacciatrileti*）的体积分数增加，气囊与本体分化不完善的两气囊花粉（*Disacciatrileti*）的体积分数减少。但最为突出的特点是在桫椤孢-新叉瘤孢-两气囊花粉（*Cyathidites-Neoraistrickia-Disacciatrileti*）组合中掌鳞杉科克拉梭粉属（*Classopollis*）的体积分数明显增加，同时新出现了凹边瘤面孢属（*Concavissimisporites*）、梳皱孢属（*Tripartina*）、克鲁克孢属（*Klukisporites*）、冠翼粉属（*Callialasporites*）等分子。在欧亚大陆中侏罗世早期掌鳞杉科克拉梭粉属（*Classopollis*）的体积分数大多较低，从巴通期开始其体积分数明显增加，往往达到一个峰值（王永栋 等，1998）。这些差异特征在漠河盆地二十二站组及漠河组的孢粉化石中也有表现，且漠河组与头屯河组的孢粉化石存在较强的相似性，故漠河组的地层年代及生物地层与头屯河组有很强的区域对比性。

在吐哈盆地台北凹陷重点探井都勒构造带勒巧井和萨克桑构造带萨东 2 井三间房组桫椤孢-双束松粉-单束松粉（*Cyathidites-Pinuspollenites-Abietineaepollenites*）组合中（李强，2009），蕨类植物孢子以桫椤科桫椤孢属（*Cyathidites*）（体积分数为 7.3%）和三角孢属（*Deltoidospora*）（体积分数为 1.1%）、紫萁科紫萁孢属（*Osmundacidites*）（体积分数为 5.9%）最为繁盛，裸子植物花粉仍以无肋双气囊类花粉为主，掌鳞杉科克拉梭粉属

（*Classopollis*）及苏铁粉属（*Cycadopites*）的体积分数增加。这些特征与漠河组四字粉-桫椤孢（*Quadraeculina-Cyathidites*）组合中掌鳞杉科克拉梭粉属（*Classopollis*）及苏铁粉属（*Cycadopites*）的体积分数增加、桫椤孢属（*Cyathidites*）的高占比有很强的相似性，故吐哈盆地三间房组大致与漠河盆地漠河组层位相当。

4）开库康组

漠河盆地开库康组孢粉化石组合划分及其特征已在 2.3.1 小节中论述。

在吐哈盆地台北凹陷重点探井都勒构造带勒巧井和萨克桑构造带萨东 2 井七克台组桫椤孢-棒瘤孢-双束松粉（*Cyathidites-Baculatisporites-Pinuspollenites*）组合中（李强，2009），蕨类植物孢子以棒瘤孢属（*Baculatisporites*）的体积分数最高为 18.6%，其次为桫椤孢属（*Cyathidites*）的 15.1%。裸子植物花粉中，以无肋双气囊类花粉占绝对优势，双束松粉属（*Pinuspollenites*）的体积分数达 39.2%。与漠河盆地的开库康组孢粉化石相比，吐哈盆地七克台组孢粉化石仅为 11 属，而开库康组孢粉化石为 38 属，两者孢粉化石在体积分数上存在一定的差异。但两组中双束松粉属（*Pinuspollenites*）的体积分数均非常高，且在七克台组中所见的孢粉化石基本均在绣峰组中发现，综合判断开库康组与七克台组层位相当。

2.3.2 古植物化石

1. 漠河盆地额木尔河群古植物化石组合特征

野外勘查表明，在漠河盆地额木尔河群中发现很多古植物化石，结合前人已有的发现，本小节将漠河盆地额木尔河群各组（绣峰组、二十二站组、漠河组及开库康组）中古植物化石分布特征进行统计，其中蕨类植物门主要包括真蕨纲与楔叶纲，共统计古植物化石约为 18 种；裸子植物门主要包括银杏纲、苏铁纲及松柏纲，共统计古植物化石约为 34 种。

由于地层分布与研究程度不一致，在二十二站组及漠河组中发现的古植物化石较多，绣峰组次之，开库康组发现的古植物化石较少。漠河盆地额木尔河群古植物化石主要特征见图 2.9。

（1）银杏纲在古植物化石中占有很大的比重，分异度较高，共计 6 属 17 种，占该古植物化石组合全部种数的 33%。银杏纲化石种类繁多，数量丰富，在绣峰组、二十二站组及漠河组广泛分布。中生代常见的属在该古植物化石组合中都有发现，表明银杏纲处于发展繁荣期，说明当时是较温凉的潮湿气候，季节较分明。拟刺葵属（*Phoenicopsis*）非常丰富（尤其在漠河组最为丰富，且分异度高达 4 种），是本区古植物化石组合常见的化石之一，也是该古植物化石组合中的特征属之一。茨康诺司基叶属（*Czekanowskia*）、似银杏（*Ginkgoites*）、楔拜拉属（*Sphenobaiera*）等银杏纲植物虽然在丰度上没有拟刺葵属（*Phoenicopsis*）高，但其物种分异度较高。整体表明银杏纲是该古植物化石组合的主要组成部分。

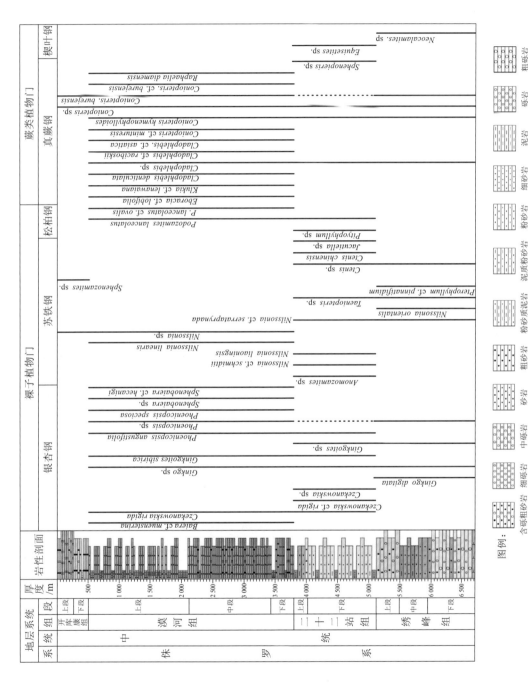

图 2.9　漠河盆地额木尔河群古植物化石分布图

（2）苏铁纲在该古植物化石组合中也占有较大的比重，分异度也较高，共计 7 属 14 种，占该古植物化石组合全部种数的 27%。尼尔桑属（*Nilssonia*）的分异度达 7 种，且纵向分布较广，从绣峰组至开库康组均有发现。苏铁纲化石主要有异羽叶属（*Anomozamites*）、带羊齿属（*Taeniopteris*）、侧羽叶属（*Pterophyllum*）、篦羽叶属（*Ctenis*）。

（3）松柏纲化石在该区的丰度与分异度都较低，现存的松柏纲植物大多生长在寒温带地区和温带较高海拔的地区。该区所发现的松柏纲化石较少，且主要集中在漠河组。

（4）真蕨纲是该古植物化石组合的主要组成部分，化石的丰度与分异度均较高，共计 6 属 16 种，占该古植物化石组合全部种数的 31%。其中枝脉蕨属（*Cladophlebis*）有 4 种，锥叶蕨属（*Coniopteris*）有 6 种，为真蕨纲化石中丰度与分异度最高的两属，爱博拉契蕨属（*Eboracia*）及克鲁克蕨属（*Klukia*）也占有一定的比例。真蕨纲化石在纵向上的分布较为广泛，从绣峰组至开库康组均有发现。

（5）楔叶纲化石的体积分数很低，仅发现似木贼属（*Equisetites*）、新芦木属（*Neocalamites*）2 属 2 种，且化石在纵向上的分布较为局限，仅在绣峰组与二十二站组可见楔叶纲化石。

2. 古植物化石组合及时代

前人在研究我国北方中生代古植物群时综合分析了新疆北部准噶尔盆地、内蒙古、山西大同、四川等地侏罗纪古植物群的特征，将我国北方早—中侏罗世古植物群命名为锥叶蕨-拟刺葵（*Coniopteris-Phoenicopsis*）古植物群（斯行健，1956）。此后的研究将锥叶蕨-拟刺葵（*Coniopteris-Phoenicopsis*）古植物群划分为早期、晚期两个组合（斯行健和周志炎，1962）：早期组合以含有新芦木属（*Neocalamites*）、多种小羽片较大的枝脉蕨属（*Cladophlebis*）、锥叶蕨属（*Coniopteris*）未见或少见为标志，并含有异脉蕨属（*Phlebopteris*）等少量热带、亚热带分子及准苏铁果属（*Cycadocarpidium*）和舌页属（*Glossophyllum*）等个别晚三叠世分子；晚期组合以锥叶蕨属（*Coniopteris*）、枝脉蕨属（*Cladophlebis*）、爱博拉契蕨属（*Eboracia*）的大量出现为主要特征，并含有相当数量的银杏纲和松柏纲化石。

对比国内外早—中侏罗世的古植物化石可以发现，锥叶蕨属（*Coniopteris*）的种数和丰度的大幅度增加是中侏罗世的一个重要特征。当前古植物群以锥叶蕨属（*Coniopteris*）的分异度较高为特征，为 4 个种以上。膜蕨型锥叶蕨（*Coniopteris hymenophylloides*）是一个遍布全球各地的世界种，不但广布欧亚大陆、南北半球，而且在南极也有发现，该种最早见于中侏罗世。此外布列亚锥叶蕨（*Coniopteris burejensis*）最早见于俄罗斯伊尔库茨克盆地中侏罗统普里萨扬组，在整个欧亚大陆上只见于中侏罗统及更高层位，在下侏罗统尚无记录，它也是英国约克郡中侏罗世古植物群的典型分子，在我国北方中侏罗统中也分布广泛。同时，裂叶爱博拉契蕨（*Eboracia lobifolia*）的模式产地及层位为英国约克郡中侏罗统，该种广泛分布于欧亚大陆，是中侏罗世古植物群的重要组成分子之一。

通过将额木尔河群的古植物化石与国内外的早—中侏罗世的古植物化石进行比较，可以发现额木尔河群的古植物化石具有以下特征。

（1）锥叶蕨属（*Coniopteris*）的分异度较高，达 6 种，同时锥叶蕨属（*Coniopteris*）的丰度也较高。

（2）含有中侏罗世较为典型的布列亚锥叶蕨（*Coniopteris burejensis*）与裂叶爱博拉契蕨（*Eboracia lobifolia*）。

（3）以锥叶蕨属（*Coniopteris*）、枝脉蕨属（*Cladophlebis*）、爱博拉契蕨属（*Eboracia*）的大量出现为主要特征，并含有相当数量的银杏纲和松柏纲化石。

综上所述，将额木尔河群的古植物化石划归到锥叶蕨-拟刺葵（*Coniopteris-Phoenicopsis*）古植物群晚期组合，其时代为中侏罗世。

通过对漠河盆地额木尔河群古植物群在纵向上的分布及古植物化石组合特征的综合分析（图 2.9），将锥叶蕨-拟刺葵（*Coniopteris-Phoenicopsis*）古植物群晚期组合进一步划分为三个亚组合，即绣峰组中的锥叶蕨-尼尔桑（*Coniopteris-Nilssonia*）亚组合、二十二站组中的锥叶蕨-茨康诺司基叶（*Coniopteris-Czekanowskia*）亚组合、漠河组—开库康组中的布列亚锥叶蕨-亚洲枝脉蕨（*Coniopteris burejensis-Cladophlebis asiatica*）亚组合。

2.4　年代地层对比

综合分析漠河盆地中侏罗世地层序列及古生物化石组合特征等（表 2.4），对额木尔河群进行年代地层对比。

表 2.4　漠河盆地与其他地区中侏罗世地层对比表

年代地层		岩石地层									
		东北地层分区				西北地层分区					
统	阶	漠河盆地	阴山地区	鲁西西区	辽西地区	鄂尔多斯东北缘	山西地区	豫西地区	吐哈盆地	准噶尔盆地	塔里木盆地
中侏罗统	卡洛夫阶	开库康组	大青山组	三台组	蓝旗组	安定组	云岗组	东孟村组	七克台组		
	巴通阶	漠河组	长汉沟组	三台组		直罗组	大同组	东孟村组	三间房组	头屯河组	塔尔尕组
	巴柔阶	二十二站组	召沟组	坊子组	海房沟组	延安组	大同组	义马组	西山窑组	西山窑组	克孜勒努尔组
	阿林阶	绣峰组	召沟组	坊子组	海房沟组	延安组	大同组	义马组	西山窑组	西山窑组	克孜勒努尔组

绣峰组主要岩性为灰色-黄褐色厚层-块状砾岩及含砾粗砂岩。含孢粉化石两气囊花粉-光面三缝孢（*Disacciatrileti-Leiotriletes*）组合及古植物化石锥叶蕨-尼尔桑（*Coniopteris-Nilssonia*）亚组合。由上述古生物化石组合综合分析推测，该组的地质时代应属于中侏罗世早期，其层位相当于阴山地区召沟组下部、鲁西西区坊子组下部、辽西地区海房沟组下部、鄂尔多斯东北缘延安组下部、山西地区大同组下部、豫西地区义马组下部、与

它们的时代相同。

二十二站组岩性以灰绿色-黄绿色砂岩及粉砂岩为主，夹深灰色粉砂质泥岩。含孢粉化石单束松粉-两气囊花粉-桫椤孢（*Abietineaepollenites-Disacciatrileti-Cyathidites*）组合，古植物化石锥叶蕨-茨康诺司基叶（*Coniopteris-Czekanowskia*）亚组合及双壳类化石珍珠蚌-费尔干蚌（*Margaritifera-Ferganoconcha*）组合。由上述古生物化石组合综合分析推测，该组的地质时代应属于中侏罗世早—中期，其层位相当于阴山地区召沟组中部、鲁西西区坊子组上部、辽西地区海房沟组上部、鄂尔多斯东北缘延安组上部、山西地区大同组上部及豫西地区义马组上部，其时代相同。

漠河组主要岩性为含砾粗砂岩，粉砂岩与泥岩互层，见砾岩。含孢粉化石四字粉-桫椤孢（*Quadraeculina-Cyathidites*）组合及古植物化石布列亚锥叶蕨-亚洲枝脉蕨（*Coniopteris burejensis-Cladophlebis asiatica*）亚组合。由上述古生物化石组合综合分析推测，该组的地质时代应属于中侏罗世中—晚期，其层位相当于阴山地区召沟组顶部及长汉沟组、鲁西西区坊子组顶部及三台组下部、辽西地区海房沟组顶部、鄂尔多斯东北缘延安组顶部和直罗组、山西地区大同组顶部、豫西地区义马组顶部及东孟村组下部。

开库康组岩性以灰色砾岩、灰绿色砂岩为主。含孢粉化石单束松粉-两气囊花粉（*Abietineaepollenites-Disacciatrileti*）组合。由上述古生物化石组合综合分析推测，该组的地质时代应属于中侏罗世晚期，其层位相当于阴山地区大青山组、鲁西西区三台组上部、辽西地区蓝旗组、鄂尔多斯东北缘安定组、山西地区云岗组及豫西地区东孟村组上部。

第 *3* 章

区域构造特征

现有相关观测资料表明，东北地区及漠河盆地的形成演化与东北亚复杂的大地构造背景密切相关，前中生代属于古亚洲洋形成、发展、消亡及不同期次造山带形成的构造演化阶段。中生代以来的构造经历了蒙古—鄂霍茨克洋和西太平洋两种不同构造域的演化阶段，形成了与蒙古—鄂霍茨克褶皱带的形成演化有关的侏罗纪晚期向南逆冲的推覆构造系统和白垩纪初期平行于蒙古—鄂霍茨克褶皱带的左行韧性走滑剪切带（李锦轶 等，2004）、白垩纪与古太平洋板块向亚洲大陆之下俯冲有关的北东向逆冲断裂带和北北东向正断层系统。

3.1　漠河逆冲推覆构造特征

晚侏罗世中期由于蒙古—鄂霍茨克洋的关闭，额尔古纳微板块与西伯利亚板块碰撞，在漠河盆地西北部产生了逆冲推覆构造。逆冲推覆构造在漠河盆地西北部表现强烈，向东南逐渐减弱，转为脆性构造和凹陷盆地沉积。漠河逆冲推覆构造在绘制 1∶20 万漠河幅、连崟幅、老沟幅和二十五站幅地质图时厘定，主体位于漠河盆地的西北部，西起洛古河，经漠河、马伦，东达兴安，南界大致位于门都里、鲜花山、二十五站一线，北至黑龙江边，东西长度约为 200 km，南北宽度约为 40 km（图 3.1）。卷入漠河逆冲推覆构造变形的岩石地层单位包括早古生代和中生代的中-酸性侵入岩，元古代—早古生代的变质基底，侏罗系绣峰组、二十二站组、漠河组和开库康组。漠河逆冲推覆构造自北西向南东逆冲推覆，形成由根带、中带和锋带组成的近东西向的规模宏大的逆冲推覆构造系统。

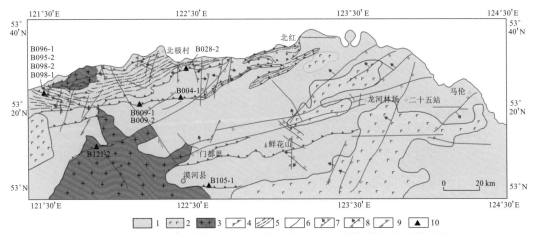

图 3.1　漠河盆地地质简图及电子自旋共振（ESR）测年样品位置分布图

1.中—晚侏罗世湖泊相碎屑岩；2.晚侏罗世—早白垩世火山岩；3.前寒武纪花岗岩；4.逆冲断层；5.糜棱岩带；

6.断层；7.正断层；8.逆断层；9.平移断层；10.采样点

ESR 全称为 electron spin resonamce，电子自旋共振

3.1.1　漠河逆冲推覆构造分带变形特征

漠河逆冲推覆构造根带分布于洛古河—金沟林场—河湾—上乌苏里浅滩一线以北，以韧性剪切带、长英质糜棱岩及 A 型褶皱为特征，变质变形较强；漠河逆冲推覆构造中带呈北东东向分布于金沟林场—二十八站—古城岛一线，以 B 型褶皱和韧-脆性逆冲断层为特征；漠河逆冲推覆构造锋带位于前哨林场—驼峰山—龙河林场—兴安镇一线，以脆性逆冲断层为特征。

1. 漠河逆冲推覆构造根带变形特征

漠河逆冲推覆构造根带是逆冲作用起始发育的部位，一般表现为强烈挤压，褶皱轴面和断层等构造产状陡倾，塑性变形强烈，发育大规模的韧性剪切带。漠河逆冲推覆构造根带主体位于洛古河—大马厂—漠河乡附近，南界为沿洛古河—小金沟北山—大头山—漠河乡展布的洛古河—天佑儿山断裂（F_{1-3}）与天佑儿山—漠河乡断裂（F_{1-2}），根带为漠河逆冲推覆构造强烈塑性变形部位。按变质变形强度和性质不同，漠河逆冲推覆构造根带可进一步划分为三个构造带，自北向南为：洛古河—漠河千糜岩-片岩（N_1）带、兴华沟林场—三道河糜棱岩-千枚岩（N_2）带和金沟林场—北红脆-韧性变形（N_3）带。各构造带特征分述如下。

1）洛古河—漠河千糜岩-片岩带（N_1）

N_1 带走向为北东 $60°\sim70°$，西起洛古河，往东经天佑儿山、小金沟北山、大头山、大马厂，东至漠河乡，沿黑龙江右岸分布，长度约为 50 km，宽度为 0.5~8.0 km。N_1 带以千糜岩、片岩和 A 型褶皱为特征，透入性韧性剪切带具有中-深构造层次的变形特征。

N_1 带的岩石组合主要由含电气石绢云绿泥石英片岩、二云石英片岩、含石墨黑云石英片岩、石墨黑云片岩、黑云石英片岩和少量千糜岩、千枚岩等具韧性穿透流动性的高级变质岩组成，其中还有少量糜棱岩出露。黑云石英片岩分布在大头山以西的沿岸地段，纵向上在大洼头子—大马厂一带最为发育，以重结晶程度好为特征，向两侧重结晶程度减弱。在大头山以东则突变为千糜岩和千枚岩，横向上由南向北，黑云母具有重结晶长大和数量增多的趋势。在大马厂，片岩厚度为 0.3~0.5 m，为黑灰色、深灰色千枚岩中的夹层，倾向北，倾角为 $6°\sim10°$，夹层片岩还有粒度粗细之分。

洛古河东 D099 点漠河组灰色泥质粉砂岩强烈变形，不同岩性层之间发生顺层剪切，黄褐色薄-中层细砂岩在千糜岩中构成透镜体，剪切面产状为 $310°\angle22°$。沿顺层剪切带出现宽 10 cm 左右断续分布的石英脉[图 3.2（a）、（b）]。

洛古河西 D686 点漠河组含泥粉砂岩、细-中砂岩因岩层发生动力变质作用，原生层理已被完全改造，次生面理呈透入性发育，局部层位见揉皱产出，糜棱面理产状为 $300°\angle20°$。

洛古河西 D687 点漠河组含泥粉砂岩、中-粗粒长石岩屑糜棱岩化砂岩层发育透入性次生糜棱面理，在中-粗粒长石岩屑糜棱岩化砂岩中见粗颗粒的碎屑强烈剪切变形、拉长并定向分布，发育眼球状、扁豆状组构，可见清晰的旋转碎斑系，次生糜棱面理产状为 $355°\angle16°$，以上特征指示了逆冲推覆方向为北北西—南南东向。

在大马厂南 D001 点，漠河组灰色-灰黑色薄层千糜岩糜棱面理产状为 $330°\angle25°$，充填约 10 cm 宽的石英脉[图 3.2（c）、（d）]。

漠河组在兴华沟林场、洛古河等地均表现为糜棱面理向北西—北北西向缓倾，发育 A 型褶皱。

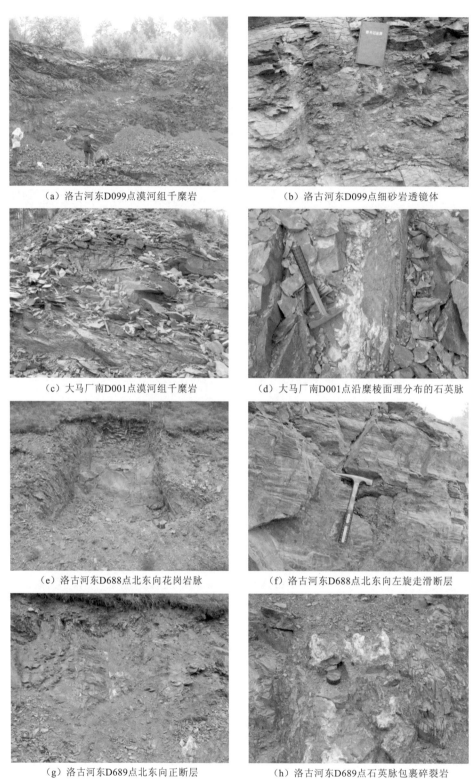

（a）洛古河东D099点漠河组千糜岩

（b）洛古河东D099点细砂岩透镜体

（c）大马厂南D001点漠河组千糜岩

（d）大马厂南D001点沿糜棱面理分布的石英脉

（e）洛古河东D688点北东向花岗岩脉

（f）洛古河东D688点北东向左旋走滑断层

（g）洛古河东D689点北东向正断层

（h）洛古河东D689点石英脉包裹碎裂岩

图 3.2　漠河逆冲推覆构造根带变形特征

　　洛古河东 D688 点漠河组长英质糜棱岩中见宽度为 5～8 m 的花岗岩脉，脉体产状为 140°∠55°。岩体内部发育一条产状为 305°∠73°的左旋走滑断层，断层呈舒缓波状，断面发育擦痕和阶步，擦痕倾伏向为 30°，倾伏角为 19°，其运动方向说明断层性质为左旋走滑 [图 3.2（e）、（f）]。花岗岩脉边部的漠河组长英质糜棱岩中见产状为 142°∠58°的左旋走滑断层，断面凹凸不平，发育擦痕和阶步。擦痕倾伏向为 215°，倾伏角为 19°，断面阶步显示左旋走滑特征。断层边部见 1～2 cm 的石英脉，应为同构造运动的产物。

　　洛古河东 D689 点漠河组灰黑色含泥粉砂岩遭受强烈的动力变质作用，岩石呈韧性特征。岩石发育透入性糜棱面理，呈揉皱产出。糜棱岩中发育 A 型褶皱，见紧闭同斜褶皱和平卧褶皱，石英条带顺糜棱面理产出，且参与糜棱面理的揉皱，在翼部减薄乃至尖灭，并被拉断形成无根褶皱和石香肠。紧闭同斜褶皱、平卧褶皱轴面与两翼产状近一致，平卧褶皱轴面水平，具 A 型褶皱特征。见产状为 135°∠81°的正断层产出，断面产出不清晰，断裂带内发育原岩为糜棱岩的碎裂岩、碎粒岩，且发育石英脉，石英脉包裹断裂带内的碎裂岩、碎粒岩，以上特征说明该断层性质为张性正断层 [图 3.2（g）、（h）]。

　　在黑龙江右岸，中侏罗世地层强烈糜棱岩化，糜棱片岩中发育 A 型褶皱，千糜岩中见紧闭同斜褶皱和平卧褶皱，与糜棱面理方向一致的石英条带在褶皱转折端加厚，在翼部减薄乃至尖灭，并被拉断形成无根褶皱和石香肠。紧闭同斜褶皱、平卧褶皱轴面与两翼产状近一致，平卧褶皱轴面水平，具 A 型褶皱特征。位于糜棱片岩之下的千糜岩、千枚岩显示为同斜等紧闭倒转褶皱，其轴面近于水平，露头上显示为 yz 面，是典型的 A 型褶皱，与片理方向一致或呈小锐角相交的石英条带也相应产生褶皱，石英条带往往在转折端增厚、翼部减薄乃至尖灭并被拉断形成无根褶皱和石香肠，同斜褶皱、平卧褶皱的轴面与两翼产状近趋一致。上述褶皱显示了典型的韧性变形特征。

　　镜下观察千糜岩和黑云石英片岩基本上由 60%～70% 的石英斑晶和 30%～40% 的黑云母变斑晶组成。棕褐色黑云母变斑晶新鲜，与长石、石英斑晶呈条带状形成片理。残斑长石中可见云母鱼，石英斑晶表现为宽条带状集合体和缎带状集合体。长英质糜棱岩中斜长石以脆性变形为主，没有发生明显的韧性变形，变质变形的温度偏低，推测漠河逆冲推覆构造变形峰期温度低于斜长石遭受韧性变形的温度，即小于 450℃。千糜岩含约为 8% 的长英质糜棱物。千糜岩、千枚岩已发生相似褶皱作用。局部残留的压扁拉长的岩屑碎斑（S_0）的面理与千枚褶皱面理（S_1）平行，表明是由沉积岩变质而来。由显微鳞片状绢云母集合体和微粒长英质集合体所构成的不同成分条带褶皱面理（S_1）与由微粒铁质集合体、显微鳞片状绢云母集合体和缎带状石英集合体构成的轴面片理（S_2）呈交切关系，S_2 为应变滑劈理，在褶皱转折端与 S_1 垂直，在褶皱翼部近于平行或斜切，显示 S_1 为 S_2 置换。

　　N_1 带内岩石强烈糜棱岩化，碎屑强烈剪切变形、拉长并定向分布，发育眼球状、扁豆状组构，可见清晰的"σ"形旋转碎斑系，变形最强处岩石呈薄片状，长石碎屑碾碎呈隐晶状集合体条纹，黑色泥砾被挤压成条纹状，与碎基一起环绕残斑长石或石英分布（图3.3）。

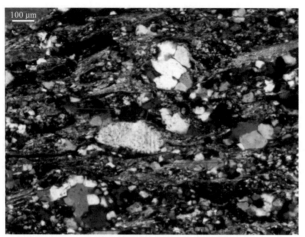

图3.3　漠河逆冲推覆构造根带构造显微特征

图中红色箭头指示构造变形应力的方向

剪切带内同构造岩浆活动及热液活动较强烈，分布在该带内的燕山期闪长岩脉和花岗闪长岩脉也遭受韧性剪切变质作用，均变为碎斑岩或糜棱岩和重结晶石英脉，由于构造后期热液作用，沿剪切面充填石英脉及中-酸性岩脉。

二道河西 D030 点见漠河组黑色糜棱岩化粉砂岩，糜棱面理产状为 30°∠45°、175°∠58°、10°∠65°，构成背斜褶皱，见石英条带呈石香肠状顺糜棱面理产出，且参与糜棱面理的揉皱，在翼部减薄乃至尖灭，同时见宽达 3 m 的花岗闪长岩脉斜切糜棱面理产出，其也遭受韧性剪切变质作用发生揉皱变形，均变为碎斑岩或糜棱岩，应为同构造运动的产物。

在镜下 N_1 带还与 N_2 带为渐变过渡关系，而宏观上两者为突变接触，表明位于漠河逆冲推覆构造根带的地质体经历了早期强烈韧性剪切变形和后期由北西向南东的逆冲推覆作用。漠河乡光头山附近见霍龙门组呈飞来峰残留于漠河组长英质糜棱岩之上，在二十二站东部，早侏罗世花岗闪长岩岩体逆冲于漠河组之上，表明可能部分沉积基底与盖层一起卷入逆冲变形。在砂宝斯林场以东、老沟林场—邱林公司以南大面积分布的漠河组中，以糜棱岩化为表现形式的韧性变形仅局部显示，天佑儿山地区变质基底和侵入岩形成飞来峰构造或逆冲剥露地表，可能形成于漠河逆冲推覆构造之后。

2）兴华沟林场—三道河糜棱岩-千枚岩带（N_2）

N_2 带走向为 60°～70°，西起兴华沟林场，往东经露石顶、老爷岭、元宝山等地，东至三道河，南以 F_{1-5} 断层为界。N_2 带长度约为 80 km，宽度为 3～12 km。N_2 带以鞘褶皱、歪斜-倒转褶皱和尖棱褶皱为特征。N_2 带内绣峰组、漠河组和二十二站组碎屑岩强烈糜棱岩化，泥质岩层经变质成为板岩，这些地层在强烈的大规模逆冲作用下形成叠瓦扇构造，同时形成歪斜-倒转褶皱。

　　N₂ 带的岩石组合主要由铁镁碳酸盐化的糜棱岩、千糜岩、千枚岩及绿泥绢云石英闪长玢岩和绢云绿泥千枚岩等中低级变质岩组成，韧性变形具有透入性，其中含有少量后期形成的碎裂岩、碎斑岩、碎粒岩等构造岩，该岩石组合表明该带内原始沉积岩和燕山期侵入岩经历了构造动力变质变形作用。

　　洛古河南 D095 点漠河组深灰色薄层糜棱岩顺剪切面形成多条石英脉，脉体最宽约为 23 cm，最窄约为 3 cm，岩体整体变形强烈，岩石片理化及揉皱变形明显，岩层产状为 320°∠10°。洛古河南 D097 点灰色薄层状糜棱岩的糜棱面上线理指示顺层滑动，层面见砂岩透镜体和约 3 cm 宽的石英脉，岩层产状为 2°∠49°。洛古河南 D098 点灰色薄层糜棱岩连续出露约为 200 m，岩层产状为 317°∠19°，可见宽度为 18～55 cm 的三条石英脉（图 3.4）。

（a）洛古河糜棱岩及变形石英脉（镜向南西）　　（b）洛古河糜棱岩及石英脉（镜向北西）

（c）兴华沟林场糜棱岩及石英脉（镜向北东）　　（d）兴华沟林场糜棱岩（镜向南西）

图 3.4　洛古河—兴华沟林场一带漠河逆冲推覆构造根带（N₂）变形特征

　　兴华沟林场西北 D095 点深灰色薄层糜棱岩变质变形强烈，岩石表面见绢云母，透镜体化，具韧性剪切特征，沿糜棱面理发育宽度约为 45 cm 的顺层石英脉，岩层产状为 314°∠9°。D095 点北 533 m 处深灰色薄层糜棱岩岩层产状为 349°∠15°。

　　老爷岭西北 D115 点灰色薄-中层长英质糜棱岩，千糜岩、千枚岩中发育小滑断面，这些小滑断面没有明显的破裂面和断裂带，只能根据其上下石英条带的拉薄或拉断及具拉丝状、细条状糜棱岩而显示存在。由显微构造推测小断滑面一般发育在平卧褶皱和倒转褶皱的翼部及岩层变薄以至被拉断处，并偏离褶皱轴面。小断滑面的滑动方向与小滑动面上下次级褶皱的牵引方向一致，层间见约 4 cm 宽的石英脉，被后期构造活动错断，糜棱面理产状为 350°∠25°。而在老爷岭西北 D002 点漠河组深灰色薄-中层细砂岩糜棱岩化，糜棱面理产状为 10°∠19°。

二道河西山 D027 点连续出露漠河组深灰色糜棱岩化粉砂岩，岩层产状为 330°∠20，糜棱面理产状总体倾向为北东 5°～60°，倾角为 20°～40°。在 130 m 宽的剖面中，大量石英脉沿糜棱面理展布，同时构造前和同构造中-酸性岩脉大量侵入，被晚期脆性断裂改造（图 3.5）。

图 3.5 二道河西山漠河逆冲推覆构造根带构造变形及同构造花岗岩脉

在老爷岭、元宝山、二道河及后两者之间地带的岩石大多数为千糜岩、千枚岩。该地带是为 N₂ 带内变质变形最强地段，其次是该带靠近 N₁ 带处也是变质变形最强地段。1∶20 万漠河幅（1988）在三道河江堑上还见鞘褶皱，其以群体形态发育在两条紧闭剪切断层下，轴面倾向为南西西向，倾角为 40°～45°，枢纽倾向为北北西向，倾角为 15°～20°。

剪切带内岩石微观特征显示，砂屑明显细粒化，残斑长石、石英或花岗岩岩屑拉长呈眼球状、透镜状排列或斜列定向分布。透镜状长石、石英两侧可见新生绢云母及石英构成的压力影，长石碎屑剪裂形成多米诺骨牌式构造，白云母碎屑发生挠曲，斜长石碎屑发育机械双晶或双晶纹被剪切呈小波纹状，泥质岩屑压扁拉长呈条纹状围绕长石、石英碎斑定向分布。薄片中见新生绢云母和绿泥石，表明岩石经受了区域动力变质作用。上述证据表明，N₂ 带内断层的性质为一系列向南逆冲的韧性断层，以强烈剪切变形形成的推覆型韧性剪切带为特征，剪切面理向漠河逆冲推覆构造根带方向由缓变陡，且随断面的产状变化而变化，糜棱面理产状为 5°～40°。

兴华沟林场一带千糜岩、千枚岩变形特征较 N₁ 带减弱，糜棱岩中石英常见波状消光，岩屑多已变为长英质集合体、石英集合体、绢云长英质集合体、黑云长英质集合体，长石、石英、岩屑呈眼球状、似透镜状沿剪切面分布 [图 3.6（a）]，泥岩变质成以绢云母为主成分的千糜岩 [图 3.6（b）]。

南部砂宝斯林场至元宝山之间糜棱岩化岩石强烈揉皱，剖面中部形成一系列反冲断层，变形强烈处形成紧闭尖棱褶皱、倒转褶皱、反冲层、冲起构造和隔挡式褶皱，表现为漠河逆冲推覆构造根带的典型构造样式。

（a）兴华沟林场北D102点长英质糜棱岩　　　　（b）兴华沟林场D116点千糜岩

图 3.6　漠河逆冲推覆构造根带（N₂）糜棱岩显微构造特征

在强变形带之间的弱变形区域，以糜棱岩化为表现形式的韧性变形相对减弱，部分区域甚至无明显的韧性变形。

3）金沟林场—北红脆-韧性变形带（N₃）

N₃ 带总体走向为 60°～80°，经老沟、邱林公司、老沟库，穿大湾河、什都街河，并可能穿西、东永大沟，经大草甸子西岔沟、赤山，东达上乌苏里浅滩，区域内长度约为 84 km。N₃ 带内西、东两侧变质变形稍强，中段较差。N₃ 带东侧又有南北两个分叉带。N₃ 带以韧-脆性变形为特征。

N₃ 带岩石组合主要由片理化变质泥质粉砂岩、变砂岩、糜棱岩、千枚岩、绢云母化含砾粗砂岩、糜棱岩等中低级动力变质岩石组成，并含少量千糜岩、绢云母化绿泥石化闪长玢岩。

枯林山西北 D012 点绣峰组灰色中薄层-厚层中-细砂岩具弱糜棱岩化，糜棱面理产状为 340°∠7°，宽度约为 1.5 m 的脆-韧性断裂带强烈揉皱变形（图 3.7），断面产状为 129°∠24°，见砂岩透镜体，其上见竖直擦痕，具逆冲推覆构造特征，见石英脉。D012 点北约 8 m 处见另一断裂带，岩层发生牵引褶皱作用，为厚层细-中砂岩断面之上的岩石强烈变形，断面之下变形较弱。

图 3.7　枯林山西北 D012 点脆-韧性断裂带（镜向东）

枯林山西北处灰色薄-中层糜棱岩岩层产状为 45°∠10°，线理产状为 65°∠13°。金沟林场东北 D009 点二十二站组灰色薄层细砂岩夹深灰色泥质粉砂岩岩层产状为 126°∠44°。砂岩中发育缓倾断层，断面呈舒缓波状［图 3.8（a）、(b)］，约有 3 m 宽的断层泥出露，在断裂带内见砂岩透镜体及石英脉，断层泥内发育低角度节理，灰色薄-中层细砂岩发生牵引褶皱作用，指示上盘逆冲推覆，断面产状为 20°∠25°。

馒头山西北 D003 点漠河组下部出露灰白色薄-中薄层细-中砂岩，岩层产状为 105°∠15°，形成约 4 m 宽的断裂带，断面呈舒缓波状，断面产状为 302°∠85°，断层上盘下降，具正断层特征，断裂带内见小规模牵引弯曲现象及近于直立的擦痕，露头上部见两条宽度较小的滑动带。

（a）金沟林场东北D009点断裂带1

（b）金沟林场东北D009点断裂带2

（c）馒头山北D004点断裂带

（d）大草甸子南D087点脆-韧性断裂带（镜向东）

（e）大草甸子南D087点脆-韧性断裂带（镜向东）

（f）北红南D677点脆-韧性变形带（镜向北）

（g）金沟林场东D626点逆冲断层（镜向西）　　（h）尖山西南的国防公路D655点逆冲断层（镜向东）

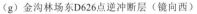

图 3.8　漠河逆冲推覆构造根带变形特征

在馒头山北 D004 点剖面上，灰色厚层细-中粒长石砂岩岩层产状为 295°∠39°，发育两组断层。早期断层发育宽度约为 30 cm 的灰色断层泥［图 3.8（c）］，断面产状为 350°∠44°；晚期断层发育宽度约为 25 cm 的断裂带，断面产状为 306°∠63°。

大草甸子南 D087 点发育两条主断裂，下部见约 1.5 m 宽的断裂带，见灰色、黑色断层泥，层间见牵引褶皱，断面产状为 350°∠10°，具逆冲推覆构造特征，岩性为灰色薄层泥质粉砂岩，左侧岩层产状为 330°∠45°，节理密集发育，节理间距为 5～10 cm。D087 点南约 174 m 处见宽度约为 30 cm 的灰色石英砂岩［图 3.8（d）、（e）］。

北红南 D677 点漠河组出露中-厚层黑色糜棱岩化含泥粉砂岩，糜棱面理产状为 60°∠20°，沿剪切面见擦痕，其倾伏向为 335°，倾伏角为 35°，同时岩层局部呈韧性状态产出，且局部见有未发生动力变质、无透入性面理发育的漠河组细砂岩，说明该点岩石处于韧-脆性变形域，在韧性变形带内见构造透镜体呈石香肠状剪切拉断，围岩呈强烈的片理化［图 3.8（f）］。

2. 漠河逆冲推覆构造中带变形特征

逆冲推覆构造中带断层常常分叉构成叠瓦扇和双重逆冲构造。应力状态以单剪切为主，近逆冲推覆构造根带变形强，中带变形弱，趋向锋带变形又增强。逆冲推覆构造中带内定向小构造发育，如膝折、旋卷构造、小褶皱和双冲构造（朱志澄 等，1989）。

漠河逆冲推覆构造中带分布于下量子林场—二十八站—古站岛一线，呈北东向展布。北以漠河逆冲推覆构造根带前缘的 F_{1-6} 断裂、F_{1-7} 断裂、F_{1-9} 断裂为界，南以 F_{1-12} 断裂为界，东西长度约为 130 km，南北宽度约为 20 km。漠河逆冲推覆构造中带露头较少，根据前人完成的 1∶20 万和 1∶25 万资料，中带以大型褶皱变形为主，在老沟—鸭嘴岭一带呈北翼倒转的复向斜褶皱构造形态，复向斜的倒转翼已经被逆冲层所破坏，仅保留正常的南半翼，这种特征为靠近漠河逆冲推覆构造根带遭受韧性剪切推覆所致。

在鸭嘴岭—二十五站一带，褶皱构造形态宽缓，枢纽呈北东向线性延伸，显示中-浅构造层次 B 型褶皱特点。

金沟林场东 D626 点中侏罗统厚层灰色中粒长石砂岩中见产状为 240°∠15° 的逆冲断层，宽 3～6 m，发育黑色的断层泥，断层岩石呈强烈的片理化，指示剪切挤压特征。

该逆冲断层被后期产状为 280°∠65° 的断层截切,根据逆冲断层被截切的状态,可判断该截切断层为正断层,断面舒缓 [图 3.8 (g)]。

尖山西南的国防公路 D655 点出露一套漠河组厚层黑色粉砂岩,发育产状为 350°∠10° 的逆冲断层,断层上下盘粉砂岩因强烈挤压逆冲产生同产状的次生面理。断裂带内发育约 5 cm 厚的黑色断层泥,断层角砾呈圆状,粒径为 2～5 cm,被后期产状为 176°∠56° 的断层截切,发育断层泥及断层角砾,根据所截切的逆冲断层位置对比,确定该截切断层为正断层 [图 3.8 (h)]。

国防公路边采石场 D653 点出露一套漠河组中-厚层灰黑色粉砂岩,岩层产状为 340°∠25°。发育两条逆冲断层:8 m 处逆冲断层内发育 5 cm 左右的黄色断层泥及断层角砾,角砾具磨圆,呈挤压特征,产状为 20°∠45°～10°,断层下盘见岩层拖拽;14 m 处见产状为 15°∠5° 的逆冲断层,宽 5 cm 左右,断层岩石呈片理化,指示强烈挤压特征。

根据前人地质图产状恢复的褶皱构造表现为:①西图廊—老沟库复向斜(M$_1$),地层由二十二站组和绣峰组组成,南翼产状为 340°∠14°～12°,被断裂破坏;②头站—下边房子复向斜(M$_3$),地层由漠河组和二十二站组组成,南翼产状为 325°～340°∠27°～10°,被断裂严重破坏,缺失北半翼;③鲜花山北—鸭嘴岭复向斜(M$_4$),地层由漠河组和二十二站组组成,走向为 65°,长度约为 15 km,宽度为 2.5～5 km,南翼产状为 340°∠27°,被锋带及断裂严重破坏,仅保留核部及南半翼,核部地层为漠河组;④光头山—分水山向斜(M$_8$),地层为二十二站组,北翼产状为 160°∠43°,南翼产状为 350°∠14°;⑤大桥头南背斜(M$_9$),地层为漠河组,走向为 85°,长度约为 14 km,宽度约为 2.5 km,北翼产状为 310°∠40°～41°,南翼产状为 165°～170°∠35°～47°,沿核部有燕山晚期花岗斑岩脉贯入;⑥驼峰山—一字岭向斜(M$_{10}$),地层由漠河组和二十二站组组成,南翼产状为 3°～350°∠27°～10°,被断裂严重破坏;⑦万厄山北向斜(M$_{19}$),地层为二十二站组,北翼产状为 120°∠30°,南翼产状为 320°∠35°;⑧二十五站北背斜(M$_{20}$),地层为漠河组,北翼产状为 345°∠18°,南翼产状为 150°∠56°,被北北西向断裂破坏。

3. 漠河逆冲推覆构造锋带变形特征

漠河逆冲推覆构造锋带位于门都里—驼峰山—龙河林场—兴安镇一带,呈北东向展布,主要由 F$_{1-12}$ 断裂和 F$_{1-14}$ 断裂组成,东西长度约为 110 km,南北宽度为 10～20 km。中带和锋带漠河逆冲推覆构造均属于薄皮构造,变质程度较低,特别是锋带前缘的西林吉东山—马鞍山—兴安一线以大型 B 型褶皱为特征。

漠河逆冲推覆构造锋带宏观上表现为中侏罗世的逆冲和变形。漠河逆冲推覆构造锋带岩石组合以碎裂岩、碎粉岩和碎斑岩为主,夹有强糜棱岩化岩层,形变以小型褶皱和叠瓦状逆冲断层为特征。1:25 万漠河幅(2012)在该区测制中生代沉积地层剖面过程中,普遍出现地层厚度加厚的现象,在个别剖面中甚至出现了漠河组沉积厚度大于 4 000 m 的情况,可能是褶皱或叠瓦状逆冲断层改造后叠覆的结果。

沿前哨林场—鲜花山—龙河林场—漠河口岸,中侏罗世地层自南向北逆冲推覆于同时代地层之上，形成宽度约为 10 km 的逆冲岩席和构造岩片。下白垩统光华组火山岩呈角度不整合覆盖逆冲断层及逆冲岩席，断裂带主要表现为低角度或中等角度的脆性逆冲断层。

在前哨林场，脆性逆冲断裂带向北西陡倾［图 3.9（a）］，形成压性碎粒岩和构造透镜体等构造岩。在漠河口岸南，逆冲断层表现出双冲构造特点［图 3.9（b）、（c）］，并形成反冲断层与冲起构造（图 3.10）。不同层位的岩层相互叠置，推覆距离较大。

（a）前哨林场脆性逆冲断裂带（镜向西）

（b）漠河口岸南脆性逆冲断层（镜向西）

（c）漠河口岸南前缘分支逆冲断层（镜向南西）

（d）龙河林场南D746点逆冲断层（镜向西）

图 3.9 漠河盆地低角度逆冲推覆构造特征

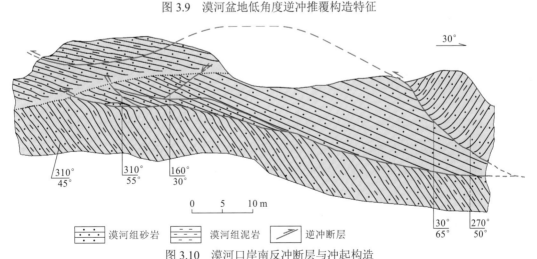

图 3.10 漠河口岸南反冲断层与冲起构造

龙河林场南 D746 点出露漠河组巨厚层褐色长石砂岩夹黑色薄层粉砂岩，岩层产状为 320°∠28°，其中发育厚 1~2 m 的逆冲断层剪切带，剪切带内以黑色的碎裂岩、碎粉岩和碎斑岩为主，局部夹有强糜棱岩化岩层，显示了强烈的剪切挤压作用。同时逆冲断层上盘发生明显的岩层牵引作用，造成上盘黑色薄层粉砂岩发生顺层滑动，岩层上凸方向指向上盘。以上特征均说明该断层为漠河逆冲推覆构造锋带的逆冲断层 [图 3.9（d）]。

在漠河组中段，1∶20 万开库康幅区调报告中认为其均受不同程度的挤压作用，岩石呈片理化、破碎及错段、糜棱岩化；在漠河组东段 1∶20 万依西肯幅中沉积地层也受糜棱岩化作用。上述两段的共同特征是越接近黑龙江边，变质变形越强烈。现有资料表明漠河逆冲推覆构造在纵向上具有断续延伸的特点，在横向上具有中心韧性剪切带向外侧脆性剪切带演化的特点。这种横向上的演化特点在本区特别明显，表明漠河逆冲推覆构造发育完整，根据岩性、变质变形特征可以划分出韧性剪切带、脆-韧性剪切带和脆性剪切带；根据各带所处的构造部位，可划分出根带、近根带、中带、锋带和前陆带 5 个带。但漠河逆冲推覆构造仅保留南半侧，韧性剪切带位于黑龙江右岸，推测在黑龙江左岸地区存在漠河逆冲推覆构造的北半侧。从漠河逆冲推覆构造的中心到外侧，其变质变形的强度递减，其推覆作用方向自北向南。

综上所述，漠河逆冲推覆构造在漠河盆地主要有 5 个特征：①漠河逆冲推覆构造造成沉积地层遭受韧性剪切变质作用，严重破坏了上黑龙江裂谷的构造格局，使中生代地层，尤其是漠河组难以建立完整的层序剖面；②漠河逆冲推覆构造使沉积岩发生脆性-韧性变形，相应产生一套动力变质系列岩石，随着变形强度的增加，重结晶作用强烈；③形成片理化带、糜棱岩带、片岩带、小滑断面、平卧褶皱、相似褶皱、不协调褶皱、鞘褶皱、折劈理、滑劈理、片理、石香肠构造、构造假砾及拉伸线理等各种不同尺度的面状构造和线状构造塑性变形；④以在根带发育 A 型褶皱、在锋带和中带发育 B 型褶皱为其特征；⑤洛古河—大马厂一带的片岩带应是漠河逆冲推覆构造的中心；⑥该逆冲推覆构造的根带和中带，由于燕山晚期和晚新生代构造运动而露出地表。

3.1.2 漠河逆冲推覆构造形成时间

漠河逆冲推覆构造是与蒙古—鄂霍茨克褶皱带有关的重要地质事件，近年来学者对其构造成因和年代学进行了详细研究，基本认同漠河逆冲推覆构造主变形期在晚侏罗世晚期—早白垩世早期。如李锦轶等（2004）在大马厂附近漠河组黑云石英片岩中获得了黑云母 $^{40}Ar/^{39}Ar$ 年龄为 127~130 Ma；刘晓佳等（2014）对漠河逆冲推覆构造根带、中带及锋带发育的 11 件同构造石英脉及方解石脉样品进行了 ESR 测年，推测漠河盆地西北缘逆冲推覆构造形成时代为 149~118 Ma；孙求实（2013）运用热年代学研究手段推测漠河盆地在 95 Ma 和 135 Ma 发生了两次隆升。

1. ESR 年龄

对采自兴华沟林场、枯林山南、北极村南、大马厂、金沟林场、古莲河和北极村东等地出露于漠河逆冲推覆构造根带、中带及锋带不同构造部位的 10 件同构造石英脉及含少量石英的方解石脉样品进行 ESR 测年。10 件样品中的 B095-2、B096-1、B098-1、B098-2、B028-2、B004-1 采集于漠河逆冲推覆构造根带的漠河组长英质糜棱岩中，B009-1、B009-2 采集于漠河逆冲推覆构造根带的逆冲断裂带内；B121-2 采集于漠河逆冲推覆构造中带的逆冲断层断面上；B105-1 采集于漠河逆冲推覆构造锋带的逆冲断裂带内。测年矿物为石英或含少量石英的方解石。

断面上可能形成表征该断层活动年龄的特征石英脉，此种情况下，石英脉的结晶年龄等价于该断层的活动年龄，本批样品属于该类型。对于早期生成的石英脉，可能会遭受一次或多次强烈的构造作用，每经过一次强烈的构造作用，在此之前石英中积累的 ESR 年龄信号可能归零，此时得出的 ESR 年龄是最后一次零化作用后的年龄。

样品测试在成都理工大学实验室完成。实验方法：全岩样品自然风干，粉碎为 0.2～0.125 mm 的粒度。用 CIT-3000F 数字化放射性检测仪和微机数据采集系统测定 γ 及 α 的天然放射性，减小铀镭不平衡产生的铀质量分数误差。制取 0.2～0.3 mm 粒度的单矿物石英样品，每份称取质量为 120 mg 的样品进行热活化。热活化后的样品冷却 5～7 天，然后用电子自旋共振光谱仪测定其顺磁中心浓度。测量条件：室温为 20～25 ℃，微波频率为 9.7652 GHz，微波功率为 0.21～0.30 mW，调制频率为 100 kHz，放大系数为 $7.11 \times 10^5 \sim 1.26 \times 10^6$，时间常数为 50 ms，扫场范围为 3455.0～3550.5 G，中心场为 3505.0 G。在磁场强度为 3507.5 G 的中心场区间内测本批样品的 ESR，其光谱分裂因子 g 为 2.0005±0.0005。

顺磁测定用德国 ER-200D-SRC 型电子自旋共振光谱仪来完成。天然放射性核素质量分数用 CIT-3000F 数字化全自动铀钍钾谱仪测定。石英纯度用 CIT-3000SM 型美国 Si（Li）电制冷半导体探测器能量色散 X 荧光分析仪和 CIT-3000SM 型能量色散 X 荧光分析仪检测。剂量监测使用国家市场监督管理总局颁发的丙氨酸剂量计标准，剂量监测误差实测值为 3.2%。

采自漠河逆冲推覆构造根带、中带及锋带不同构造部位的 10 件同构造石英脉及含少量石英的方解石脉样品除兴华沟林场 B098-2 年龄为（177.3±17.0）Ma 外，其他 9 个样品年龄集中在（149.3±14.0）～（118.7±11.0）Ma，反映漠河逆冲推覆构造主变形期在晚侏罗世晚期—早白垩世早期。

图强和枯林山西北西向断裂上采集的同构造石英脉 ESR 年龄分别为（155.7±15.2）Ma、（116.0±11.0）Ma 和（114.7±10.0）Ma（表 3.1），断裂活动时代为晚侏罗世早期—早白垩世晚期，与漠河逆冲推覆构造形成时间相近。由此可以推测，北西向断裂为近东西向逆冲断层和褶皱等压性构造的伴生构造，在近南北向的挤压作用下，近东西向脆性断裂带发生逆冲、岩层发生褶皱，而位于图强和枯林山西的北西向断裂发生右旋走滑和正断层作用。漠河盆地南缘的金沟—绣峰断裂并非控制漠河盆地形成的边界断裂。

表 3.1　ESR 测年样品的地质特征

样号	采样地点	测试样品	顺磁中心浓度/（×10^{15} 自旋/g）	铀质量分数/（μg/g）	年龄/Ma
B034-1	图强	石英脉	0.087	0.150	116.0±11.0
B034-2	图强	石英脉	0.130	0.167	155.7±15.2
B023-1	枯林山西	石英脉	0.230	0.401	114.7±10.0

2. 岩脉锆石 U-Pb 年龄

漠洛公路 D116 点漠河组深灰色薄层含泥粉砂岩、黄褐色中薄层-中厚层粉砂岩、灰色中薄层-中厚层粉砂岩强烈变形，多条中-酸性岩脉侵入（图 3.11），岩层产状分别为 136°∠31°、163°∠29°，形成北东向的背、向斜构造和断裂构造，断面产状为 320°∠29°，断裂带内发育黄褐色、灰黑色断层泥。在地层和断裂带内多条宽度为 50～120 cm 的花岗岩脉侵入，晚期北北东向断裂切割地层和花岗岩脉。

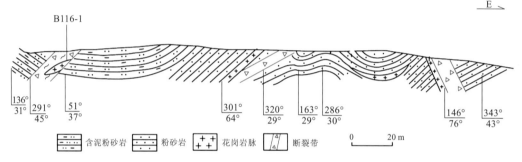

图 3.11　漠洛公路 D116 点构造剖面图

石英二长闪长岩（B116-1）脉沿断裂带侵入，具斑状-微晶结构，岩石由斑晶和基质组成。B116-1 锆石大部分为自形-半自形的粒状或短柱状，具典型的岩浆振荡生长环带（图 3.12）。测点为 8.1、9.1、13.1、14.1、16.1、17.1、20.1、21.1 的锆石 ^{206}Pb/^{238}U 年龄变化于 140～145 Ma（表 3.2），其加权平均年龄为（141.56±0.98）Ma（图 3.13），代表了石英二长闪长岩脉侵入的时代，属于早白垩世。其他 14 个测点 ^{206}Pb/^{238}U 年龄变化于 162～643 Ma，为继承锆石。

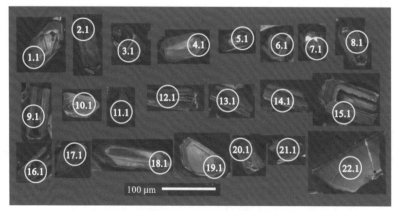

图 3.12　漠洛公路石英二长闪长岩锆石阴极发光图像

表 3.2　漠洛公路石英二长闪长岩锆石 U-Pb 同位素测年结果

测点	质量分数 /（μg/g）		同位素比值								年龄/Ma			
	Pb	U	Th/U	$^{206}Pb/U^{238}$	1σ	$^{207}Pb/U^{235}$	1σ	$^{207}Pb/^{206}Pb$	1σ		$^{206}Pb/U^{238}$	1σ	$^{207}Pb/^{206}Pb$	1σ
1.1	31	476	0.94	0.057 2	0.000 6	0.431 1	0.009 9	0.054 7	0.001 1		358	4	399	47
2.1	18	691	0.77	0.025 5	0.000 5	0.184 1	0.007 0	0.052 3	0.002 1		162	3	300	92
3.1	68	1 125	0.84	0.056 9	0.000 5	0.431 7	0.006 8	0.055 1	0.000 8		357	3	414	33
4.1	13	446	0.41	0.027 6	0.000 4	0.192 4	0.012 8	0.050 5	0.003 3		176	2	219	151
5.1	22	643	1.03	0.030 6	0.000 3	0.218 8	0.007 8	0.051 9	0.001 8		194	2	280	78
6.1	88	1 710	0.34	0.053 5	0.000 6	0.408 1	0.006 6	0.055 3	0.000 8		336	4	424	32
7.1	43	569	1.09	0.054 1	0.000 7	0.402 8	0.011 5	0.054 0	0.001 5		340	4	371	63
8.1	23	908	0.73	0.022 4	0.000 2	0.158 5	0.005 8	0.051 4	0.001 9		143	1	258	84
9.1	33	1 248	0.95	0.022 1	0.000 2	0.160 3	0.003 7	0.052 6	0.001 2		141	1	313	50
10.1	19	616	0.43	0.028 7	0.000 3	0.203 6	0.007 2	0.051 5	0.001 8		182	2	264	79
11.1	40	1 279	0.74	0.027 0	0.000 3	0.191 3	0.003 7	0.051 3	0.001 0		172	2	254	43
12.1	40	1 178	0.49	0.031 6	0.000 3	0.221 3	0.004 5	0.050 7	0.001 0		201	2	228	45
13.1	27	1 002	0.71	0.022 3	0.000 2	0.156 5	0.005 3	0.050 9	0.001 7		142	1	236	77
14.1	24	881	0.81	0.022 0	0.000 2	0.151 9	0.005 1	0.050 0	0.001 7		140	1	195	77
15.1	144	1 460	0.11	0.104 9	0.001 1	0.946 8	0.014 6	0.065 4	0.000 9		643	7	789	28
16.1	34	1 180	1.09	0.022 0	0.000 2	0.156 2	0.004 9	0.051 4	0.001 6		140	1	260	70
17.1	25	1 097	0.31	0.022 3	0.000 2	0.154 4	0.006 4	0.050 2	0.002 1		142	1	206	95
18.1	32	545	0.65	0.053 3	0.000 5	0.412 2	0.011 1	0.056 1	0.001 4		334	3	458	57
19.1	14	476	0.40	0.029 5	0.000 3	0.208 9	0.009 8	0.051 4	0.002 4		187	2	261	105
20.1	15	702	0.06	0.022 7	0.000 3	0.160 2	0.006 7	0.051 2	0.002 2		145	2	249	97
21.1	25	1 011	1.00	0.022 0	0.000 2	0.149 1	0.004 1	0.049 1	0.001 3		140	1	154	62
22.1	44	562	0.53	0.075 8	0.000 7	0.601 0	0.010 2	0.057 5	0.000 9		471	5	510	35

在北红南漠河组中沿断裂带发育 50 cm 厚的闪长玢岩（图 3.14），断面产状为 32°∠53°，为漠河逆冲推覆构造根带的组成部分。闪长玢岩（B679-1）为变余少斑状-基质微晶结构，块状构造。闪长玢岩（B679-1）锆石大部分为自形-半自形的长柱状，显示典型的岩浆振荡生长环带特征（图 3.15）。除 4 号继承锆石测点 $^{206}Pb/^{238}U$ 年龄为 485 Ma 外，其余 6 个测点 $^{206}Pb/^{238}U$ 年龄变化于 122~135 Ma，代表了闪长玢岩脉侵入的时代属于早白垩世。

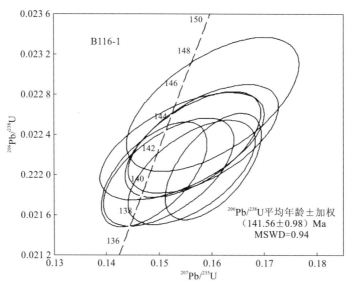

图 3.13　漠洛公路石英二长闪长岩锆石 U-Pb 年龄谐和图

MSWD 为平均标准权重偏差（mean squared weighted deviation）

图 3.14　闪长玢岩沿断裂带侵入

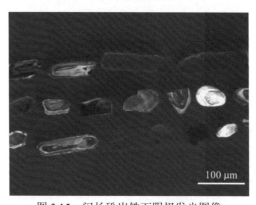

图 3.15　闪长玢岩锆石阴极发光图像

李锦轶等（2004）对采自大马厂附近的漠河逆冲推覆构造根带黑云石英片岩中同构造变质矿物黑云母进行 $^{40}Ar/^{39}Ar$ 定年，获得了 127～130 Ma 的坪年龄和等时线年龄；开库康幅测定了漠河逆冲推覆构造内的石英二长岩、花岗闪长岩岩株年龄为 121.9～141.1 Ma。上述年龄与本次测试获得的 ESR 年龄基本一致，反映漠河逆冲推覆构造形成时代为晚侏罗世晚期—早白垩世早期。

综上所述，由地层不整合和构造-热活动时代确定的漠河逆冲推覆构造强烈变形时代为晚侏罗世—早白垩世。

3.2　北东向构造特征、南北向构造特征及变形时代

漠河逆冲推覆构造在漠河盆地总体表现为薄皮构造，影响深度有限，特别是中带和锋带，盆地基底未卷入漠河逆冲推覆构造变形。而漠河逆冲推覆构造之后控制北东向火山岩带的同方向断裂及造成漠河盆地侏罗纪—白垩纪火山-沉积盖层发生强烈位移与差异升降的东西向及其他方向的断裂构造无疑属于切割盖层的深断裂。

3.2.1　北东向构造特征

北东向断裂主要为控制中生代火山断陷盆地的正断层，在火山喷发过程中，大部分断裂被火山岩所覆盖，部分断裂后期重新活动。北东向断裂在地球物理异常方面的显示比地表破裂更明显。

1. F_3 断裂

F_3 断裂分布于漠河盆地中东部，呈北东向展布，具正断层性质，向南延伸至绣峰南花岗岩体中消失，向东延伸至腰站林场附近，消失于早期近东西向断裂。重力上表现为断续的、呈线性展布的重力梯度带，沿 F_3 断裂呈串珠状的岩浆岩零星分布。在塔河县北部地面见零星的海西期超基性火成岩出露，推测 F_3 断裂可能是一条超壳断裂，在侏罗纪、早白垩世进入活动高峰，是区域内控制早白垩世火山岩沉积的东部边界断裂。从区域上推测，F_3 断裂与东北部 F_7 断裂应属同一断裂，但由于受早期近东西向断裂的影响，被分割成两条断裂，所以 F_3 断裂具北西倾向，而 F_7 断裂则倾向相反，表现为南东倾向的正断层性质。

2. F_9 断裂、F_{10} 断裂

F_9 断裂、F_{10} 断裂分布于漠河盆地西部边缘洛古河一带，呈北东向展布，区域内延伸长度分别为 21 km、28 km，向北东、南西均延伸出本区，推测断裂倾向北西，具正断层性质，沿断裂分布有海西期花岗岩岩基和燕山期花岗岩岩枝等，以及清晰的线型或带状的早—中侏罗世碎屑岩，见零星的早白垩世火山岩分布，说明 F_9 断裂、F_{10} 断裂具有长期性、多阶段活动的特点。

3. F_{11} 断裂、F_{12} 断裂

F_{11} 断裂、F_{12} 断裂分布于西林吉—古站岛一带，走向为北东向，具逆断层性质，F_{11}

断裂长度约为 118 km，F_{12} 断裂长度约为 112 km。重力异常特征明显，重力上表现为明显的线性重力梯度带。从区域上看，F_{11} 断裂、F_{12} 断裂是控制区域内早白垩世火山岩沉积西界的两条主要断裂，主要活动于侏罗纪末期、早白垩世。F_{11} 断裂以西地区基本没有火山活动，在 F_{11} 断裂以东地区火山岩分布广，沉积明显加厚，分布范围广。

F_{12} 断裂与野外调查的 F_{3-6} 断裂特征类似，龙河林场西 D082 点塔木兰沟组和光华组中北东向断裂带被辉绿岩侵入，形成辉绿岩脉群 [图 3.16、3.17（a）]，脉体走向北东。同时辉绿岩岩脉内见后期生长的石英脉 [图 3.17（b）]，石英呈自形-半自形，粒径为 3～5 mm；龙河林场西 D080 点侏罗纪和白垩纪地层被北东向陡倾断裂切割，形成密集分布的张性断裂带 [图 3.17（c）、（d）]。

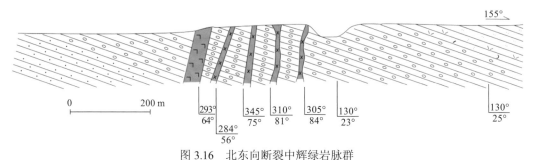

图 3.16　北东向断裂中辉绿岩脉群

（a）龙河林场北东向断裂带及辉绿岩脉群　　　　（b）龙河林场辉绿岩脉体中的石英脉

（c）龙河林场北东向辉绿岩脉　　　　（d）龙河林场北东向张性断裂带及中基性岩脉

图 3.17　二十八站东北东向断裂带及基性岩脉群

为了解北东向深部地层的产状,对 F_{12} 断裂(PM05 剖面)进行高密度电法测量(图 3.18)。PM05 剖面共进行了 4 组地表测量,每组均使用 7 个编码器阵列,每个编码器阵列有 16 个电极,每组地表测量共有 112 个电极,电极距为 4.4 m,每组测量总长度为 488.4 m。4 组地表测量共计 448 个点,总长度为 1953.6 m 左右,其中每组测量重叠 3 个编码器阵列,重叠长度为 209 m 左右,PM05 剖面测量有效长度达 1326.6 m。

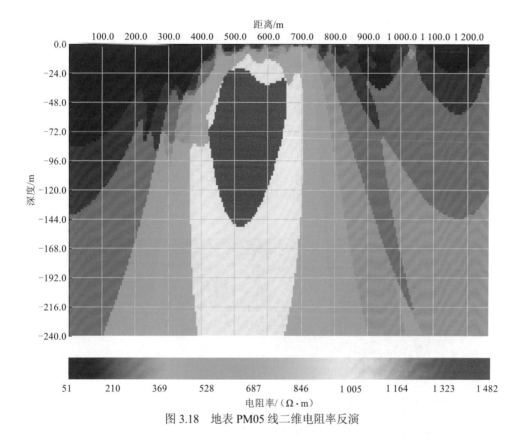

图 3.18　地表 PM05 线二维电阻率反演

结果显示,由于辉绿岩脉群的侵入,北东向断裂带表现为高阻体,深部地层产状陡倾,与地表产状一致。

4. F_{13} 断裂、F_{14} 断裂

F_{13} 断裂、F_{14} 断裂分布于长缨—依林一带,走向为北东向,具正断层性质,沿断裂形成依西林场—龙河林场北东向分布的沟谷地貌,F_{13} 断裂长度约为 90 km,F_{14} 断裂长度约为 70 km。重、磁异常特征明显:重力上表现为明显的线性重力梯度带;磁异常表现为两种不同磁场的分界,西部为宽缓的近东西向磁异常,东部为北东向的强磁异常。从区域上看,F_{13} 断裂、F_{14} 断裂是控制区域内早白垩世火山岩沉积的两条主要断裂,主要活动于侏罗纪末期、早白垩世。F_{13} 断裂以西地区早白垩世火山岩仅在断裂附近零星分布,在 F_{13} 断裂以东地区火山岩分布广,沉积明显加厚,分布范围广。沿断裂带重磁异

常特征明显。断裂带与航磁、重力梯度带空间分布一致,地表反映的断裂与大庆油田(2004年)依据重、磁连片处理所确定的依林凹陷边界断裂的空间展布符合。

沿断裂磁异常变化剧烈,形态陡峭,负异常量级大,磁力变化范围为-3 753.480～682.828 nT,属于高频杂乱磁异常带。磁异常分布范围内地表主要出露玄武岩类。玄武岩磁性较强,磁性不均匀。由地质、物性和磁异常特征,推断该类磁异常主要由玄武岩类火山岩引起,并且沿北东向断裂分布。

在龙河林场西对北东向断裂带(PM06剖面)进行高密度电法测量。PM06剖面共进行了7组地表测量,除第一组使用了6个编码器阵列外,其余各组均使用7个编码器阵列,每个编码器阵列有16个电极,第一组地表测量共有96个电极,其余各组地表测量共有112个电极,电极距为4.4 m,第一组测量总长度为418 m,其余各组测量长度为488.4 m。7组地表测量共计768个点,总长度为3 348.4 m左右,其中每组测量重叠3个编码器阵列,重叠长度为209 m左右,PM06剖面测量有效长度达2 094.4 m。

龙河林场西北东向断裂带高密度电法剖面图(图3.19)显示,北东向断裂带为较宽的低阻异常带,与地表断裂带对应,且产状较陡。

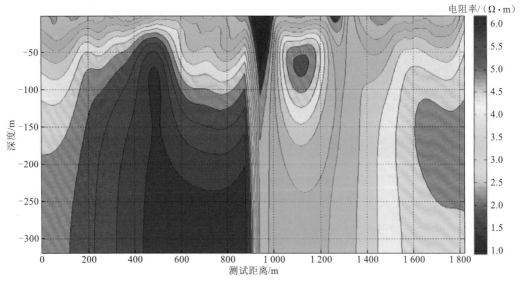

图3.19　龙河林场西北东向断裂带高密度电法剖面图

5. F_{20}断裂、F_{21}断裂

F_{20}断裂、F_{21}断裂分布于漠河盆地中部,沿蒙克山—二十二站一线呈北东向展布,具正断层性质,F_{20}断裂长度约为106 km。重、磁异常特征明显,在断裂附近重力呈线性梯度带展布。磁异常表现为两种不同磁场的分界,西部为弱磁异常,东部为强磁异常。从区域上看,F_{20}断裂、F_{21}断裂是控制区域内早白垩世火山岩沉积的两条主控断裂,均

形成于侏罗纪末期,主要在早白垩世活动。F_{20} 断裂以西地区早白垩世火山岩仅在断裂附近分布,再向西则很快减薄尖灭。在 F_{21} 断裂以东地区早白垩世火山岩沉积明显加厚,分布范围广。

3.2.2 南北向构造特征

野外调查发现,在漠河逆冲推覆构造系统和北东向断裂带之上叠加近南北向的张性断裂带,形成天佑儿山—马达尔河断裂带、北极村—漠河断裂带和龙河林场—长缨断裂带三个规模较大的张性断裂带。

1. 天佑儿山—马达尔河断裂带

天佑儿山—马达尔河断裂带分布于研究区西部边缘洛古河—枯林山一带,呈北北东向展布,由 11 条(F_{4-1}~F_{4-11})呈左阶斜列展布的正断层组成。天佑儿山—马达尔河断裂带南北断续延伸约为 40 km,东西宽度约为 20 km,单条断裂长度为 5~20 km,西侧断裂断面倾向西、东侧断裂断面向东陡倾,断面倾角为 55°~75°。

兴华沟林场东南 D018 点出露绣峰组中薄层-厚层灰色细砂岩。细砂岩中发育断层角砾岩和约 30 cm 宽的石英脉(F_{4-2}),断面产状为 280°∠75°,断层角砾岩表明该断层为正断层,断面上擦痕显示断层兼有左旋走滑特征,导致断层附近岩层产状变化较大。断裂带附近岩层产状为 290°∠80°,与断面近于平行,在断裂带南 150 m 处岩层产状为 55°∠10° 和 8°∠22°。

兴华沟林场东南 D017 点绣峰组深灰色薄-中层细砂岩产状为 150°∠10°,发育两条张性断层(F_{4-3}),断裂带宽为 15 m,向西陡倾,倾角为 70°。断裂带中发育石英脉,脉体上见后期滑动擦痕,指示为右旋走滑擦痕。

漠洛公路 D116 点漠河组深灰色薄层泥质粉砂岩、黄褐色中薄层-中厚层细砂岩、灰色中薄层-中厚层细砂岩岩层产状分别为 136°∠31°、321°∠33°、163°∠29°,形成北东向的背斜、向斜构造。剖面中东部形成两条北东向断裂,断面产状分别为 320°∠29° 和 146°∠76°,断裂带内发育黄褐色、灰黑色断层泥。在地层和断裂带内多条宽度为 50~120 cm 的花岗岩脉侵入,晚期北北东向断层(F_{4-4})切割地层和花岗岩脉,后者在断裂带内形成构造透镜体,断面产状为 291°∠45°。

洛古河东 D689 点漠河组灰黑色含泥粉砂岩构造特征已在 3.1.1 小节中论述,其中发育的张性正断层如图 3.20 所示。

枯林山西北 D011 点绣峰组灰色厚层细砂岩岩层产状为 135°∠30°,变质变形强烈,发育多组密集节理,产状为 134°∠65°。露头上部见顺层剪切带(F_{4-6}),出露约为 15 cm 的断层泥,断面产状为 110°∠35°,早期节理被滑动带错断,断裂带间见约 10 cm 宽的煤线夹层及石英脉,节理产状分别为 72°∠69°、137°∠74°(图 3.21)。

（a）洛古河东D689点北东向张性正断层　　　　（b）洛古河东D689点石英脉包裹碎裂岩

图 3.20　洛古河东 D689 点张性正断层

（a）构造变形带　　　　　　　　　　（b）透镜体和断层泥

图 3.21　枯林山西北 D011 点 F_{4-6} 构造变形特征

2. 北极村—漠河断裂带

北极村—漠河断裂带分布于研究区中部大马厂—宝宝林山一带，近南北向展布，由 13 条（F_{4-12}～F_{4-24}）平行展布的正断层组成，断裂带南北断续延伸约为 50 km，东西宽度约为 40 km，单条断裂长度为 5～20 km，断面向西或向东陡倾，倾角为 55°～80°。沿断裂呈串珠状的早白垩世花岗斑岩及花岗闪长斑岩岩株零星分布，岩浆活动可能与北西向元宝山凸起及北东向金沟凸起的形成有关。北极村—漠河断裂带发育于侏罗纪地层中，在北极村东、河湾林场及石岩山等处见该断裂带切割早期的韧性剪切带及白垩纪北东向的脆性断裂带，故其形成时间应与天佑儿山—马达尔河上游断裂带一样，均为新生代早期。

207 省道 D052 点采石场（图 3.22），兴华渡口群黑云斜长片麻岩、变粒岩在早古生代花岗岩中以捕掳体形式存在，发育近南北向的断层（F_{4-15}），断面产状为 105°∠84°，断面见擦痕，指示正断运动。

图 3.22　207 省道 D052 点采石场

元宝山东 D028 点漠河组出露深灰色薄层粉砂质糜棱岩,糜棱面理产状为 25°∠20°。沿糜棱面理分布的早期石英脉被厚度约为 30 cm 的闪长岩脉切割,石英脉厚度不均匀,最厚处约为 15 cm,最薄处约为 2 cm,闪长岩脉产状为 30°∠28°,脉体内部节理密集,产状为 50°∠63°。后期石英脉灌入,形成"入"字形构造,局部见褶曲现象。闪长岩脉中剪节理呈张性,宽 1～5 cm 不等,产状为 50°∠63°。D028 点南 243 m 处发育宽度约为 80 cm 的南北向正断层(F_{4-16}),断面产状为 280°∠75°,呈张性特征(图 3.23)。

图 3.23　元宝山东 D028 点南北向正断层(F_{4-16})(镜向南)

宝宝林山西北 D006 点漠河组灰色薄-中层细砂岩形成的长英质糜棱岩中节理密集发育,间距 5～30 cm 不等。岩层中发育近南北向缓倾断层(F_{4-17}),断裂带宽为 5～8 cm,断面呈舒缓波状,具顺层滑动特征,断面产状为 85°∠34°。

209 省道 D057 点,在二十二站组灰色中-薄层细砂岩中发育两期断层,早期逆冲推覆形成断层泥,形成约 4.8 m 厚的灰白色、黄褐色、深灰色断层泥及碎粒岩,上盘牵引现象指示逆冲断层;晚期上盘下降,牵引褶皱指示正断层(F_{4-18}),将断层泥错断,断面产状为 90°∠55°,断层附近岩层产状为 290°∠45°。

209 省道 D058 点采石场出露漠河组青灰色中薄层-中厚层细砂岩,岩层产状为 160°∠21°。在南北向 120 m 长的剖面中可见三条近南北向的正断层(F_{4-19})。南侧断层 1 断面产状为 112°∠61°,断裂带内发育 2 m 厚的黄褐色碎裂岩和碎粒岩(图 3.24);断层 2

断面产状为 280°∠60°，断裂带宽度约为 30 cm；断层 2 北侧为青灰色薄-中层细砂岩，岩层产状为 180°∠16°；断层 3 断面产状为 115°∠85°，断裂带内见碎粒岩、砂岩透镜体、断层泥，断面呈舒缓波状，断裂带宽度约为 2.5 m，接触带岩层表面见水平擦痕，指示右旋走滑特征。断层 3 南侧岩层发生牵引褶曲现象，断层上部断层泥产状为 321°∠29°，可能为早期北东向断裂（F$_{3-4}$）活动的残余。

图 3.24　209 省道 D058 近南北向的正断层（F$_{4-19}$）（镜向南西）

209 省道 D061 点漠河组灰色中薄层-中厚层泥质粉砂质糜棱岩糜棱面理产状为 4°∠46°。晚期发育近东西向的逆断层和近南北向的正断层（图 3.25）。早期断层断面产状为 197°∠51°，上盘岩层褶曲牵引及断面上的擦痕，指示断层自南向北逆冲推覆，向南倾的反向断层与向北倾的主断层构成冲起构造；晚期断层为近南北向近直立的断层（F$_{4-24}$），见黄褐色断层泥，断面产状为 90°∠80°。

（a）正断层照片

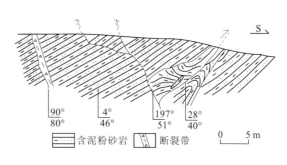

（b）正断层剖面图

图 3.25　209 省道 D061 点近南北向的正断层

馒头山西北 D629 点出露漠河组红褐色中-厚层砾岩和灰色中-厚层长石砂岩，岩层产状为 330°∠57°。D629 点 20 m 处见产状为 115°∠76°的断层产出，断裂带宽度约为 25 m，发育断层泥及断层角砾，角砾无磨圆，断面发育擦痕，其运动性质指示该断层为正断层（图 3.26）。D629 点 80 m 处见产状为 110°∠40°的断层产出，断面平直，未见断层泥及断层角砾，断面发育倾向擦痕，指示上盘下滑，再根据周围岩层对比，判断该断层为正断层。D629 点 90 m 处见产状为 100°∠80° 的断层产出，断裂带宽度约为 5 m，其中发育断层泥、断层角砾，根据岩层层位对比，判定该断层为正断层。D629 点 125 m 处见产状为 105°∠70° 的断层产出，断裂带宽度约为 6 m，发育断层泥、断层角砾，断面见擦痕，其运动特征证明该断层为正断层。

（a）D629点近南北向的正断层（镜向北）

（b）D629点近南北向的正断层（镜向北）

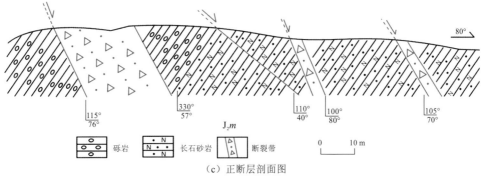
（c）正断层剖面图

图 3.26　馒头山西北 D629 点正断层

3. 龙河林场—长缨断裂带

龙河林场—长缨断裂带分布于研究区东部驼峰山—龙河林场一带，近南北—北北东向展布，由 9 条（F_{4-25}～F_{4-33}）平行展布的正断层组成。龙河林场—长缨断裂带南北均延伸出研究区，长度大于 50 km，东西宽度约为 40 km，单条断层长度为 5～50 km 不等，可细分为驼峰山断裂带、大顶山子断裂带和龙河林场断裂带。断面以向西陡倾为主，倾角为 40°～80°。

1）驼峰山断裂带（F_{4-25}、F_{4-26} 和 F_{4-27}）

驼峰山断裂带由分布于马鞍山、驼峰山—二十八站一带的 F_{4-25}、F_{4-26} 和 F_{4-27} 3 条断层组成。东西宽度约为 10 km，南北长度约为 30 km。

三零干线 D139 点二十二站组砾岩砾石成分以花岗岩、石英岩、细砂岩为主，砾径以 1～10 cm 为主，个别达 20 cm，分选中等，砾石体积分数约为 75%，固结程度中等，层理产状为 40°∠45°，中部见约为 1.5 m 的灰白色含砾粗砂岩。砾岩中发育断距约为 6 cm

的正断层（F_{4-25}），砾石被切割，断面产状为 270°∠85°，断面发育直立擦痕。

三零干线 D091 点光华组灰白色流纹质凝灰岩与塔木兰沟组玄武岩分界处发育约为 8 m 宽的断裂带（F_{4-26}）（图 3.27），断面产状为 291°∠50°，断裂带附近的灰白色流纹质凝灰岩脆性碎裂，东侧为深灰色玄武岩，岩石节理发育。

图 3.27　三零干线 D091 点断裂带（F_{4-26}）

二十八站第三管护站南 D089 点岩层出露约为 10 m，为光华组与塔木兰沟组分界，D089 点以东为深灰色玄武岩，节理密集发育，节理产状为 166°∠89° 和 61°∠86°，断面产状为 275°∠77°（F_{4-27}）。D089 点以西为黄白色流纹质凝灰岩。玄武岩露头长度约为 25 m，流纹质凝灰岩露头长度约为 15 m，断裂带宽度约为 60 cm。

二十八站西北 D654 点出露漠河组中-厚层灰色长石砂岩，并夹有薄层黑色含泥粉砂岩，岩层产状为 25°∠35°。露头全长 75 m，共发育两个断裂带，断裂带宽度均为 30 m 左右，断裂带内均发育多组近南北向的断层泥及断层角砾，角砾呈棱角状，断层产状为 250°∠70°、230°∠60°、250°∠60° 等。

二十八站西北峨邱度假山庄 D683 点出露漠河组灰黑色厚层含粉砂泥岩，岩层产状为 15°∠30°、325°∠30°、320°∠34°。D683 点 5 m 处见产状为 275°∠73° 的张性正断层产出，断层顶部被松散砾石、弱胶结的粗砂覆盖。张性正断层切割松散砾石及粗砂层（图 3.28），证明该断层新生代再次活动。

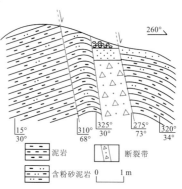

（a）张性正断层照片　　　　　　　　（b）张性正断层剖面图

图 3.28　D683 点南北向的张性正断层

小丘古拉河右岸 D646 点出露开库康组中-厚层黄白色粉砂岩与粗砂岩,岩层产状为 120°∠30°。见有 5 条同性质、产状为 270°∠50° 的正断层发育,断面平直,未见断层泥、断层角砾。

2)大顶山子断裂带(F$_{4-28}$)

大顶山子断裂带由分布于大顶山子东约为 4 km 的 F$_{4-28}$ 断层组成,南北长度约为 9 km。

209 省道 D082 点见二组断裂,断裂 1 左侧为塔木兰沟组玄武岩,右侧为灰色英安质玄武岩,断裂岩层表面见水平擦痕,断面产状为 304°∠65°;断裂 2 宽度约为 4.5 m,断面产状为 287°∠86°,断裂右侧为灰白色流纹质凝灰岩,流面产状为 291°∠60°,该处劈理发育;断裂 3 上宽下窄,上部宽度约为 8 m,下部宽度为 6 m,见英安质凝灰岩透镜体,断面产状为 300°∠56°,断裂右侧为灰色英安质晶屑凝灰岩,产状为 286°∠34°。

二十八站以北国防公路 D710 点出露漠河组中-厚层灰黑色长石岩屑砂岩,岩层产状为 266°∠71°(图 3.29)。D710 点东 49 m 处,产状为 254°∠61° 的淡黄色中粒等粒状碱性花岗岩脉产出[图 3.30(a)],矿物成分以长石为主,石英次之,含少量暗色矿物。钾长石为黄白-灰白色,呈自形-半自形板状,粒度为 1.2~2.8 mm。石英为无色-白色,透明,呈它形粒状,粒度为 1~2.8 mm。暗色矿物为角闪石,呈细小微粒,粒度为 0.10~0.28 mm。该脉体边部见宽约 10 cm 厚的黄色断层泥,局部见断层角砾,角砾呈棱角状。D710 点西北 39 m 处见产状为 270°∠80° 的闪长玢岩脉,脉体宽度为 1.5 m 左右,新鲜面呈暗绿灰色,具玢状结构,块状构造。斑晶体积分数为 10%~15%,以辉石为主,透长石次之。辉石呈黑色,半自形粒状,粒径为 0.15~0.20 mm,体积分数为 90%;透长石呈白色,透明,半自形-它形粒状,粒径为 0.5~1.5 mm,体积分数为 10%,基质为隐晶质结构,由微粒状长英质成分组成,体积分数为 85%~90%。D710 点西北 115 m 处见产状为 275°∠70° 的花岗斑岩,新鲜面呈浅黄色,具斑状结构,块状构造,斑晶为辉石等铁镁矿物褐铁矿化后又经差异风化,褐铁矿被剥蚀后残留的棱角状矿物晶体,具孔洞,孔径为 1~3.5 mm,体积分数为 8%;隐晶质基质由长石组成,体积分数为 90%。脉体边部岩石破裂,产生黄色破裂岩、碎裂岩。

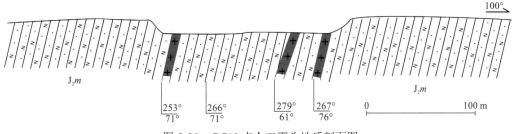

图 3.29　D710 点人工露头地质剖面图

（a）D710点沿南北向断裂带侵入的花岗岩脉　　　（b）D710点对南北向断裂带进行高密度电法测量

图 3.30　D710 点南北向断裂带及近南北向岩脉（镜向北）

　　在二十八站以北国防公路 D710 点采石场对南北向断裂带进行高密度电法测量（PM04 剖面）［图 3.30（b）］。PM04 剖面进行 1 组地表测量，使用 7 个编码器阵列，每个编码器阵列有 16 个电极，共计 112 个电极，电极距为 4.4 m，总长度为 488.4 m 左右。

　　南北向断裂带高密度电法剖面图（图 3.31）显示，断裂带为较宽的低阻异常带，与地表断裂带对应（图 3.29），深部产状向西陡倾。

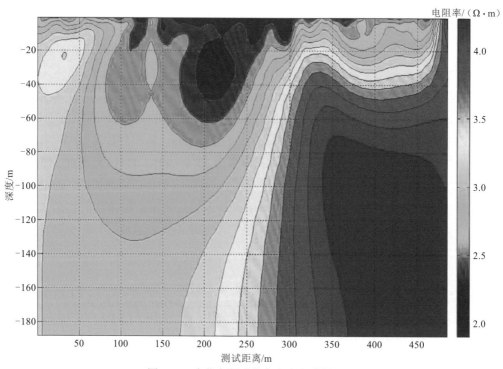

图 3.31　南北向断裂带高密度电法剖面图

3）龙河林场断裂带（F_{4-29}、F_{4-30}、F_{4-31}、F_{4-32}、F_{4-33}）

龙河林场西断层（F_{4-30}）在漠河组黑色泥质粉砂岩中发育灰黑色碎裂岩，断裂带宽宽约为 1.1 m，断面产状为 285°∠51°。断裂带右侧为砾岩，砾石成分以石英岩、细砂岩、凝灰岩为主，砾径多为 2～10 cm，呈次棱角状，分选差，砾石体积分数约为 50%，固结程度中等。

依林林场断层（F_{4-31}）为南北走向，长度为 27 km。F_{4-31} 断层形态总体呈直线形，局部呈锯齿状，地貌上呈"U"形沟谷，河漫滩部分沼泽化，河流形态为曲流河，两侧发育树枝状水系。地势上东陡西缓，但沟谷边皆具陡崖。F_{4-31} 断层右侧发育断层三角面（或陡崖）但不与河谷平行，呈锐角相交，连起来呈锯齿状，表明其追踪张节理的特点。有些河堑或路堑的掌子面即为断面并发育擦痕、镜面等，节理及小断层较发育。航磁反映局部为等轴状异常，位于依林—长缨基底向斜的东北轴端。断层表现为中生代西盘上升，东盘下降，断崖特征主要表现为至新生代遭受正断层作用形成谷地东岸的陡崖及断层三角面。

龙河林场—兴安公路 4310 m 长的实测构造剖面（PM002）上出露的岩石类型为砂岩、粉砂岩、泥岩，剖面西侧由厚层砂岩夹薄层泥岩、粉砂岩组成，剖面东侧由厚层泥岩夹少量粉砂岩组成，相当于漠河组的中下部层位。PM002 剖面见张性断裂带（F_{4-32}）由多条断层组成（图 3.32）。各主要断层特征如下。

LT3 剖面露头见北北东走向的断裂带，由碎裂砂岩角砾及少量泥质组成，角砾呈棱角状，大小为 3～8 cm，具张性断层角砾特征，泥质为灰黑色，充填在断层角砾周边。断面较为平直，产状为 70°∠85°，反映了张性断层构造的形迹特征，两侧岩层略显牵引，指示上盘下降，为正断层。

LT4 剖面见北东走向的断裂带，宽 10 m，由断层角砾及断层泥组成，角砾呈棱角状，大小为 5～12 cm，体积分数为 70%，具张性断层角砾特征，断层泥为灰黄色，充填在断层角砾周边，体积分数为 30%。断面呈锯齿状，且两侧岩层略显牵引弯曲，指示上盘下降，为正断层。

LT5 剖面见北北东走向的断裂带，由碎裂砂岩角砾及泥质组成，角砾呈棱角状，体积分数为 80%，泥质呈灰黑色，充填在角砾周边，体积分数为 20%。断面较为平直，具张性断层特征。断层两侧发育多组同向或近同向节理，近垂直产出，推测断层为晚期产物。

LT7 剖面见北北东走向断裂带，断面产状为 110°∠70°，断裂带宽为 18 m，由碎裂砂岩角砾及泥质组成，角砾呈棱角状，大小为 5～13 cm，体积分数为 80%，具张性断层角砾特征。泥质为灰黄色，充填在断层角砾周边，体积分数为 20%。断面呈锯齿状，断层右侧发育多组同向密集节理带，斜切层理产出，被断层截断，发生位移，显示上盘下降，为正断层。

LT9 剖面见北西走向断层，宽 1 m，由断层角砾及泥质组成，角砾呈棱角状，宽 5～10 cm，具张性断层角砾特征，泥质呈灰黑色，充填在断层角砾周边。断面较为平直，断面产状为 80°∠75°。断层两侧发育多组共轭剪节理，根据共轭剪节理与断层应力关系，分析应力方向为北北西-南南东向，与断层走向有 5°的夹角，总体显示断层具张扭性。

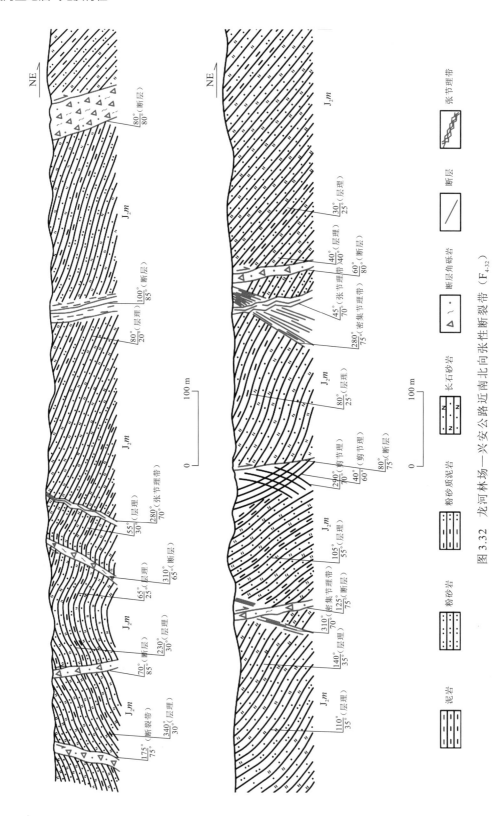

图 3.32 龙河林场—兴安公路近南北向张性断裂带（F_{4-32}）

LT10 剖面见近南北向的断裂带，宽 13 m，由碎裂砂岩角砾及泥质组成，角砾呈棱角状，大小为 5～10 cm，体积分数为 75%，泥质呈灰黑色，充填在断层角砾周边，体积分数为 25%。断面较为平直，产状为 70°∠80°、280°∠60°、60°∠80°，两侧岩层略显牵引，指示上盘下降，为正断层。

东天—漠河口岸断层（F$_{4-33}$）发育在漠河口岸南漠河组灰色中薄-中厚层细砂岩中。岩层产状为 195°∠16°，断面产状为 290°∠41°，断距约为 2 m，岩层发生牵引褶曲（图 3.33）。

图 3.33　北北东向正断层（兴安西，镜向北）

依西林场北 D697 点出露绣峰组褐红色中-厚层砾岩，岩层产状为 312°∠30°。砾石大小为 2～30 cm，砾石分选较差，磨圆中等，砾石成分以花岗岩、片麻岩、砂岩为主。D697 点西南 7 m 处，见细粒花岗闪长岩岩脉产出，局部见气孔，岩脉宽 3 m 左右，与绣峰组接触关系不明。D697 点见两个产状为 70°∠55°的正断层产出，未见断层泥、断层角砾，断面凹凸不平，断层切割砾石，垂直断距约为 30 cm。该点北东 23 m 处，见砾石产出，砾石成分为花岗岩、石英岩、含砾粗砂岩。绣峰组褐红色中-厚层砾岩以南，见闪长玢岩岩脉产出，见产状为 90°∠70°的张性断层，未见断层泥、断层角砾，通过细砾岩屑对比，判定该断层性质为正断层（图 3.34）。

（a）正断层照片

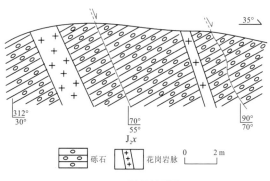

（b）正断层剖面图

图 3.34　依西林场北 D697 点正断层

依林林场南 D734 点见塔木兰沟组紫红色玄武岩，气孔杏仁发育，总体呈定向排列，岩层产状为 200°∠80°。该点东北 30 m 处，见 3 条同产状的岩脉产出，岩性均为墨绿色玄武岩，产状为 115°∠70°。岩脉中见石英脉，脉体表面见擦痕，产状为 110°∠58°，该点处断层上盘下滑，为正断层（图 3.35）。岩脉靠近围岩处见气孔拉长，长轴方向平行于接触面，脉体宽 3.5 m。

| （a）正断层照片 | （b）正断层剖面图 |

图 3.35　依林林场南 D734 点正断层

在 1∶25 万兴安幅上，东天—漠河口岸断层（F_{4-33}）东侧存在与之近于平行的弧尖山断裂，形态上总体呈直线形，局部呈锯齿形，地貌上总体表现为呈南北向的"U"形谷地，北段开阔，南段狭窄，狭窄段呈锯齿状，河谷走向为 50° 或 160°。地势东高西低、东陡西缓，左侧水系较右侧发育，且大都垂直于河谷。东天—漠河口岸断层西侧大部分为塔木兰沟组，而东侧皆为大面积的甘河组中-基性火山熔岩和开库康组，此断层为其边界断层。根据两侧地层出露情况分析，甘河组沉积期火山岩喷发之后使其所在的东盘相对下降，而西盘相对抬升。后经新生代断块抬升作用又使东盘相对拱起形成陡崖及断层三角面。追踪"X"形剪节理形成锯齿状破裂面-张性断层。目前北段已被河流冲直，而南段则由于侵蚀相对较弱仍然保留着"X"形剪节理的特征，并使河流及谷地左拐右拐呈锯齿状。航磁等值线图显示出东高西低的梯度变化。布格重力异常图上则为等轴状负异常，无梯度反映，表明其深度不大，属地壳表层断层。

除上述断裂外，黑龙江省地质调查研究总院在 1∶25 万漠河幅和漠河县幅报告中，通过遥感、重力和航磁解译出部分东西向和南北向的断裂，包括 740 高地西南断裂、砂宝斯东高山东北断裂、728 高地南断裂、都鲁虎沟山包南断裂、石岩山北断裂、古莲—盘古断裂、木石神山断裂、大结鲁当河断裂、1236 高地北断裂、枯林山断裂、610 高地西断裂、610 高地东断裂、莫洛桂河—格林二支线断裂和满归断裂。上述断裂需要野外进一步验证。

漠河盆地中西段近南北向断裂带切割了二十二站组、漠河组、塔木兰沟组及下白垩统光华组，错断了白垩纪北东向逆冲断层，推测其形成和活动时间与中、西部的北极村—漠河断裂带及天佑儿山—马达尔河上游断裂带一致。

4. 沿江林场断裂带

通过野外调查和资料分析，开库康以东地区南北向构造较漠河盆地中西部地区更明显，规模更大，切割更深，对研究漠河盆地南北向构造具有重要的参考意义。

野外调查发现，在马林林场西北二十二站路旁 D142 点出露砾岩、黄褐色含小砾粗砂岩和灰黑色薄层泥质粉砂岩，露头连续性较好，岩层产状为 335°∠45°，剖面长度约为 600 m。沿露头发育多条不同方向的断裂。D142 点北 118 m 处见断裂带，断面产状为 95°∠65°（图 3.36），断面发育竖直方向擦痕；D142 点北 176 m 处见断裂，断面产状为 200°∠75°，对盘向左运动，见两期擦痕；D142 点北 276 m 处发育宽度约为 30 cm 的断裂带，断面产状为 120°∠25°，发育同向的两组节理带；点北 375 m 处见宽度约为 1 m 的断裂带，断面产状为 110°∠90°，断裂带中间发育宽度约为 5 cm 石英脉；D142 点北 422 m 处见宽度约为 50 cm 的断层错动；D142 点北 435 m 处见岩层错动，初步判断为逆冲推覆所致；D142 点北 484 m 处见宽度约为 20 cm 的断裂带，呈南北向；D142 点北 591 m 处见宽度约为 2 m 的断裂带，断面走向近南北，露头上部见早期断面，后期被切割，断面产状为 200°∠40°。

图 3.36 二十二站路旁 D142 点南北向断裂

二十二站西 D755 点中-厚层黄绿色粉砂岩，岩层产状为 275°∠77°，发育产状为 77°∠77° 的断层，断面平直且发育擦痕和阶步，擦痕倾伏向为 160°，倾伏角为 45°，指示该断层为逆断层。沿断面见石英脉产出。断层下盘见花岗斑岩脉产出，脉体宽度为 3.5 m，脉体产状为 110°∠75°（图 3.37）。同时脉体裂隙内部发育石英脉。花岗斑岩脉以东见宽达 10 m 的断裂带，其中见构造角砾岩及石英脉产出。断层边部见断层泥、碎裂岩、碎粒岩。

盘古河西 D661 点出露塔木兰沟组中-基性喷出岩，岩性以玄武粗安岩、安山岩为主。喷出岩中发育一条宽达 5 m 左右的花岗岩脉，脉体产状为 90°∠80°。脉体左右边部见宽度约为 10 cm 的石英脉（图 3.38），石英脉延伸较远，沿花岗岩脉边缘分布，石英脉内部可见水平擦痕，擦痕产状显示了左旋运动的特征。在石英脉与塔木兰沟组接触部位见宽度约为 5 cm 的黄色断层泥、断层角砾产出，显示了张性应力的特征。

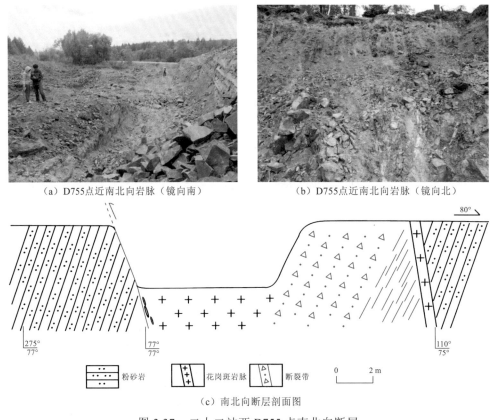

（a）D755点近南北向岩脉（镜向南）　　　　（b）D755点近南北向岩脉（镜向北）

图例：　∷∷∷ 粉砂岩　　+++ 花岗斑岩脉　　△△ 断裂带　　0　　2 m

（c）南北向断层剖面图

图 3.37　二十二站西 D755 点南北向断层

（a）D661点南北向岩脉　　　　　　　　（b）D661点南北向岩脉

图 3.38　盘古河西 D661 点南北向岩脉

近东西向断裂长度较短，几乎被南北向及北东向的断裂分割，由此判断，该组断裂的形成时间早于南北向及北东向的断裂。

布格重力异常图显示开库康以东地区高值与中值、中值与低值之间界线明显，异常等值线密集。东部异常值偏高，最高值达-2 mGal（1 mGal=0.001Gal），高值异常整体上呈南北向条带状展布；西部异常值偏低，最低值达-62 mGal，形状不规则，异常梯度较缓和；南部及北部异常值相对中等，异常梯度变化相对均匀，这种差异推测为岩性差异所致。综合考虑重力场特征，在开库康以东地区推断出 4 组断裂，即南北向断裂、北东向断裂、近东西向断裂和北西向断裂，近东西向断裂与南北向断裂在中部地区白银纳鄂伦春族乡一带复合。

翠岗—二十二站林场断裂、十六站—光顶山断裂、达拉罕村东—白银纳鄂伦春族乡西断裂和胜利村东—大岭断裂 4 条断裂近南北向展布，主要出现在东部。

南北向断裂构造形迹明显，主要表现为控制哈拉巴奇—白银纳地垒-地堑系统的断裂带。控制哈拉巴奇—白银纳地垒-地堑系统的断裂带主要由贯穿全区的三条南北向断裂组成，长度约为 100 km。布格重力异常图特征明显，表现为南北向带状高异常梯度带，与低异常梯度带界线明显。遥感影像上色差明显。断裂带切割了漠河盆地绣峰组、二十二站组砂岩及早古生代（晚寒武世—早奥陶世）花岗岩。断裂带东部形成了重要的断陷含煤盆地和甘河组火山岩带。

地貌上沿江林场断裂带中的断裂均表现为张性沟谷，F_{4-1} 断裂与哈拉巴奇河—富拉罕河谷特征符合。富拉罕河谷横剖面上游为"U"形，下游为不对称的"V"形，上游河谷开阔，中、下游较狭窄，富拉罕河谷整体呈"S"形。F_{4-2} 断裂南部与呼玛河谷特征符合，研究区北部绣峰组、二十二站组砂岩与晚寒武世—早奥陶世花岗岩呈断层接触。F_{4-3} 断裂也表现为断裂谷，即沿张家店大沟展布。

沿沿江林场断裂带碎裂岩很发育，小断层和脉岩也很发育。如大渔翁上游发育逆断层。逆断层东盘为二十二站组砂岩，西盘为晚寒武世—早奥陶世二长花岗岩，断面产状为 120°∠47°。岩体内岩石受断层作用形成压碎岩、构造岩乃至断层泥等，反映了二十二站组沉积之后形成了该组压性断层。呼玛河北岸白银纳西碎裂混染花岗岩中间发育一条宽度约为 3 m 的构造破碎带，破碎带界面平直，边部为断层泥砾，中间为破碎的花岗岩，反映了断层具有先压后张兼夹扭性的特点。兴华乡附近见一小型逆断层，产状为 80°∠70°，这些挤压小断层反映次级断裂早期活动的特点，逆断层具先压后张的特点。

在白银纳地堑内，形成了一系列串珠状小型断陷盆地，盆地内沉积了一套九峰山组含煤砂砾岩系。

3.2.3　南北向构造变形时代

通过对南北向构造带内同构造岩脉进行锆石 U-Pb 测年，获得了断裂带形成的时间。

鲜花山北西—南北向断裂带内见石英闪长岩（B137-1），具斑状-基质微粒半自形粒状结构，块状构造（图 3.39）。岩石由斑晶和基质组成，斑晶为斜长石（体积分数为 25%～30%）和黑云母（体积分数为 1%～5%）。斜长石为半自形板状，大小为 2～5 mm，部分为 0.2～2 mm，常见聚片双晶和卡钠复合双晶；黑云母大小为 0.2～2 mm，被白云母、方解石、不透明矿物交代。基质为斜长石（体积分数为 65%～70%）、石英（体积分数为 5%～10%）和少量黑云母，斜长石为半自形板状，大小为 0.05～0.20 mm，局部可见聚片双晶；石英为它形粒状，大小为 0.01～0.20 mm；黑云母直径为 0.05～0.20 mm。

（a）野外照片 （b）显微照片

图 3.39　鲜花山北西中-粗粒石英闪长岩野外及显微特征

石英闪长岩锆石呈长柱状晶体，锆石在阴极发光图像上呈深灰色，具有明显的振荡环带结构（图 3.40），Th/U>0.1，具有岩浆成因锆石的结构特点。对该岩石样品的 16 颗锆石的 16 个测点进行了 U-Pb 同位素测年，测试结果见表 3.3。

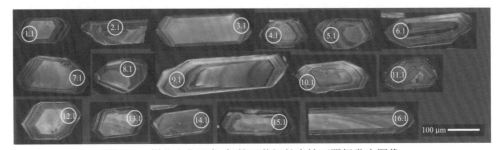

图 3.40　鲜花山北西中-粗粒石英闪长岩锆石阴极发光图像

表 3.3　鲜花山北西石英闪长岩（B137-1）锆石 U-Pb 同位素测年结果

测点	质量分数/（μg/g）		同位素比值							年龄/Ma			
	Pb	U	Th/U	$^{206}Pb/^{238}U$	1σ	$^{207}Pb/^{235}U$	1σ	$^{207}Pb/^{206}Pb$	1σ	$^{206}Pb/^{238}U$	1σ	$^{207}Pb/^{206}Pb$	1σ
1.1	11	537	0.23	0.021 3	0.000 2	0.146 8	0.003 7	0.050 0	0.001 2	136	1	197	57
2.1	10	478	0.27	0.021 6	0.000 2	0.151 0	0.004 2	0.050 8	0.001 3	138	1	231	61
3.1	5	258	0.17	0.021 2	0.000 2	0.146 3	0.006 7	0.050 0	0.002 2	135	1	196	104
4.1	13	618	0.36	0.021 1	0.000 2	0.147 6	0.003 3	0.050 8	0.001 1	134	1	233	49
5.1	10	512	0.28	0.020 9	0.000 2	0.143 4	0.003 3	0.049 7	0.001 1	133	1	182	51
6.1	10	492	0.24	0.021 0	0.000 3	0.147 1	0.008 9	0.050 8	0.001 6	134	2	232	71
7.1	16	756	0.40	0.021 7	0.000 2	0.152 7	0.002 8	0.051 1	0.000 9	138	1	246	40
8.1	8	410	0.26	0.020 7	0.000 2	0.144 4	0.003 8	0.050 5	0.001 3	132	1	220	58

续表

测点	质量分数 /（μg/g）		同位素比值								年龄/Ma			
	Pb	U	Th/U	$^{206}Pb/^{238}U$	1σ	$^{207}Pb/^{235}U$	1σ	$^{207}Pb/^{206}Pb$	1σ		$^{206}Pb/^{238}U$	1σ	$^{207}Pb/^{206}Pb$	1σ
9.1	12	594	0.22	0.020 7	0.000 2	0.142 5	0.002 8	0.049 9	0.000 9		132	1	190	43
10.1	7	371	0.23	0.020 7	0.000 2	0.144 4	0.003 9	0.050 6	0.001 3		132	1	224	61
11.1	10	512	0.22	0.020 9	0.000 2	0.142 3	0.003 0	0.049 3	0.001 0		134	1	161	47
12.1	9	423	0.24	0.020 9	0.000 2	0.147 1	0.003 5	0.050 9	0.001 2		134	1	237	53
13.1	7	362	0.24	0.021 0	0.000 2	0.146 0	0.003 9	0.050 4	0.001 3		134	1	214	61
14.1	8	396	0.24	0.020 7	0.000 2	0.142 6	0.004 4	0.050 0	0.001 5		132	1	195	69
15.1	10	497	0.24	0.021 2	0.000 2	0.146 8	0.003 1	0.050 1	0.001 0		135	1	201	46
16.1	11	514	0.27	0.020 9	0.000 2	0.148 6	0.004 8	0.051 6	0.001 6		133	1	270	71

16 颗锆石测点皆位于谐和线上（图 3.41），$^{206}Pb/^{238}U$ 表面年龄变化在 132～138 Ma，表面年龄加权平均值为（134±1）Ma，代表了石英闪长岩的侵入年龄。

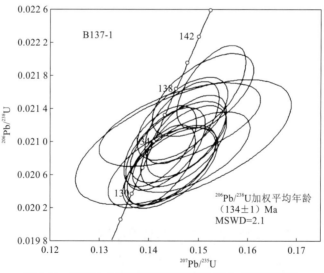

图 3.41　鲜花山北西石英闪长岩锆石 U-Pb 年龄谐和图

赤山南南北向花岗斑岩脉锆石呈长柱状晶体，在阴极发光图像上呈深灰色，具振荡环带结构，Th/U>0.1，具有岩浆成因锆石的结构特点。对该岩石样品的 18 颗锆石的 18 个测点进行 U-Pb 同位素测年，测试结果见表 3.4。除 02、06 和 07 号测点 $^{206}Pb/^{238}U$ 表面年龄为 173 Ma、160 Ma 和 370 Ma 外，其余 15 个测点 $^{206}Pb/^{238}U$ 表面年龄变化于 124～148 Ma，在年龄谐和图中位于直线上，表面年龄加权平均值为（142±2）Ma。

表3.4　赤山南南北向花岗斑岩脉（B710-1）锆石U-Pb同位素测年结果

测点	质量分数/（μg/g）		Th/U	同位素比值						年龄/Ma			
	Pb	U		$^{206}Pb/^{238}U$	1σ	$^{207}Pb/^{235}U$	1σ	$^{207}Pb/^{206}Pb$	1σ	$^{206}Pb/^{238}U$	1σ	$^{207}Pb/^{206}Pb$	1σ
01	24	875	0.25	0.023 2	0.000 2	0.371 4	0.005 9	0.116 3	0.001 4	148	2	1 900	22
02	182	3 397	0.30	0.027 2	0.000 3	1.374 0	0.019 6	0.366 6	0.004 9	173	2	3 777	20
03	22	892	0.36	0.021 5	0.000 3	0.286 0	0.004 5	0.096 7	0.001 1	137	2	1 561	22
04	69	2 186	0.20	0.022 0	0.000 2	0.581 7	0.015 0	0.191 9	0.004 2	140	2	2 759	36
05	26	1 057	0.30	0.022 3	0.000 2	0.279 2	0.003 6	0.091 0	0.001 0	142	1	1 446	21
06	106	2 468	0.20	0.025 1	0.000 3	0.944 9	0.012 5	0.273 0	0.004 1	160	2	3 323	23
07	194	2 161	0.28	0.059 1	0.000 6	1.752 0	0.028 1	0.214 8	0.003 3	370	4	2 942	25
08	20	901	0.25	0.022 2	0.000 2	0.150 0	0.002 1	0.049 0	0.000 6	142	1	148	28
09	53	1 833	0.29	0.022 1	0.000 3	0.454 5	0.017 4	0.149 0	0.005 0	141	2	2 335	58
10	9	396	0.26	0.022 2	0.000 2	0.150 2	0.002 1	0.049 1	0.000 7	141	2	153	36
11	61	2 049	0.17	0.022 5	0.000 3	0.484 8	0.009 5	0.156 1	0.002 5	144	2	2 414	27
12	18	772	0.28	0.022 7	0.000 3	0.202 7	0.003 4	0.064 7	0.000 9	145	2	765	31
13	17	799	0.23	0.022 1	0.000 2	0.163 0	0.005 1	0.053 5	0.001 5	141	1	351	65
14	20	919	0.23	0.021 7	0.000 2	0.165 1	0.002 2	0.055 1	0.000 6	139	1	416	26
15	40	1 516	0.24	0.019 4	0.000 2	0.442 2	0.006 1	0.164 9	0.002 0	124	1	2 507	20
16	42	1 270	0.31	0.022 5	0.000 2	0.778 8	0.010 8	0.250 9	0.003 8	144	2	3 190	24
17	50	1 701	0.13	0.022 1	0.000 3	0.487 2	0.011 8	0.159 7	0.002 7	141	2	2 453	29
18	21	881	0.15	0.022 3	0.000 2	0.251 3	0.003 5	0.081 7	0.001 0	142	1	1 239	24

　　二十二站西D755点闪长玢岩在阴极发光图像上呈深灰色，具明显的振荡环带结构（图3.42），6颗岩浆锆石测点$^{206}Pb/^{238}U$表面年龄变化于127～155 Ma，代表了闪长玢岩的侵入年龄。

图3.42　二十二站西D755点闪长玢岩锆石阴极发光图像

综上所述，漠河盆地中东段南北向构造形成于早白垩世早期，时间上略晚于晚侏罗世晚期—早白垩世早期发育的漠河逆冲推覆构造。

3.3 近东西向和北西向构造特征

3.3.1 近东西向构造特征

根据前人所做的重磁勘探、大地电磁测深、地震和地质调查结果，漠河盆地的断裂构造非常发育，按其走向可分为近东西向、北东向、北西向和南北向 4 组断裂。而根据断裂对漠河盆地和构造的控制作用及规模大小将其分为一级断裂、二级断裂及次级断裂。

漠河盆地内共解释断裂 75 条，其中近东西向断裂 20 条，北东向断裂、北东东向断裂 25 条，北西向、北西西向断裂 23 条，南北向断裂 7 条（图 3.43）（大庆油田，2004）。

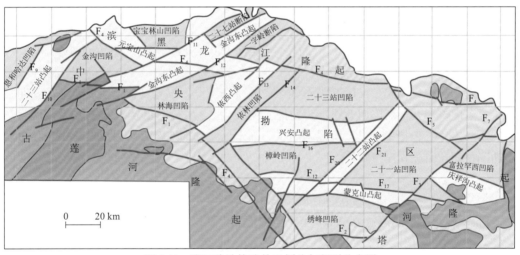

图 3.43 漠河盆地构造单元划分与断裂分布图

根据大庆油田重磁连片解译和大庆石油管理局有限公司连续电磁阵列勘探成果获得的漠河盆地深部构造格架（图 3.43），近东西向深断裂主要包括漠河盆地南部 F_2 断裂、漠河盆地北部 F_4 断裂、漠河盆地中部 F_{16} 断裂和漠河盆地中南部 F_{17} 断裂。

1. F_2 断裂

F_2 断裂分布于漠河盆地南部，呈近东西向展布，具正断层性质。该断裂向西延出研究区，向东终止于塔河县城西侧花岗岩体中，区域内长度约为 56 km；重力上表现为线性重力梯度带，在地面，后断裂北部为大面积早白垩世火山碎屑岩沉积，南部东段见花岗岩体出露。

F_2 断裂形成于中侏罗世晚期，早期具正断层性质。在地质露头上，F_2 断裂以北见侏罗系出露，以南见前中生代海西期花岗岩大面积出露，侏罗系零星分布。F_2 断裂在早白垩纪阶段，由于受阿吉羊河附近近南北向断裂的影响，在东西方向上的晚期活动可能存在差异：F_2 断裂西段为重力线密集带，可能显示晚期活动性较强，其北侧沉积较厚的火山碎屑岩；在 F_2 断裂东段重力异常上密集线表现得相对宽缓，显示活动性相对较弱，由剩余重力异常推测，断裂北部基底呈一北倾斜坡，与西段明显不一致。F_2 断裂为漠河盆地的南部边界断裂，向东有可能与 F_3 断裂相连，可能为著名的得尔布干断裂的东延部分。

2. F_4 断裂

F_4 断裂呈近东西向分布于漠河盆地中北部，断裂向西延出漠河盆地，向东至黑龙江边，漠河盆地区域内长度约为 226 km。重力上见明显的线性重力梯度带。由于受后期北西向展布的开库康—小根河林场断裂（F_5）及北东向展布的 F_{11} 断裂的影响，F_4 断裂在开库康附近和元宝山南被分为东、中、西三段。断裂以北见元古期花岗闪长岩大面积出露，断裂以南见海西期花岗斑岩零星出露；断裂在开库康以东活动性较弱，重力上呈近东西向的宽缓线性重力梯度带；中、西段是滨黑龙江重力高的南部边界断裂，在连续电磁剖面法解释剖面上具逆断层特征，漠河盆地呈地堑-地垒构造样式，为中生代地层受到后期正断层改造所形成。长缨一侧的正断层大致相当于 F_1 断裂，其南部为古莲河隆起区；二十三站一侧逆断层大致相当于 F_4 断裂，其北部为滨黑龙江隆起区，中部为中央拗陷带，与重磁解释相似。在基底埋深图上，二十三站一侧逆断层北侧滨黑龙江隆起基底埋深明显小于南部的中央拗陷带。F_4 断裂形成于中—晚侏罗世，推测具长期活动特征，晚期限制了北东向早白垩世断陷向北进一步发展。早白垩世火山岩主要分布于 F_4 断裂以南北东向的断陷内，在 F_4 断裂以北，滨黑龙江重力高上仅在局部地区有早白垩世火山岩分布的小断陷存在，且沉积厚度较薄。

3. F_{16} 断裂

F_{16} 断裂分布于漠河盆地中部，呈东西向展布，具正断层性质，是兴安重力高的南界断裂，向东终止于二十二站重力高，向西延伸至长缨一带，漠河盆地内延伸长度约为 70 km。重力上表现为线性重力梯度带，F_{16} 断裂以南磁力上表现为强磁异常特征，以北为弱磁异常区。F_{16} 断裂形成于中侏罗世晚期，晚侏罗世是其活动高峰，控制侏罗纪沉积。

早白垩世，F_{16} 断裂又进入第二次活动高峰，控制火山岩沉积。F_{16} 断裂以北见大面积绣峰组出露，以南见大面积塔木兰沟组和上库力组火山岩覆盖。

4. F_{17} 断裂

F_{17} 断裂分布于漠河盆地中南部，蒙克山—新建一线以北，向西延伸至樟岭一带，向东终止于十九站西侧，呈近东西向展布，具逆断层性质，漠河盆地内延伸长度约为 114 km。F_{17} 断裂在重力上总体表现为东西向延伸的重力线密集带，局部被晚期北东向、北西向线性异常扭曲。

根据断裂切割地质体时代、不同构造之间的切割关系，推测东西向深断裂形成于漠河逆冲推覆构造和晚侏罗世火山岩喷发之前。早期随着北部鄂霍茨克洋关闭，在南北向挤压应力下，形成逆冲断层和东西向褶皱，控制侏罗系沉积的分布；晚期发生构造反转，形成近东西向的正断层。受北东向火山岩带的叠加改造，漠河盆地中西段东西向构造遭受强烈改造，构造形迹不明显，而在开库康及其以东地区保存相当完好。

3.3.2 北西向构造特征

漠河盆地规模最大的北西向断裂为盆地南缘的金沟—绣峰断裂，该断裂控制了漠河盆地西南部边界，是漠河盆地的西南边界断裂。重力上表现为不连续的线性重力梯度带，金沟—绣峰断裂以南磁力上表现为杂乱的高频强磁异常特征，以北为相对平静宽缓的磁异常区。断裂整体呈北西向展布，局部为东西向，在连续电磁剖面法解释剖面上表现为正断层（F_1），被后期活动性强的北北东向断裂错断。漠河盆地内延伸长度为 182 km，沿金沟林场—漠河展布，西侧见两条平行展布的次级断裂。

1. F_1 断裂

F_1 断裂分布于漠河盆地西南部，整体呈北西向展布，局部为东西向，具正断层性质，是漠河盆地的西南边界断裂，东南部与 F_2 断裂相接，向西终止于 F_{27} 断裂，被后期活动性强的北东向的断裂错断。漠河盆地内延伸长度为 182 km。重力上表现为不连续的线性重力梯度带，F_1 断裂以南磁力上表现为杂乱的高频强磁异常特征，以北为相对平静宽缓的磁异常区。F_1 断裂南侧以基岩出露（元古代、澄江期火成岩）为主，有少量的晚侏罗世碎屑岩分布，以及早白垩世的火山岩-沉积岩覆盖；F_1 断裂北侧为大面积的晚侏罗世碎屑岩，两侧沉积差异明显，为漠河盆地内一级构造单元的分界断裂，推测 F_1 断裂形成于中—晚侏罗世。

2. F_5 断裂

F_5 断裂分布于腰站林场—开库康西一带，呈北西向展布，具正断层性质，向北切割 F_4 断裂并向漠河盆地外延伸，向南终止于 F_{63} 断裂，漠河盆地内延伸长度约为 62 km。重力上表现为明显的线性重力梯度带，磁力上表现为两种磁异常的分界，东北部为中等强度磁异常区，西南部为强磁异常区，并且沿 F_5 断裂见局部磁性体分布。F_5 断裂是滨黑龙江重力高的一条边界断裂，推测主要活动于早白垩世，限制火山碎屑的沉积范围。

3.4 漠河盆地中—新生代隆升与冷却历史

漠河盆地在晚侏罗世晚期—早白垩世早期经历了强烈的构造变形，形成了广泛分布于漠河盆地中西部的漠河逆冲推覆构造。在新生代构造变形调查的基础上，利用磷灰石裂变径迹测年热模拟结果分析漠河盆地中—新生代隆升与冷却历史。

3.4.1 新生代构造活动特征与活动时代

南北向断裂、北东向断裂等不同时期形成的不同方向断裂在新生代均表现出一定的
活动性，断裂带石英脉和方解石脉 ESR 测年分析结果（表 3.5）表明，断裂带在新生代
经历了多期活动，特别是南北向断裂在古近纪、新近纪和第四纪期间均有不同程度的活
动，不同地区活动时间略有不同。

表 3.5　断裂带石英脉和方解石脉 ESR 测年分析结果

样号	取样位置	测试样品	铀质量分数/(μg/g)	钍质量分数/(μg/g)	钾质量分数/(μg/g)	年龄/Ma
B688-2	洛古河	石英脉	1.02±0.10	3.12±0.30	0.30±0.03	163.7±16.0
B689-1	洛古河	石英脉	0.47±0.05	1.43±0.14	0.21±0.02	143.0±14.0
B689-2	洛古河	石英脉	1.28±0.12	3.91±0.40	0.40±0.04	130.1±13.0
B694-2	国防公路 MK04	方解石脉	2.68±0.25	2.68±0.25	2.68±0.25	157.1±15.0
B755-1	二十二站	石英脉	4.56±0.45	13.72±1.30	2.08±0.20	194.0±19.0
B672-1	二十八站北东向断裂	方解石脉	1.41±0.14	4.30±0.40	0.78±0.08	22.1±2.0
B672-2	二十八站北东向断裂	方解石脉	0.89±0.08	2.69±0.26	0.45±0.04	49.2±4.8
B671	二十八站南北向断裂	方解石脉	0.25±0.03	0.77±0.08	0.47±0.04	242.8±25.0
B755-3	二十八站南北向断裂	方解石脉	0.38±0.03	1.15±0.11	0.58±0.06	178.5±17.0
B755-4	二十八站南北向断裂	方解石脉	0.40±0.04	1.22±0.12	0.63±0.06	325.6±32.0
B692-2	三零干线 MK3 孔碎裂岩	石英脉	0.77±0.07	2.31±0.20	1.00±0.10	9.6±1.0
B729-3	国防公路辉绿岩脉	石英脉	0.34±0.03	1.04±0.10	0.29±0.05	10.7±1.0
B661-2	盘古南北向断裂	石英脉	0.25±0.02	0.77±0.07	0.53±0.05	23.9±2.3
B101-2	兴华沟林场	石英脉	<0.01 <0.01	<0.01	0.06±0.00 0.06±0.00	65.0±6.0
B018-1	枯林山西断裂	石英脉	<0.01 <0.01	<0.01	0.10±0.01 0.06±0.00	57.3±5.0

兴华沟林场和枯林山西断裂石英脉 ESR 年龄分别为（65.0±6.0）Ma 和
（57.3±5.0）Ma（表 3.5），活动时代明显早于漠河盆地中东部南北向断裂活动时间，而
沿江林场一带的南北向断裂活动时代主要为晚新生代中新世早期—早更新世早期。最新
活动地段主要为二十八站—龙河林场一带，活动时代为中新世中晚期—中更新世晚期，
三零干线 MK3 孔碎裂岩中石英脉与国防公路辉绿岩脉中石英脉的 ESR 年龄分别为
（9.6±1.0）Ma 和（10.7±1.0）Ma，可能指示了二者均为漠河逆冲推覆构造锋带的新活动
产物。

3.4.2 晚新生代地壳抬升及其河谷下切

漠河盆地河流阶地沉积物调查（图 3.44）及测年结果（表 3.6）显示，晚新生代以来，漠河盆地发生了明显的抬升，导致河流下切。

（a）三零干线河流相砾石层	（b）上乌苏里浅滩h330 m
（c）洛古河中更新世中砂	（d）三零干线h511 m

图 3.44 漠河盆地河流阶地及其沉积物

表 3.6 河流沉积物 ESR 测年实验数据

样号	取样位置	测试样品	古剂量/Gy	年剂量/mGy	铀质量分数/（μg/g）	钍质量分数/（μg/g）	钾质量分数/（μg/g）	年龄/Ma
B150-1	卡伦小镇 h288 m	河流阶地中-粗砂	1 587.8	5.88	2.83±0.25	8.65±0.85	2.85±0.28	27.0±2.7
B150-2	卡伦小镇 h288 m	河流阶地中-粗砂	1 356.0	6.62	3.49±0.35	10.51±1.0	2.88±0.28	20.5±2.0
B152-1	上乌苏里浅滩 h330 m	河流阶地中-粗砂	1 155.3	6.49	3.00±0.30	9.16±0.90	3.25±0.30	17.8±1.5
B152-2	上乌苏里浅滩 h330 m	河流阶地中-粗砂	1 130.4	7.25	3.45±0.30	10.20±1.0	3.65±0.36	15.6±1.5
B152-3	上乌苏里浅滩 h330 m	河流阶地中-粗砂	656.0	5.48	1.96±0.20	5.90±0.60	3.45±0.34	12.0±1.2
B153-1	上乌苏里浅滩 h350 m	河流阶地中-细砂	642.7	5.89	2.26±0.22	6.89±0.70	3.55±0.35	10.9±1.0

样号	取样位置	测试样品	古剂量/Gy	年剂量/mGy	铀质量分数/（μg/g）	钍质量分数/（μg/g）	钾质量分数/（μg/g）	年龄/Ma
B153-2	上乌苏里浅滩 h350 m	河流阶地中-细砂	1 352.8	6.30	2.68±0.25	8.08±0.80	3.50±0.35	21.5±2.0
B154-1	三零干线 h511 m	河流阶地中-粗砂	1 254.3	6.26	2.98±0.30	9.13±1.00	3.09±0.30	20.0±2.0
B154-2	三零干线 h511 m	河流阶地中-粗砂	942.5	6.36	3.15±0.30	9.49±1.00	3.00±0.10	14.8±1.4
B154-3	三零干线 h511 m	河流阶地中-粗砂	509.3	7.21	4.22±0.40	12.87±1.25	2.85±0.28	7.1±0.7
B160-1	洛古河 h404 m	河流阶地中-粗砂	523.8	5.68	3.11±0.30	9.36±0.90	2.28±0.22	9.2±0.9
B161-1	洛古河 h404 m	河流阶地中-细砂	604.4	6.80	4.13±0.40	12.61±1.20	2.31±0.20	8.9±0.8
B165-1	二十八站西 H373 m	中-粗砂	628.9	5.87	2.90±0.25	8.87±0.75	2.76±0.27	10.7±1.0
B165-2	二十八站西 H373 m	中-细砂	564.7	5.73	2.68±0.25	8.08±0.80	2.85±0.28	9.9±1.0
B170-1	兴安镇	粗砂岩	10 489.5	6.18	0.28±0.30	0.01±1.00	0.64±0.26	169.7±16.0
B170-2	兴安镇	粗砂岩	6 626.7	1.51	0.68±0.06	2.09±0.20	0.49±0.05	430.0±43.0

北部黑龙江沿岸兴安镇（D170 点）出露孙吴组剖面可见高度约为 5 m，海拔为 297 m，上部约 3 m 为 D169 点同层砾岩夹中-粗砂层，底部约 2.5 m 为孙吴组粗砂小砾层，具斜层理与交错层理，胶结程度较上部要好。上、下地层为侵蚀不整合接触。ESR 年龄结果表明沉积物形成时代为上新世—早更新世早期，代表大兴安岭北部在晚新生代发生了隆升作用。

卡伦小镇 D150 点出露孙吴组砂砾石层，海拔为 288 m，剖面高度约为 10 m，底部约为 8 m 被上部坍塌物质覆盖，砂砾石层出露高度约为 1.5 m，由底至顶为砾石层与砂层交替：0.5 m 灰黄色松散砾石层，砾石磨圆以次圆状-次棱角状为主，粒径为 0.5～5.0 cm，含有粒径约为 10 cm 的角砾，砾石分选一般，砾石成分有灰色砂岩，脉石英；0.3 m 黄褐色中-细砂层，含有少量砾石；0.3 m 浅灰色松散砾石层，粒径为 0.5～3.0 cm，磨圆以次圆状为主，分选较好，砾石成分以石英、脉石英、砂岩为主，胶结物为浅灰黄色含小砾粗砂；0.4 m 黄褐色含磨圆较好的砾石细砂层，靠近顶部夹有少量 8 cm 左右的角砾。顶底部未见基岩。ESR 年龄结果表明沉积物形成时代为中更新世。

上乌苏里浅滩 D152 点出露砂砾岩剖面，剖面出露高度约为 8 m，由底至顶大致分为 4 层，描述如下。

1 层：厚度约为 2 m 的灰色含砾松散粗砂层，见较多具水纹扰动痕迹的锈黄色近水平铁盘，铁盘厚度为 0.5～2.0 cm 不等，含小砾石，粒径为 0.1～0.5 cm，成分以石英、脉石英、砂岩为主，磨圆较好，以次圆状为主，分选较好。

2 层：厚度约为 30 cm，灰绿-灰红杂色松散砾石层，砾石分选好，呈正粒序，粒径为 0.3～4.0 cm，磨圆较好，以次圆状为主，砾石成分有石英、脉石英、细砾岩，见有风化强烈的砾石。

3 层：厚度约为 2.5 m，灰色粗砂层与浅灰红色粗砂层互层，呈水纹扰动，具交错层理，见较多纹层铁盘。

4 层：厚度约为 3 m，由底至顶共三套砾石层，最底一层厚约为 70 cm，呈逆粒序，粒径为 0.5～3 cm，砾石磨圆较差，以次棱角状为主，近平行层理，向西北缓倾。中间砾石层呈紫红色，粒径为 1～8 cm，偶达 10～15 cm，砾石成分以紫红色砂岩为主，分选一般，向西北倾斜，层厚为 1.5 m。顶部厚为 0.8～1 m，底部砾石层与黄褐色粗砂层互层，砾石层粒径为正粒序，粒径为 3～5 cm，顶部为黄褐色粗砂岩，具近水平纹层。见 20～30 cm 的次棱角状角砾。ESR 年龄结果表明沉积物形成时代为中更新世。

图强北 D154 点出露孙吴组具一定胶结的砂砾层。海拔为 511 m，剖面出露高度约为 3.5 m，大致分为两层：底部约 1.8 m 为灰黄色细砂夹砾石层，砾石层距底约为 0.6 m，厚约为 30 cm，砾石分选一般，磨圆较好，以次圆状为主，粒径为 1～3 cm，砾石成分以紫红色砂岩、石英岩为主；顶部约 1.5～2 m 为砾石层，砾石分选一般，磨圆较好，以次圆状为主，粒径为 1～5 cm，偶达 15～20 cm。砾石成分有紫红色砂岩、灰绿色砂岩、灰岩、花岗岩、石英岩等。砂岩砾石具一定的风化，风化面为紫红色，新鲜面为灰绿色。局部砾石见黑色铁锰膜。砾石层具一定的胶结，胶结物为土黄色中-粗砂。底部砂砾层与顶部砂砾层为侵蚀接触，接触面起伏较大。ESR 年龄结果表明沉积物形成时代为中更新世—晚更新世。

3.4.3 中—新生代隆升剥蚀过程

磷灰石裂变的年龄和径迹长度分布为岩石温度冷却贯穿部分退火带提供了量化信息，记录了岩石从温度 110℃到 60℃的热史情况，而这一过程一般被认为是受地区的隆升或剥蚀的结果，因此磷灰石裂变径迹分析可以有效地约束地区剥蚀或隆升的热演化历史。

对漠河盆地及其盆缘中酸性侵入岩进行磷灰石裂变径迹分析恢复漠河盆地白垩纪-新生代的热演化历史，为研究漠河盆地构造活动引起的隆升与冷却历史提供定量约束。

15 件磷灰石裂变径迹样品分布于漠河盆地西部逆冲推覆构造带中-酸性岩脉及漠河盆地南缘的不同时代的中-酸性侵入岩（表 3.7），样品岩性以花岗岩为主。

表 3.7 磷灰石裂变径迹分析结果

样号	岩性	GN	Rho-S /($\times 10^5$ cm^2) (N_s)	Rho-I /($\times 10^5$ cm^2) (N_i)	Rho-D /($\times 10^5$ cm^2) (N_d)	P (χ^2) /%	径迹年龄 /Ma ($\pm 1\sigma$)	平均径迹长度 /(μm$\pm 1\sigma$) (n)
B048-1	花岗岩脉	35	7.716（3 251）	24.891（10 487）	15.107（7 978）	0.2	95±5	13.7±1.8（118）
B111-1	粗粒花岗岩	35	4.829（1 153）	20.635（4 927）	15.817（7 978）	6.6	76±5	13.3±2.1（102）
B116-1	花岗岩	24	3.664（800）	15.308（3 342）	16.527（7 978）	5.4	78±6	12.8±2.0（108）
B116-2	花岗岩	35	5.485（930）	23.737（4 025）	17.001（7 978）	92.0	80±5	12.5±2.2（102）
B120-1	花岗岩体	35	6.572（1 958）	26.84（79 97）	17.474（7 978）	30.8	87±5	13.0±2.3（103）
B125-3	花岗岩脉	5	6.313（175）	32.07（889）	17.948（7 978）	81.2	72±7	12.5±1.5（29）
B129-1	花岗质糜棱岩	35	8.391（2 369）	31.578（8 915）	18.421（7 978）	8.0	99±5	13.2±2.0（117）
B130-1	二长花岗岩	35	4.802（1 215）	19.567（4 951）	18.895（7 978）	76.9	94±5	13.2±2.1（101）

样号	岩性	GN	Rho-S /($\times 10^5$ cm^{-2}) (N_s)	Rho-I /($\times 10^5$ cm^{-2}) (N_i)	Rho-D /($\times 10^5$ cm^{-2}) (N_d)	$P(\chi^2)$ /%	径迹年龄 /Ma($\pm 1\sigma$)	平均径迹长度 /(μm$\pm 1\sigma$)(n)
B131-1	二长花岗岩	35	2.737 (545)	10.65 (2 121)	15.344 (7 978)	100	80±5	13.1±2.3 (73)
B137-1	花岗斑岩株	35	1.534 (644)	6.532 (2 743)	16.054 (7 978)	95.8	77±5	12.8±2.5 (100)
B681-1	长石岩屑砂岩	35	4.827 (884)	14.711 (2 694)	9.733 (6 788)	2.7	66±4	12.8±2.0 (103)
B96-2	中-细砂岩	35	2.556 (613)	12.203 (2 927)	10.36 (6 788)	12.3	44±3	12.9±2.0 (119)
B687-1	糜棱岩化砂岩	36	6.829 (729)	15.615 (1 667)	8.689 (6 788)	62.5	77±5	12.9±1.7 (103)
B691-1	花岗质糜棱岩	36	6.646 (507)	14.892 (1 136)	9.107 (6 788)	86.7	83±6	12.8±2.2 (102)
B693-1	中-粗粒长石岩屑砂岩	35	3.05 (563)	9.474 (1 749)	10.672 (6 788)	77.3	70±5	12.6±2.1 (104)

注: GN 为年龄测试的颗粒数; Rho-I 为诱发径迹密度(×10^5 cm^{-2}); N_i 为诱发径迹数; Rho-S 为自发径迹密度(×10^5 cm^{-2}); N_s 为自发径迹数; Rho-D 为标准玻璃的诱发径迹密度(×10^5 cm^{-2}); N_d 为标准玻璃的诱发径迹数; $P(\chi^2)$ 为检验单颗粒年龄正态分布置信度的量值; n 为围限径迹测试条数

样品首先经过粉碎、分选和自然晾干,经传统方法粗选,再利用电磁选、重液选、介电选等手段,对矿物颗粒进行单矿物提纯,分离出磷灰石单矿物颗粒。分别用环氧树脂和聚四氟乙丙烯透明塑料片将磷灰石固定,制作成光薄片,并研磨抛光揭示矿物颗粒内表面。磷灰石样片首先在恒温 25 ℃的 7%的 HNO$_3$(硝酸)溶液中蚀刻 30 s 以揭示自发径迹。将低铀白云母片作为外探测器盖在光薄片上,紧密接触矿物颗粒内表面,与 CN$_5$(磷灰石)标准铀玻璃一并接受热中子辐照。然后在 25 ℃条件下的 40%的 HF(氢氟酸)溶液中蚀刻白云母外探测器 20 min 揭示诱发径迹。最后需要在高精度光学显微镜 100 倍干物镜下观测统计裂变径迹。应用 Zeta 常数标定法计算出裂变径迹中心年龄。实验中根据标准磷灰石矿物的测定,加权平均得出 Zeta 常数值。由于磷灰石中裂变径迹退火存在各向异性,选择平行 c 轴的柱面来测定水平封闭径迹长度、自发径迹密度和诱发径迹密度。

15 件样品的磷灰石裂变径迹年龄介于(44±3)~(99±5) Ma,平均径迹长度介于(12.5±1.5)~(13.7±1.8) μm(表 3.7)。仅样品 B125-3 测试的磷灰石颗粒数目小于 20,其余样品均超过 20 粒,并且大多数样品的围限径迹测试条数超过 50 条,数据质量较好。

χ^2 统计法可判断样品中各单颗粒年龄在多大程度上可作为具有单一平均年龄看待。通过单颗粒的自发和诱发裂变径迹数可计算出 $P(\chi^2)$,为单颗粒年龄与所有颗粒的平均年龄符合的概率量度。$P(\chi^2)>5\%$表示各单颗粒年龄的差别属于统计误差范围,应作为具有单一平均年龄看待,年龄采用池年龄(pooled age);$P(\chi^2)<5\%$表示各单颗粒年龄确有分散,年龄采用中心年龄(central age)。统计结果表明共有 11 件样品通过了 χ^2 检验,仅样品 B048-1 单颗粒年龄分散程度高于一般范围。

利用 AFTSolve 软件及 Ketcham 模型进行热史模拟,模拟次数为 10 000 次,模拟的评价标准包括 K-S 检测和 GOF(goodness of fit)检测。当 GOF≥0.05,模拟的曲线被认为可以接受;当 GOF≥0.5,模拟的曲线被认为是好的模拟曲线。每次模拟都假设样品在实测裂变径迹年龄的 1.5 倍时地温达 160~200 ℃,以致样品完全退火,在实测裂变径迹年龄的时间样品处于 60~110 ℃,而现今处于地表的-20~0 ℃地温为另一个限制条件。热史模拟结果见图 3.45。

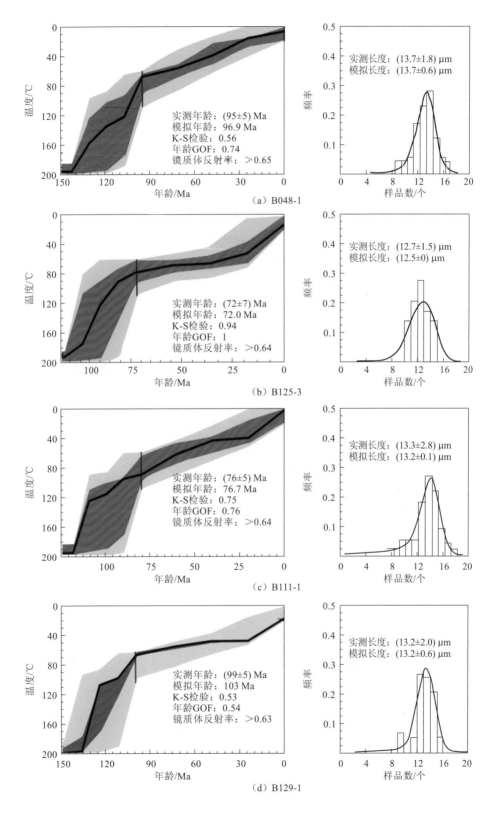

（a）B048-1

（b）B125-3

（c）B111-1

（d）B129-1

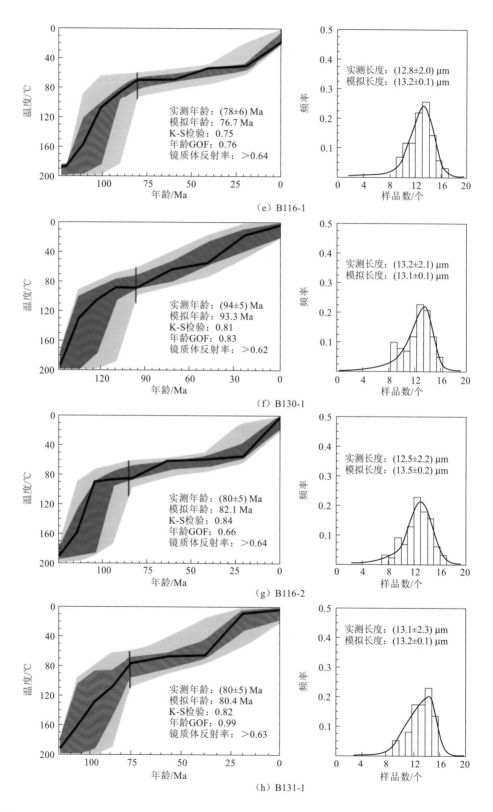

（e）B116-1

（f）B130-1

（g）B116-2

（h）B131-1

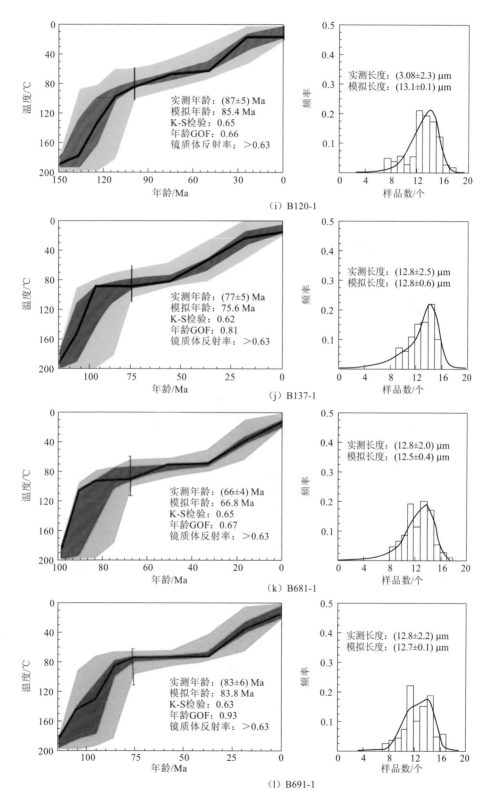

（i）B120-1

（j）B137-1

（k）B681-1

（l）B691-1

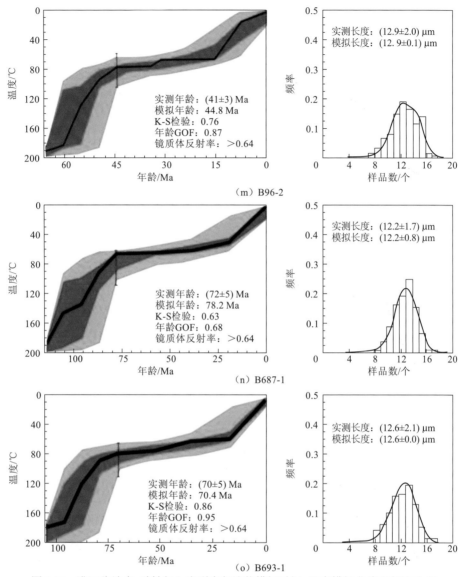

图 3.45　漠河盆地中-酸性侵入岩裂变径迹热模拟时间-温度模拟曲线和径迹分布

　　模拟结果显示所有样品的 K-S 检测和 GOF 检测均大于 0.5，模拟质量较高且较为可信。根据所有样品的时间-温度最佳的模拟曲线，每条最佳模拟曲线可以分离出 3 个限制点，第一个限制点为岩石降温至 110 ℃ 的年龄的点，第二个限制点为岩石冷却速率由快转慢的点，第三个限制点为岩石降温速率由慢转快的点。采自不同地点样品的最佳模拟曲线限制点可以构成三组，第一组限制点为温度降至 110 ℃，对应时代为 120 Ma，第二组限制点为当岩体冷却速度由快转慢，对应时代为 90 Ma，第三组限制点为岩体冷却速率由慢再一次转快，对应 20 Ma 以来。模拟结果中小的冷却事件可忽略，因为这些事件可能受退火模型不稳定的影响。

　　图 3.46（a）为 15 件磷灰石样品裂变径迹热模拟最佳时间-温度曲线汇总图，该图

总体反映了三个时间段的冷却剥蚀历史，分别为：①白垩纪早期（90～120 Ma）隆升剥蚀［图 3.46（b）］；②古新世晚期—中新世早期（20～57 Ma）隆升剥蚀［图 3.46（c）］；③中新世早期（20 Ma）以来隆升剥蚀［图 3.46（d）］。对每件样品进行独立分析，可知每件样品均经历两次冷却剥蚀历史，且样品冷却时间各不相同。因此可知，漠河盆地隆升剥蚀过程在时间空间上均存在差异。

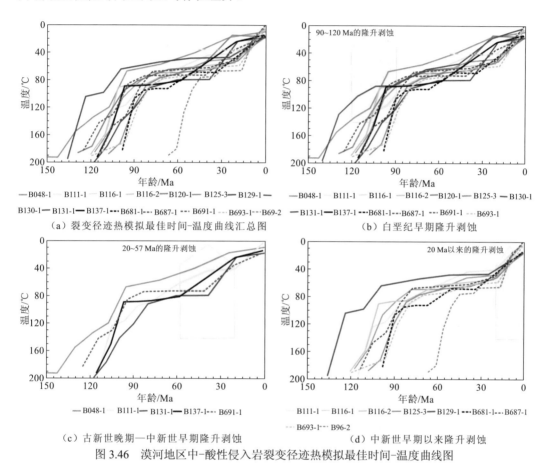

（a）裂变径迹热模拟最佳时间-温度曲线汇总图   （b）白垩纪早期隆升剥蚀

（c）古新世晚期—中新世早期隆升剥蚀   （d）中新世早期以来隆升剥蚀

图 3.46　漠河地区中-酸性侵入岩裂变径迹热模拟最佳时间-温度曲线图

自晚二叠世末—早中侏罗世蒙古—鄂霍茨克褶皱带洋盆自西向东做剪刀式收缩、闭合，洋盆在中侏罗世闭合、碰撞，使大兴安岭地区发生隆升造山，这一隆升造山涉及的范围可达现今的燕山—阴山地区，燕山—阴山大型推覆隆升带及其前缘盆地的形成，应是蒙古—鄂霍茨克褶皱带晚期推覆造山过程的远程效应（和政军 等，1998）。古太平洋从三叠纪中晚期的印支旋回开始消减，但到侏罗纪燕山造山旋回基本封闭。蒙古—鄂霍茨克洋闭合过程使得该区及区域上受南北向挤压应力作用，最终在额尔古纳地块的北缘形成近东西向的漠河前陆盆地。漠河前陆盆地内沉积了一套巨厚的含煤类磨拉石建造序列岩石，从其沉积物的不稳定性反映物源受到活动陆缘区的强烈影响，表明板块碰撞引起地壳不断加厚抬升。随着陆壳碰撞作用的持续，来自北西方向的强大挤压应力使先期沉积的中—晚侏罗世活动陆源沉积发生主体向南南东向的逆冲变形,其变形的总体发展方向表现为前展式的逆冲变形,其构造极性由北北西向指向南南东向。在漠河逆冲推覆构造的中带上发育向南东向倒转的褶皱,甚至平卧褶皱,以及向南东向逆冲的双冲构造和叠瓦扇构造。中—晚侏罗世,由于持续逆冲,冲断带不断增厚和缩短,并向南扩展。该区变形较弱的褶皱进一步加强,形成更紧闭的褶皱和逆冲叠瓦扇构造。

漠河逆冲推覆构造导致地壳加厚,形成埃达克质岩浆活动,取自漠洛公路 D116点的石英二长闪长岩(B116-1)和鲜花山北西南北向断裂带内的石英闪长岩(B137-1)样品的 SiO_2 的质量分数分别为 63.04% 和 69.12%,为中-酸性侵入岩。岩石具有高 $Al(Al_2O_3)$(质量分数分别为 15.37% 和 16.75%)、低的 Mg^{2+} 指数(分别为 43 和 34,均小于 45)特征。Na_2O+K_2O 的质量分数较高(分别为 7.02% 和 8.5%),Na_2O/K_2O 分别为 1.27 和 1.00。在 TAS 图解中,样品 B116-1 和样品 B137-1 均落入石英二长岩区[图3.47(a)]。在 SiO_2-K_2O 图中,样品全部落入高钾钙碱性系列区[图3.47(b)]。含 Al 指数[$(Al_2O_3/(CaO+Na_2O+K_2O)$,A/CNK]分别为 0.943 和 0.201,均小于 1.1,具有 I 型花岗岩特征。

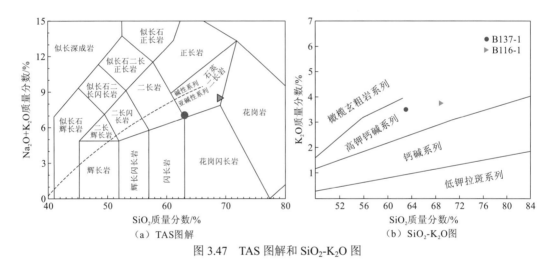

图 3.47　TAS 图解和 SiO_2-K_2O 图

B137-1 和 B116-1 样品均表现出轻稀土元素富集,重稀土元素强烈亏损的特征(图3.48)。Yb 质量分数分别为 0.64 μg/g 和 0.74 μg/g,低于 1.90 μg/g,$(La/Yb)_N$ 分别为 29.49 和 29.60,表明轻重稀土分异程度较高,δEu 分别为 0.98 和 0.79,显示微弱的负铕异常,表明残留物中可能有角闪石、斜长石存在,或受斜长石分离结晶作用的影响。这些特征与埃达克岩的稀土元素特征相似,低重稀土元素指示它们的岩浆源区含残留的石榴子石,而弱负铕异常指示源区含少量的斜长石或其岩浆经历了少量斜长石的分离结晶作用。

B137-1 和 B116-1 样品均富集大离子亲石元素(Rb、Ba、Th、U 和 Sr),Sr 的质量分数分别为 898 μg/g 和 592 μg/g,均大于 400 μg/g;Y 的质量分数低,分别为 7.73 μg/g和 7.46 μg/g,均小于 18 μg/g;Sr/Y 较高,分别为 116 和 79。高相容元素 Cr、Ni 的质量分数低,B137-1 样品的 Cr、Ni 质量分数分别为 28.5 μg/g、2.18 μg/g,B116-1 样品的

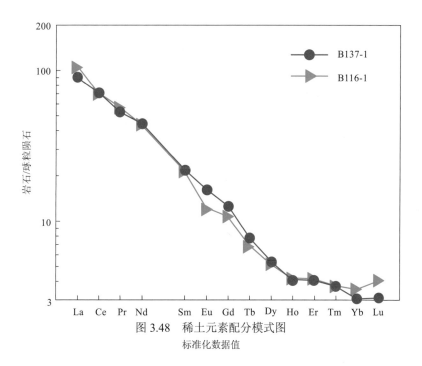

图 3.48 稀土元素配分模式图
标准化数据值

Cr、Ni 质量分数分别为 3.50 μg/g、2.18 μg/g。Nb 和 Ta 的质量分数低，在微量元素比值蛛网图上显示强烈的亏损（图 3.49），表明源区存在角闪石残留。上述微量元素特征与高钾钙碱性埃达克岩特征相符。高 Sr/Y 证明源区残留石榴子石，Nb、Ta 和 Ti 的亏损推测源区存在残留的金红石，指示熔融深度压强大于 1.5 GPa，相当于埃达克岩形成深度在 50 km 以上。

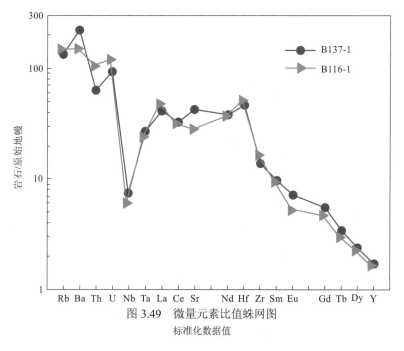

图 3.49 微量元素比值蛛网图
标准化数据值

典型的埃达克岩原岩为低钾拉斑玄武岩，为高温高压条件下玄武质岩石部分熔融形成，主要产于板块消减带的一套中-酸性火山岩和侵入岩的组合。主要的岩石组合有安山岩、英安岩、安粗岩、石英闪长岩、花岗闪长岩、石英二长岩、英云闪长岩、斜长花岗岩等。其地球化学特征：$SiO_2>56\%$，$Al_2O_3>15\%$，$MgO<3\%$，$Sr>400$ μg/g，亏损重稀土元素与 Y，$Y<18$ μg/g，$Yb<1.9$ μg/g，$Sr/Y>40$，MgO 的质量分数低，$Mg^{2+}<0.45$，一般具正铕异常。中国学者已对埃达克岩研究了 15 年，积累了大量的成果，基于大量的研究，张旗等（2004）将埃达克岩分为 6 类，即典型的埃达克岩、高镁埃达克岩、英云闪长岩-奥长花岗岩-花岗闪长岩、高钾钙碱性埃达克岩、高钾镁性埃达克岩和钾质埃达克岩。本小节上述样品地球化学特征除具典型埃达克岩的特征外，相容元素 Mg、Cr、Ni 的质量分数较低，重稀土元素部分（Ho-Lu）呈较平坦的分布，具弱负铕异常，这些特点均说明上述样品为高钾钙碱性埃达克岩。

B137-1 样品和 B116-1 样品主量和微量元素均显示出与 C 型埃达克岩非常相似的特征，在$(La/Yb)_N$ 与 Yb_N 关系图解和 Sr/Y 与 Y 关系图解中，B137-1 样品和 B116-1 样品投影点全部落入埃达克岩区（图 3.50）。

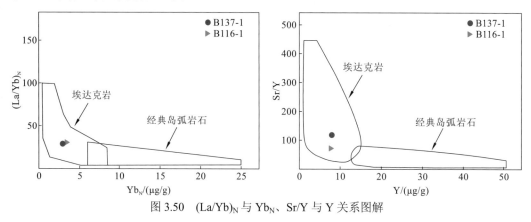

图 3.50　$(La/Yb)_N$ 与 Yb_N、Sr/Y 与 Y 关系图解

3.4.4　中—新生代构造演化

漠河盆地构造演化十分复杂，自石炭纪开始西伯利亚板块向南俯冲，直到侏罗世末期达到活动高峰期，向南挤压应力十分剧烈，形成大量近东西向的漠河逆冲推覆构造及近东西向的深大断裂。

晚侏罗世晚期到早白垩世早期，蒙古—鄂霍茨克洋关闭后形成了欧亚板块。东北地区受古太平洋板块俯冲-碰撞作用的影响，东亚地区晚侏罗世构造体制发生了重大的转换（赵越 等，1994）。我国东部的东西向构造线彻底转变为北东向、北北东向，构造活动从晚侏罗世及以前强烈的陆内挤压造山和地壳增厚作用转变为早白垩世以来我国东部及邻区强烈的伸展裂陷和岩石圈减薄，并经历了早期引张裂陷阶段（120～140 Ma）、中期引张裂陷阶段（100～120 Ma）和晚白垩世早期（90～100 Ma）构造挤压反转阶段。我国东部的东西向构造线的转换过程一般认为与太平洋板块向欧亚大陆俯冲作用紧密相关（董树文 等，2000）。漠河盆地北东向张性深断裂及侏罗纪前陆盆地基础上叠加的白垩纪断陷正是在此构造背景下形成的。

晚侏罗世—早白垩世（135～145 Ma），太平洋板块沿北西向朝欧亚大陆俯冲，但太平洋板块的运动速度仅约为 5 cm/a。白垩纪（74～135 Ma）时期，太平洋板块的北西向的运动速度非常快，约为 30 cm/a，由于该时期太平洋板块向西俯冲速度加剧（任建业和李思田，2000；王瑜，1996），弧后的扩张作用在该区形成拉张应力环境，使得地壳裂陷导致岩浆上涌，形成了北东向和北北东向断裂，岩浆活动受北东向或北北东向断裂控制，这一时期形成了塔木兰沟组、上库力组、伊列克得组火山—火山碎屑岩沉积，漠河盆地进入断陷盆地演化阶段。

综上所述，漠河盆地中生代以来经历了 4 期构造变形：①在与古亚洲洋关闭和杭盖—肯特洋及古太平洋收缩有关的地壳挤压相关的地壳缩短增厚作用下，形成中侏罗世晚期的东西向褶皱和断裂；②晚侏罗世—早白垩世初，与杭盖—肯特洋收缩关闭及古太平洋俯冲有关的地块旋转与大规模走滑及向东的逃逸和地壳加厚，形成了与蒙古—鄂霍茨克褶皱带的形成演化有关的漠河逆冲推覆构造；③白垩纪中晚期和古近纪早期，与太平洋板块向欧亚大陆俯冲有关的大陆岩石圈减薄、地壳伸展及陆缘岩浆活动，形成切割韧性走滑剪切带和蒙古—鄂霍茨克褶皱带的北东向和北北东向断裂；④晚新生代受青藏高原隆升的影响，先存断裂继承性活动，漠河盆地进一步抬升剥蚀，河流下切形成河流阶地。

第  章

沉 积 相

沉积相是指沉积环境中形成的沉积岩的所有特征的综合，是沉积环境的物质表现。沉积环境的差异，导致其中形成的沉积岩常常具有不同的岩性特征（如岩石的颜色、成分、结构、沉积构造、垂向序列及组合关系）、古生物化石特征（如门类、属种、形态、赋存方式及保存程度等）、地球化学特征（如微量元素、同位素和生物标志化合物等）和地球物理特征，即沉积相标志。漠河盆地侏罗系主要形成于陆相湖盆的沉积动力学背景。本章在沉积相标志识别的基础上，对漠河盆地额木尔河群的沉积相进行研究。

4.1　沉积相标志

沉积相标志，即沉积环境中形成的沉积岩的岩性标志（颜色、成分、结构）、沉积构造、古生物化石和垂向序列特征及由此引起的地球物理测井响应特征，均是直接指示沉积环境的有用信息，是沉积相研究的关键。

4.1.1　岩性标志

1. 颜色

颜色是岩石最直观的标志，是沉积岩石原始沉积环境的直接反映。其中，岩石的原生色是沉积介质物化性质的直接反映。一般情况下，有机质和铁质是沉积岩中最重要的色素。沉积岩的颜色一般随着有机质的增加而加深，故有机质的存在指示其形成的还原环境。铁质则是可以利用其铁离子价态的变化，判断沉积水体的氧化-还原性质。灰色、灰黑色和黑色，表示岩石含具有 Fe^{2+} 的黄铁矿、白铁矿等矿物，指示强还原环境；在不含绿帘石、角闪石等绿色矿物的情况下，灰白色、灰色、灰绿色和蓝色表示岩石中含具有 Fe^{2+} 和 Fe^{3+} 的绿泥石、海绿石等矿物，指示其形成于弱氧化-弱还原环境；褐黄色、褐色、红色和棕色，说明岩石含具有 Fe^{3+} 的赤铁矿、褐铁矿、纤铁矿等矿物，代表强氧化的沉积环境（姜在兴和操应长，2000）。

漠河盆地内的绣峰组多为灰色-黄褐色，灰色反映其形成于浅水弱氧化-弱还原的沉积环境，黄褐色则指示氧化环境。二十二站组以灰绿色、黄绿色为特征，指示弱氧化-还原环境。漠河组以深灰色-灰黑色为主，含大量黄铁矿，指示强还原环境。开库康组以灰色为主，反映弱氧化-弱还原环境（图4.1）。

2. 成分及结构

1）碎屑颗粒组成

碎屑颗粒成分不仅指示物源区的性质，而且显示盆地沉积区至物源区的距离。漠河盆地砂岩的碎屑颗粒成分以岩屑为主，体积分数为50%以上；石英次之，体积分数约为30%；长石相对较少，占20%左右（图4.2）。由此可见，与其他地区的碎屑岩相比，漠河盆地碎屑岩中岩屑、长石体积分数很高，成分成熟度较差，指示盆地的物源区距沉积区很近。

岩屑成分直接反映物源区母岩的性质。漠河盆地中侏罗世碎屑岩中的岩屑包括火成岩、变质岩、沉积岩和云母等。岩屑以中-酸性火成岩为主，体积占30%以上；其

（a）灰色-黄褐色砂岩，绣峰组

（b）黄绿色、灰绿色厚层砂岩，二十二站组

（c）灰黑色薄层泥岩，漠河组

（d）灰绿色、灰褐色厚层-块状粗砂岩，开库康组

图 4.1　漠河盆地各层位典型岩石照片

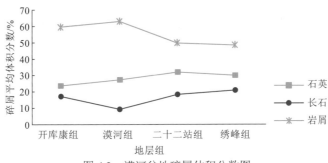
图 4.2　漠河盆地碎屑体积分数图

次为石英岩、片岩等变质岩，体积分数为 10%～20%；还可见少量燧石和砂岩，体积分数仅占百分之几（图 4.3）。中-酸性火成岩岩屑应该主要来源于漠河盆地南缘的加里东期侵入岩、新元古代侵入岩；片岩和石英岩岩屑主要为古元古代变质岩的风化产物。

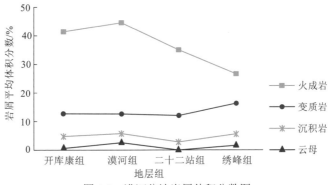
图 4.3　漠河盆地岩屑体积分数图

2）碎屑颗粒结构

碎屑颗粒的结构包括粒度、分选性、磨圆度和支撑类型等，它们均具有重要的指相向意义。

（1）粒度。碎屑颗粒的大小是岩性、搬运距离和沉积水动力条件的直接反映，是判别沉积古地理环境的良好标志（朱筱敏，2008）。一般粒度越大，表明碎屑质地越硬，搬运距离越近，水动力越强；反之，则说明碎屑颗粒越软，搬运距离越小，水动力越弱。

绣峰组总体为粗碎屑沉积，下部多为粗砾岩、中-粗砾岩和砂质中-细砾岩；中上部为含砾粗砂岩、中-粗砂岩、细砂岩互层，偶夹中-细砾岩和暗色泥岩。少量的粒度分析显示，绣峰组砂岩大部分为中粒和细粒，其次为粗粒（图4.4），反映水动力条件很强的近物源冲积环境。

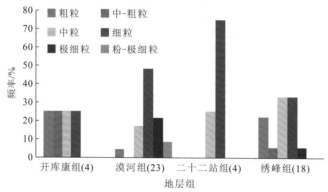

图 4.4　漠河盆地沉积岩粒度特征柱状图

括号中为样品数

二十二站组整体为一套向上变细的正粒序沉积，以含砾中-粗砂岩、中-粗砂岩和细砂岩为主，夹暗色中-厚层泥岩，分布较为稳定。少量的粒度分析显示，二十二站组砂岩多为细粒（图4.4），反映距物源较近、水动力条件较强的河湖环境。

漠河组主要为中-细砂岩、粉砂岩与泥岩互层，偶夹中-厚层砾岩和中-粗砂岩。粒度分析显示，漠河组砂岩以细粒占优势，其次为极细粒，个别为粗粒、粉-极细粒（图4.4），反映整体为距物源较远、水动力条件较弱的湖泊环境。

开库康组与绣峰组相似，但粒度总体偏细，主要为中砾岩、细砾岩、中-粗砂岩和细砂岩，夹粉砂质泥岩。粒度分析显示，开库康组沉积岩粗粒、中-粗粒、中粒、细粒基本相当（图4.4），同样反映水动力条件很强的近物源冲积环境。

（2）分选性。分选性是碎屑颗粒大小均匀程度的量度，也是搬运距离和水动力条件的直接反映，是沉积相分析的重要标志。通常搬运距离越远，水动力条件越强，分选越好；反之，搬运距离越短，水动力条件越弱，分选越差。

根据野外观测，绣峰组底部的砾岩主要为粗砾岩、中-粗砾岩和砂质中-细砾岩互层，分选较差-中等，反映距物源很近、快速堆积的冲积环境。开库康组底部砾岩分选较好，多为中砾岩、细砾岩，表现为距物源较近的冲积环境。二十二站组底部砂岩、底砾岩和漠河组内部的砾岩夹层多为细砾岩,部分为中-细砾岩,分选较好,反映瞬间水动力较强的环境。

根据镜下观察,绣峰组下部的砂岩多为含砾粗砂岩和中-粗砂岩互层,分选中等,中上部砂岩多为中-细砂岩,分选较好。二十二站组砂岩多为含砾中-粗砂岩、中-粗砂岩和细砂岩,分选中等-较好。漠河组砂岩主要为中-细砂岩、粉砂岩,分选良好。开库康组砂岩多为中-粗砂岩和细砂岩,分选中等-较好(图4.5)。

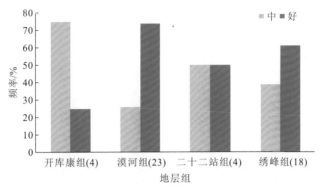

图 4.5 漠河盆地砂岩分选性特征柱状图

括号中为样品数

(3)磨圆度。磨圆度是碎屑颗粒岩性、搬运距离和水动力条件的直接反映,是判断沉积相的又一重要标志。一般脆性强、解理或节理不发育的矿物或岩石,易于磨圆;柔软的、解理和节理发育的矿物或岩石,难于磨圆。同时,搬运距离长,水动力条件强,颗粒的磨圆好;反之,搬运距离短,水动力条件弱,磨圆差。

绣峰组底部的砾岩,砾石主要为次棱角状-次圆状,部分为圆状,圆度较好;开库康组底部砾岩,砾石多为次圆状-圆状,部分为极圆状,反映水动力很强的冲积环境。整体上,漠河盆地中侏罗世砂岩,多为次棱状、次棱状-次圆状、次圆状三种类型。其中,绣峰组以次棱状为主,二十二站组同样以次棱状为主,漠河组以次圆状为主,开库康组以次棱状为主(图4.6),指示较强的水动力环境。

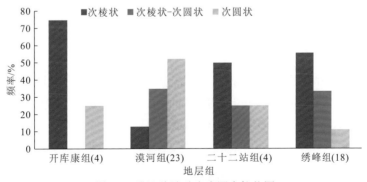

图 4.6 漠河盆地砂岩磨圆度柱状图

括号中为样品数

相对而言，漠河组砂岩和二十二站组砂岩的磨圆较好，而绣峰组和开库康组的磨圆度较差。结合分选性分析，漠河组和二十二站组的结构成熟度要高于开库康组和绣峰组。

（4）支撑类型。沉积岩的支撑类型反映颗粒之间填隙物（特别是黏土杂基）的比例，是水动力环境的直接反映。通常，颗粒支撑代表颗粒之间的填隙物较少，指示较强的水动力环境；反之，杂基支撑代表颗粒之间的填隙物较多，反映较弱的水动力环境。

绣峰组底部的砾岩主要为颗粒支撑，部分为杂基支撑；开库康组底部砾岩多为颗粒支撑，反映水动力很强的沉积环境。整体上，漠河盆地中侏罗世砂岩以颗粒支撑为主，个别为杂基支撑（图4.7），指示较强的水动力环境。

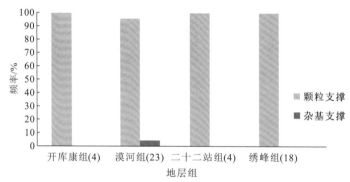

图 4.7 漠河盆地砂岩支撑类型柱状图

括号中为样品数

4.1.2 沉积构造

沉积构造是沉积物在沉积过程中（原生沉积构造）或沉积后固结成岩前（准同生沉积构造）对沉积介质物理作用、化学作用和生物作用等作用过程响应的产物。物理成因的沉积构造是沉积水动力条件的直接反映，可指示沉积水动力条件的强弱等，一直被视为分析和判断沉积环境的重要标志；化学成因的沉积构造系沉积期化学或生物化学沉淀物自身发生变化产生，在漠河盆地偶见；生物成因的沉积构造是生物活动在沉积物中产生的痕迹或其遗体的印痕。

1. 流动成因构造

流动成因构造系沉积介质（水和空气）在沉积物表面流动时引起床砂移动产生的痕迹在沉积物中得以保存的沉积构造，包括层面构造和层理构造。其中，层理构造是最典型、最重要的沉积构造，是沉积环境识别的重要标志。

1）水平层理

水平层理在低能的静水环境中由细粒悬浮沉积物垂向加积形成，多见于细粒沉积岩，如泥岩、粉砂岩。纹层厚度很薄，彼此平行且平行于层面。层理面常见细小植物碎屑及丰富的云母片。三角洲前缘分流间湾、前三角洲和半深湖-深湖等沉积环境均可见到。

2）砂纹层理

砂纹层理是水动力较弱的水流作用于砂质沉积物表面形成的，常见于细砂岩及粉砂岩。纹层为连续波状，层理面可见炭屑、植物碎屑及大量云母片，在三角洲前缘河口沙坝和远沙坝等环境中广泛发育 [图 4.8（a）]。

（a）砂纹层理，漠河组

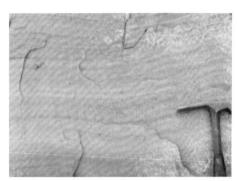
（b）平行层理，二十二站组

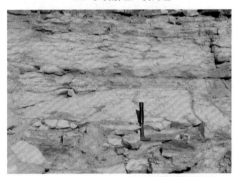
（c）槽状交错层理，绣峰组

（d）板状交错层理，二十二站组

（e）楔状交错层理，二十二站组

图 4.8 典型流动成因构造照片

3）透镜状层理

透镜状层理是水动力较弱的水流作用于含砂的富泥质沉积物表面形成的，主要见于粉砂质泥岩中。宏观上，砂质沉积物呈透镜体包裹在泥质沉积物中。漠河盆地内的透镜状层理主要发育在分流间湾微相和远沙坝微相中。

4）冲刷面

冲刷面是强水动力条件下的产物，系水流对底部强烈冲刷产生的冲刷痕，常具有凹凸不平的界面，其上常见下伏沉积物的砾石，并伴有粗砂、中-粗砂等粗粒沉积。露头上易于观察，岩心上表现为微微的波状起伏，并伴有含砾中-粗砂岩和正粒序。常出现于河道、分支河道和辫状分支河道等环境。

5）平行层理

平行层理具有与水平层理相似的形态，但形成于水动力很强的上部水流环境，如冲积扇扇面河道、盆底扇面水道和辫状河道（或分支河道）等环境中。层理面易剥开，常见云母片和植物碎屑分布，主要发育于辫状分支河道环境［图 4.8（b）］。

6）槽状交错层理

槽状交错层理是单向水流作用于沉积物表面的产物，以垂直水流方向上的层系底面具有槽状形态、层系之间相互切割、层系界面与纹层均呈向下凸出的弧形及层系厚度变化大为特征，是最常见的一种流动成因构造。层理面可见细小炭屑及植物碎屑。常见于冲积扇扇面河道、辫状分支河道、分支河道和三角洲前缘等环境［图 4.8（c）］。

7）板状交错层理

板状交错层理也是单向水流作用于沉积物表面形成的，常与槽状交错层理伴生。宏观上，层系界面平直延伸，且相互平行，层系厚度稳定，纹层与层系界面呈直线或"S"形相交，并向层系底界面收敛，相邻层系纹层的倾向、倾角基本一致。因单个层系呈板状产出，故称"板状交错层理"。层理面可见细小炭屑及植物碎屑。常见于单向水流作用的砂质沉积中，如河道、辫状河道、分支河道和辫状分支河道等环境［图 4.8（d）］。

8）楔状交错层理

楔状交错层理为槽状交错层理、板状交错层理的过渡类型，常与二者伴生，也是单向水流的产物。虽然与板状交错层理类似，层系界面也为平直延伸，但其顶底界面非平行产出而呈楔形，层系厚度短距离内变化很大，同时，相邻层系纹层的倾向、倾角变化很大。层理面可见细小炭屑及植物碎屑。也见于河道、辫状河道、分支河道和辫状分支河道等环境［图 4.8（e）］。

2. 生物成因构造

1）生物活动痕迹

生物在沉积物内部或表面活动时，常常破坏沉积物原来的颜色、沉积结构和沉积构造，并在沉积物中留下自身活动的痕迹，即生物成因构造，包括生物遗迹构造和生物扰动构造等。常发育于细粒沉积岩，如粉砂岩、泥岩。

2）植物印痕

植物印痕指保存于沉积岩层中的植物根须、树干、叶片或其炭化遗迹。煤系地层常见，是陆相或过渡相地层的典型标志。多见于分支河道、三角洲前缘和分流间湾等砂质、粉砂质或泥质沉积，以粉砂岩和泥岩保存较好，砂岩、粉-细砂岩中常较破碎（图 4.9）。

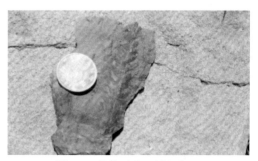

图 4.9　植物叶片（漠河组）

4.1.3　古生物化石

与现代生物一样，古生物对其生存的环境极为敏感。地层中保存完好的古生物化石是沉积环境识别的可靠标志，对判断盆地的区域沉积背景，如海相、陆相和过渡相环境，是极为重要的。据前人研究，漠河盆地东部二十二站组和漠河组中，常见双壳类、腹足类及介形类化石，偶见叶肢介和虫管、爬行迹等。

4.1.4　垂向序列

垂向序列是非常重要的沉积相标志。通常，特定的环境会形成特定的垂向序列，例如冲积扇、扇三角洲、辫状河三角洲、曲流河三角洲和决口扇等往往形成向上变粗的逆粒序 [图 4.10（a）]，其底部通常与下伏岩层渐变；而辫状河、曲流河、各类分支河道、潮道等河流沉积，通常形成向上变细的正粒序 [图 4.10（b）]，其底部常与下伏岩层呈突变或冲刷接触。不同样式的垂向序列，常常反映不同的沉积环境。

（a）冲积扇砂砾岩中的逆粒序　　　　　（b）分支河道砂岩中的正粒序（二十二站
　　（沿江林场附近，绣峰组）　　　　　　　　后山，二十二站组）

图 4.10　垂向序列野外照片

4.2 沉积体系与沉积相特征

在沉积背景分析的基础上，通过各种沉积相标志的综合研究，结合相空间配置分析，对漠河盆地中侏罗统进行沉积体系与沉积相的识别、分析与划分。漠河盆地存在两种类型的沉积体系，近源陡坡型沉积体系和近源缓坡型沉积体系。其中，绣峰组、二十二站组主体为近源陡坡型沉积体系，二十二站组顶部、漠河组和开库康组为近源缓坡型沉积体系。

以 4 条实测剖面、20 余条路线调查剖面的详细分析为基础，结合区域综合研究及前人研究成果，对漠河盆地中侏罗统的沉积相进行详细识别及研究。总体上，在漠河盆地中侏罗统划分 5 种沉积相，即冲积扇相、扇三角洲相、辫状河相、辫状河三角洲相与湖泊相（表 4.1，图 4.11），13 种亚相，20 余种微相，以下分别详细论述。

表 4.1 漠河盆地中侏罗统主要沉积相类型

沉积相	沉积亚相	沉积微相	主要发育层位
冲积扇	扇根	泥石流	绣峰组底部、开库康组顶部
	扇中	辫状河道	
		河道间	
	扇缘	漫流	
扇三角洲	扇三角洲平原	分支河道	绣峰组中下部
		漫滩沼泽	
	扇三角洲前缘	水下分支河道	绣峰组中上部、开库康组
		分流间湾	
		河口沙坝	
		前缘席状砂	
辫状河	辫状河道	侧向坝	绣峰组、二十二站组
		横向坝	
		纵向坝	
	辫状河道间	泛滥平原	
		沼泽	
辫状河三角洲	辫状河三角洲平原	辫状分支河道	二十二站组、漠河组
		越岸沉积	
	辫状河三角洲前缘	水下分支河道	
		分流间湾	
		河口沙坝	
		远沙坝和前缘席状砂	
	前辫状河三角洲	前三角洲泥	

续表

沉积相	沉积亚相	沉积微相	主要发育层位
湖泊	滨浅湖	浅湖沙坝	二十二站组、漠河组
		浅湖席状砂	
	半深湖-深湖	半深湖-深湖泥	
		半深湖浊流	

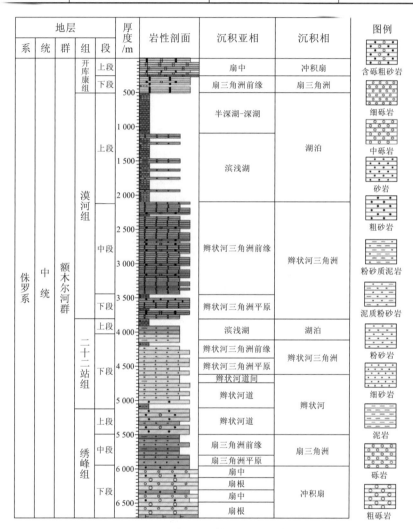

图 4.11　额木尔河群主要沉积相类型

4.2.1　冲积扇相

冲积扇为山麓地带堆积的近源扇状沉积体，多发育于盆地边缘，包括扇根、扇中及扇缘三个沉积亚相。冲积扇相分布较广，主要发育于绣峰组底部和开库康组顶部，主要就图强镇西北公路沿线绣峰组底部所见冲积扇的沉积特征叙述如下。

1. 扇根亚相

扇根亚相位于冲积扇根部，沉积坡度较陡，水动力条件迅速降低。一般为泥石流沉积，形成结构成熟度与成分成熟度均很低的无组构砾岩快速堆积，砾石间多为砂质、含砾砂质杂基充填，多为块状构造，偶见槽状交错层理。图强镇西北公路沿线所出露的绣峰组底部扇根沉积中砾石成分复杂，尽管以花岗岩砾石为主体，但含有砂岩、粉砂岩及泥岩砾石。其中，花岗岩砾石直径相对较大，为 10～40 cm，最大为 2 m 左右；砂岩、粉砂岩及泥岩砾石直径多介于 2～70 mm。

2. 扇中亚相

扇中亚相为冲积扇的主要格架，以牵引流沉积作用为主，发育辫状河道与河道间沉积。主要沉积物为成分复杂，分选较差的辫状河道砾岩、砾质砂岩和中-粗粒砂岩。砾石具叠瓦状构造，砾石扁平面倾向扇根，与水流方向相反；砂岩中发育槽状交错层理、楔状交错层理。河道间主要为砂岩及泥岩，砂岩常具交错层理。

在三零干线与 S207 交界处见绣峰组扇中亚相沉积，岩性为灰黑色-灰绿色块状中砾岩。砾石体积分数为 45%～50%，砾石直径为 5～8 cm，直径最大可达 25 cm。砾石成分以砂岩、粉砂岩及泥岩为主，其中，砂岩砾石体积分数约为 35%，粉砂岩砾石体积分数约为 30%，泥岩砾石体积分数约为 25%。砾石多为圆状-次圆状，磨圆良好，分选一般，呈叠瓦状排列。砾岩以杂基支撑为主，杂基多为中-细砂。

3. 扇缘亚相

扇缘亚相主要由漫流成因的砂岩、粉砂岩和泥岩组成，见煤线及薄煤层。砂岩分选较好，见不明显的平行层理、交错层理；粉砂岩和泥岩常具块状层理、水平层理和缓波状层理。粉砂岩和泥岩有时发育变形构造和暴露构造。

4.2.2 扇三角洲相

扇三角洲常发育于地形高差较大、紧邻高山的沉积盆地边缘，一部分位于水上，另一部分位于水下。水上部分称为扇三角洲平原，水下部分称为扇三角洲前缘和前扇三角洲。由于邻近物源区，扇三角洲沉积成分复杂，粒度较粗，多为砾石，分选、磨圆差，成分成熟度和结构成熟度较低，发育牵引流形成的大型交错层理。

扇三角洲相为漠河盆地中侏罗统主要的沉积相类型，分布较局限，主要发育于盆地东部瓦拉干—二十二站一带的绣峰组中部，且主要为扇三角洲前缘亚相。

1. 扇三角洲平原亚相

扇三角洲平原为扇三角洲的水上部分，主要发育分支河道与漫滩沼泽两个微相，为扇三角洲相的主体部分，沉积特征类似于陆上冲积扇。

1）分支河道微相

分支河道发育于扇三角洲平原的上部，形态上类似于辫状河。岩性主要为含砾粗砂岩及碎屑支撑的砾岩，结构成熟度较低。砾石常呈次棱状-次圆状，叠瓦状排列于河道中部，具下粗上细的正韵律，多见平行层理、交错层理及砂纹层理等，多见植物茎干碎片。

2）漫滩沼泽微相

漫滩沼泽地理上，居于两个分支河道之间；相空间配置上，位于两期分支河道微相之间。沉积物粒度较细，以粉砂、黏土及薄层细砂互层为主，主要见水平层理、块状层理及少量的交错层理与干裂构造。由于水动力条件较弱，常见较为完整的植物化石叶片。

2. 扇三角洲前缘亚相

扇三角洲前缘是扇三角洲的水下延伸部分。由于近物源区，物源充足，不断向湖盆进积形成反韵律沉积序列，主要为粗粒的沉积物。漠河盆地的扇三角洲前缘亚相主要发育于绣峰组中上部和开库康组，扇三角洲前缘亚相可分为水下分支河道微相、分流间湾微相、河口沙坝微相、前缘席状砂微相。

1）水下分支河道微相

水下分支河道即分支河道的水下延伸部分。以灰色-灰黑色块状（含砾）砂岩夹薄层灰色泥岩为主。岩石碎屑组分复杂，各种不稳定岩屑和基质体积分数较高，分选性磨圆较差，可见平行层理。水流受沉积物表面的阻力作用，粗粒沉积物在河道底部率先沉积，细粒沉积物依次往上加积。因此，水下分支河道多发育复合正韵律，底部常见冲刷充填构造（纪友亮 等，2012）。由于河道频繁改道，与上覆分流间湾的泥质相互叠置，因而在砂砾沉积间常见泥质沉积。

2）分流间湾微相

分流间湾微相位于水下分支河道微相之间，系洪水期水流漫溢或决口时形成的沉积体，呈席状展布。以灰黑色泥岩等细粒沉积为主。分选不好，可见漂砾。常见小型交错层理、透镜状层理等。由于水下分支河道频繁冲裂进入分流间湾，空间上常见水下分支河道夹层分布其间。

3）河口沙坝微相

河口沙坝沉积由中-粗砂岩、泥质粉砂岩构成，砂岩成层性好，平行层理和交错层理发育，其中常见小型交错层理、爬升层理、透镜状层理和双向交错层理。由于受物源区间歇性洪水供给的影响，水源上间断性及水下河道的频繁改道（张春生 等，2000），河口沙坝通常被侵蚀，该沉积微相较少。

4）前缘席状砂微相

前缘席状砂位于扇三角洲前缘的最前端。由于水下分支河道流速急骤变缓，沉积物迅速堆积而形成舌状砂体，在强烈波浪冲刷作用下发生横向迁移并连接成片而形成前缘席状砂。前缘席状砂多见细砂岩和粉砂岩与泥岩互层，其砂质较纯，磨圆和分选均较好。

3. 前扇三角洲亚相

前扇三角洲为扇三角洲向正常湖泊过渡地带，与正常湖泊不易区分，因此，前扇三角洲亚相常放到湖泊相中讨论。前扇三角洲亚相往往与河口沙坝、前缘席状砂相伴生。岩性组成为深灰色泥岩、粉细砂质泥岩，以块状层理为主，有时可见水平层理，生物扰动较明显。由于扇三角洲前缘沉积速度快，常发育滑塌成因的浊积砂砾岩包裹在前扇三角洲或深水盆地的细粒沉积中。

4.2.3 辫状河相

辫状河是近冲积扇下游的河段，其典型沉积以辫状河道沉积极为发育、辫状河道间沉积作用很弱、砂地比很高为特征。岩性以中-粗粒砂岩或含砾砂岩发育为特征。露头及钻井宏观沉积研究表明，漠河盆地的辫状河相主要发育于门都里的绣峰组，金沟林场、常青林场、二十八站、龙河林场一带的二十二站组。辫状河相可进一步划分为辫状河道和辫状河道间两个亚相，其特征如下。

1. 辫状河道亚相

辫状河道发育各种类型的沙坝，水流因沙坝的存在而频繁分岔和合并。侧向坝沿辫状河道边缘发育，间洪期露出水面，洪水期被淹没。洪水期，粗粒沉积物通过沙坝表面，在沙坝下游方向的边缘不断沉积从而促使侧向坝的发育。横向坝是辫状河道中最典型、最特征的一类沙坝，位于河心，其沙坝轴线与水流垂直。洪水期，沉积物沿向流面向上运动，而后堆积到背流面，从而促使沙坝向下游方向增长，并形成崩塌或板状交错层理。间洪期，横向坝被切割。纵向坝是辫状河道中最常见的一类沙坝，也位于河心，但沙坝长轴与水流方向平行。洪水期，浅水流经过沙坝表面，形成大量的平行层理，而沿沙坝的边缘和下游方向由于加积作用形成中-低倾角的交错层理。间洪期，沙坝边缘受到冲刷。水道透镜体位于沙坝间的河道深部，为滞留沉积物及一些粗粒的底负载沉积物。辫状河道沉积通常具块状构造，当有水下沙丘时，见槽状交错层理。地质历史中记录的辫状河道，在垂直古水流方向上总体显示为众多水道透镜体的相互叠置。

从沉积特征看，辫状河道亚相是漠河盆地二十二站组最为发育的辫状河沉积。沉积特征为：岩性以中-粗砂岩和含砾砂岩为主，分选中等；板状交错层理和块状构造发育；多具正粒序，砂体切割频繁。由此可见，横向坝和纵向坝为漠河盆地辫状河道亚相的主体。

2. 辫状河道间亚相

辫状河流本身的游荡性导致河道经常处于迁移不定的状态，从而使包括天然堤、沼泽、决口扇和泛滥平原在内的辫状河道间亚相很不发育。

从目前来看，在漠河盆地中侏罗统中所占比例甚少；泛滥平原微相见于金沟林场、常青林场、二十八站、龙河林场一带的二十二站组，多为一些具有小型交错层理和水平层理的粉砂岩和泥岩；沼泽微相则见于门都里一带的绣峰组，岩性主要为碳质泥岩和煤。

4.2.4 辫状河三角洲相

与扇三角洲比较，辫状河三角洲的三层式结构更清楚，辫状河三角洲前缘的逆粒序特征更明显，成分相对简单，粒度相对要细，分选、磨圆差相对较好，层理构造更明显。辫状河三角洲沉积为漠河盆地内分布最广的沉积类型之一，主要发育于漠河盆地的二十二站组和漠河组。可识别出辫状河三角洲平原、辫状河三角洲前缘和前辫状河三角洲三个亚相。

1. 辫状河三角洲平原亚相

辫状河三角洲平原亚相特征与辫状河相很相似，主要由辫状分支河道、越岸沉积组成。由于辫状河道的频繁迁移，形成平面展布较广的砂岩或砂砾岩。

1）辫状分支河道微相

辫状分支河道沉积主要由含砾粗砂岩、中-粗砂岩及细砂岩组成，见平行层理、交错层理及砂纹层理等，含破碎的植物茎干。辫状分支河道微相为漠河盆地砂岩储层的主要沉积微相类型之一。

2）越岸沉积微相

越岸沉积位于辫状分支河道两侧，岩性相对较细，以中-细砂岩、粉砂岩及黏土互层为主，具水平层理、块状层理及少量交错层理和干裂构造，常见较为完整的植物化石叶片。

2. 辫状河三角洲前缘亚相

辫状河三角洲前缘是辫状河三角洲最活跃的沉积场所，是辫状河三角洲沉积的主体，由水下分支河道、分流间湾、河口沙坝、远沙坝和前缘席状砂微相组成。

1）水下分支河道微相

水下分支河道为辫状河三角洲前缘沉积的主体。沉积特征类似于辫状河道，岩性以灰色、灰黑色块状（含砾）砂岩为主，夹薄层泥岩，具向上变细的正粒序。砂体总体呈层状，内部往往由若干个具正粒序的砂岩透镜体叠置而成。由下至上，单个透镜体常为细砾岩-含砾中粗砂岩-中砂岩，上部偶见细砂岩。可见平行层理。水下分支河道微相是漠河盆地砂岩储层发育的主要沉积微相类型之一。

2）分流间湾微相

古地理上，分流间湾分布于水下分支河道之间；相配置上，夹于水下分支河道微相之间。沉积水动力相对较弱，颜色较深，多为灰色及灰绿色，岩性较细，常为粉砂岩与泥岩。见水平层理和小型槽状交错层理。

3）河口沙坝微相

河口沙坝位于水下分支河道的前端及侧缘。岩性为中-细粒砂岩，局部为含砾砂岩，分选、磨圆好。具有下细上粗的逆粒序。见小型交错层理。

4）远沙坝和前缘席状砂微相

远沙坝为水下分支河道的末端，位于河口沙坝前端及侧缘。岩性主要为细砂岩、粉砂岩夹薄层泥岩，前缘和下部常过渡为前辫状河三角洲泥岩，分选、磨圆好。见小型交错层理、韵律层理和水平层理，也具逆粒序。

前缘席状砂位于河口沙坝与远沙坝的前端和侧缘，主要由远沙坝改造而成，由粉砂岩和细砂岩组成。横向延伸远，分布范围广；纵向厚度薄。分选、磨圆极好。见小型砂纹层理。

3. 前辫状河三角洲亚相

与其他三角洲相似，前辫状河三角洲亚相以泥质沉积为主。常见辫状河三角洲前缘滑塌产生的重力流沉积。常见水平层理、动物化石及生物扰动构造。

4.2.5 湖泊相

湖泊是大陆内部沉积物最终卸载的重要地貌单元。根据洪水面、枯水面、正常浪基面和风暴浪基面将湖泊划分为滨湖、浅湖、半深湖和深湖4个次级地貌单元，其中充填的沉积物构成相应的4个沉积亚相。实际上湖泊三角洲（包括扇三角洲和辫状河三角洲）也属于湖泊内重要的地貌单元，但鉴于其自身即为一个完整的沉积单元，且内部相沉积组成复杂，故可单独列出另述。湖泊沉积也是漠河盆地分布最广的沉积类型之一，主要见于二十二站组和漠河组。可识别的亚相主要有滨浅湖和半深湖-深湖两种亚相。

1. 滨浅湖亚相

滨浅湖位于湖泊近岸的浅水附近，这里水浅浪大，长期受波浪和沿岸湖流的影响，水动力条件强，形成了湖泊中最粗的沉积物。岩性主要为灰色-深灰色中-细砂岩、粉砂岩和粉砂质泥岩互层。砂岩中常发育槽状交错层理、楔状交错层理、砂纹层理和递变层理等，粉砂岩具小型交错层理。见双壳类和介形虫化石、垂直虫孔，另见植物化石碎片和零星黄铁矿。滨浅湖亚相为漠河盆地烃源岩的重要沉积亚相类型之一。

2. 半深湖-深湖亚相

半深湖-深湖亚相主要为深灰色、黑灰色、灰黑色泥岩，含粉砂泥岩和泥灰岩。泥岩质纯、性脆、砂质少、含大量黄铁矿。常具块状层理和水平层理，偶见植物叶片化石。半深湖-深湖亚相为漠河盆地烃源岩的重要沉积亚相类型之一。

4.3　岩相古地理

岩相古地理分析是石油地质工作的核心内容之一，对油气地质条件的预测具有十分重要的指导意义。鉴于勘探资料及其品质（特别是地震）的限制，本节主要借助有限的地表露头和钻测井资料，在沉积背景、岩性、岩石组成和沉积相分析的基础上，对漠河盆地岩相古地理进行恢复。同时，由于漠河盆地的沉积地层主要为中侏罗统的绣峰组、二十二站组和漠河组，开库康组虽然也是以陆源碎屑为主的沉积岩系，但仅限于漠河盆地东北部分布，故本节仅对前三组的岩相古地理进行恢复。

4.3.1　绣峰组沉积期岩相古地理

绣峰组是在三叠纪末隆升剥蚀之后，漠河盆地基底再次沉降的产物，不整合覆盖于三叠系顶面以紫色为主的杂色黏土质风化残积物之上。沉降初期，漠河盆地基底具有西南高东北低的古地貌特征，沉降中心应该位于漠河盆地的东北部和北部；南部边缘可能为断陷背景，基底沉陷迅速，地形高差增大，南侧山地紧邻沉积区，陆源碎屑供给充足，成为漠河盆地的主要物源区。

漠河盆地充填早期，西南部、南部边缘近物源区，主要沉积一套灰白色、灰黄色以中砾、巨砾为主，花岗岩、花岗闪长岩和片麻岩为主要成分的冲积扇砾岩，夹不同粒级的砂岩或砂泥岩。砾石分选中等，多呈次圆状，块状构造；漠河盆地中南部大部分地区主要发育冲积扇前端的砂质或砾质辫状河沉积，主要为灰色、灰黄色。以砂砾岩、砂岩占绝对优势，泥岩呈薄夹层，总体呈砂包泥的地层组合样式。分选中等-较好，块状层理、板状交错层理、楔状交错层理和槽状交错层理发育，见零星树干或叶片状植物化石；由于缺乏露头、钻井等资料，推测漠河盆地中北部可能为辫状河三角洲平原和辫状河三角洲前缘沉积；据东部瓦拉干—二十站—欧浦一带的露头判断，漠河盆地东部应该发育湖泊沉积，岩性以砂岩、粉砂岩和泥岩多见，叶片状植物化石较多。

随着漠河盆地的充填，或者盆缘断裂活动减弱，地形高差逐渐减小，陆源区剥蚀强度减小。漠河盆地中南部主要发育辫状河沉积，岩性主要为灰色、灰黄色粗砂岩、中-细砂岩，夹泥岩和粉砂质泥岩。沉积物粒度变细、分选变好、泥岩夹层变厚、泥岩总量增多。常见不同类型的交错层理，含植物化石碎片。

　　总体上，这一时期的漠河盆地，河流环境居于统治地位，漠河盆地中南部的广大地区为辫状河沉积，辫状河三角洲沉积可能较少，湖泊沉积仅局限于漠河盆地东北局部地区（图 4.12）。这一时期主要形成漠河盆地的碎屑岩储层。

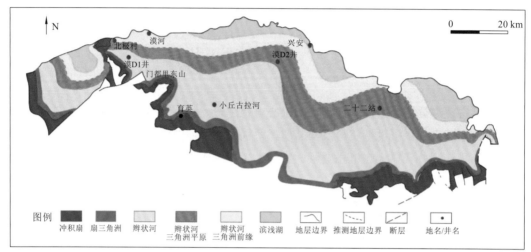

图 4.12　绣峰组沉积期岩相古地理图

4.3.2　二十二站组沉积期岩相古地理

　　二十二站组是绣峰组沉积期之后连续发育的一套河湖相陆源碎屑岩沉积建造。这一时期，漠河盆地继承了绣峰组沉积期西南高东北低的古地理格局，沉降中心仍位于漠河盆地的东北部，漠河盆地南部边缘仍是主要物源区，但沉积区与物源区的高差减小，湖平面上升，湖泊范围扩大，冲积环境退缩（图 4.13）。

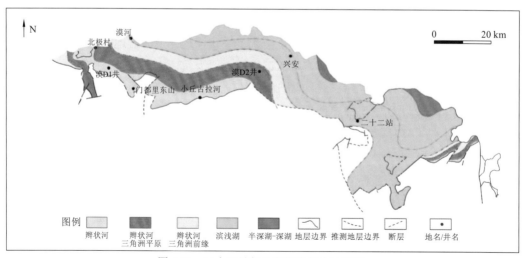

图 4.13　二十二站组沉积期岩相古地理图

古地理上，表现为辫状河环境退居到漠河盆地中西部的南部边缘一带，主要沉积一套灰绿色含砾中-粗砂岩、中砂岩和细砂岩，夹灰色、深灰色薄层泥岩，总体呈砂包泥的地层组合样式。见零星植物茎秆化石碎片。分选、磨圆中等，发育块状层理、板状交错层理和槽状交错层理。

辫状河前端，即漠河盆地中西部的北极村—金沟林场—小丘古拉河—二十八站林场—龙河林场—北极镇一带，依次主要发育辫状河三角洲平原亚相和辫状河三角洲前缘亚相。主要形成一套灰色、灰绿色中-粗砂岩、细砂岩、粉砂岩与深灰色、灰黑色粉砂质泥岩和泥岩互层沉积，局部见中-细砾岩。叶片状植物化石丰富，双壳类、介形类等动物化石也有分布。分选、磨圆较好。板状交错层理、槽状交错层理发育。

北极镇—大鼎子山以北，以及二十二站以东的大部分地区为滨浅湖环境。主要沉积一套深灰色、灰黑色粉-细砂岩、粉砂质泥岩和泥岩，总体呈泥包砂的地层组合样式，含黄铁矿颗粒；双壳类、介形类等动物化石丰富，叶片状植物化石也有分布。据推测，东北部的马伦村和双合站等局部可能还有深湖环境。

二十二站组沉积期，不仅古地理环境有所改变，而且物源区的性质也有变化，地层颜色发生了由绣峰组沉积期的灰白色、灰黄色到这一时期以灰绿色为主的明显转变。同时，二十二站组沉积期是漠河盆地碎屑岩储层和泥质烃源岩同时发育的沉积充填阶段。

4.3.3 漠河组沉积期岩相古地理

进入漠河组沉积期，漠河盆地西南高东北低的古地理格局并无多大改变，但漠河盆地的沉降中心表现出西移的趋势，分别移至北极镇—二道河、开库康西侧等地，南部边缘仍是漠河盆地的主要陆源碎屑供给区。随着漠河盆地不断充填或漠河盆地南部边缘区域构造活动持续减弱，漠河盆地南部边缘物源区的剥蚀速度减小，陆源物质供给强度弱化，碎屑粒度也变细。同时，由于鄂霍次克洋开始封闭，漠河盆地西侧开始隆升，沉积区向东退缩；漠河—阿穆尔盆地北部边缘物源区也进一步逼近国内的漠河盆地，并开始向漠河盆地提供陆源碎屑（图4.14）。

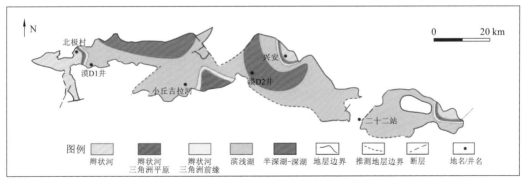

图 4.14　漠河组沉积期岩相古地理图

古地理上，辫状河主要分布于漠河盆地西侧的北极村—沙宝斯一带，在东北部的依西肯乡西北侧、兴安镇一带零星分布，主要沉积灰色、深灰色中-细砾岩、含砾粗砂岩、中-粗砂岩，夹粉-细砂岩、泥质粉砂岩及煤线，含大量植物化石。分选、磨圆中等。具块状层理、板状交错层理。

辫状河的前端，即北极村—沙宝斯东侧、兴安镇南侧，发育辫状河三角洲沉积，主要形成一套深灰色细砾岩、含砾粗砂岩、中-细砂岩与灰黑色粉细砂岩和泥岩互层沉积，含大量植物化石。分选、磨圆良好。具板状交错层理、槽状交错层理和韵律层理。

漠河盆地大部分地区为滨浅湖环境，其次为半深湖-深湖环境，形成湖泊相环境笼罩全区的景象，局部地区为辫状河三角洲沉积。岩性以灰黑色粉-细砂岩、粉砂岩和泥岩为主，多呈互层状产出，含叶片状植物化石。分选、磨圆好。具水平层理和韵律层理。

第 5 章

烃源岩评价与地球化学特征

利用地球化学指标评价烃源岩的优劣是漠河盆地烃源岩评价的主要工作。烃源岩有机质的丰度常以总有机碳量（total organic carbon，TOC）、氯仿沥青"A"、生烃潜量（S_1+S_2）和碳氢化合物（hydrocarbon，HC）含量等参数来表征。不同类型的有机质具有不同的显微组分，其生烃潜力也有差异，从而表现出不同的生烃特征。烃源岩中有机质的丰度和类型是生成油气的物质基础，但有机质只有达到一定的热演化程度才能开始大量生烃，故有机质成熟度也是烃源岩评价中必不可少的指标。

5.1 烃源岩分布特征

漠河盆地烃源岩岩石类型为暗色泥岩，为了方便评价与对比研究，将漠河盆地划分为东部、中部、西部。2012～2014 年先后对共计 20 条剖面、15 口钻井岩心进行了实测、取样分析及评价等工作。剖面及钻井分别为：开库康五支线开库康组剖面；漠河组的三零干线剖面、龙河林场剖面、小丘古拉河南端漠河组剖面、北红村 1 号剖面、北红村 2 号剖面、兴安—沿江公路剖面、兴安—龙河林场剖面、北极村二道河剖面、洛古河—恩和哈达剖面、北极村飞来松垃圾场剖面、漠洛公路剖面，取得漠河组的大雷子山、毛家大沟、漠 D2 井共计 14 口钻井岩心样品；二十站组的二十二站后山二十二站组剖面、二十二站—沿江林场剖面、河湾剖面，取得二十二站组的漠 D1、漠 D2 井共计两口钻井岩心样品；绣峰组的开库康干线剖面、瓦拉干—二十二站公路剖面、门都里东山剖面、盘古河剖面、沿江西剖面、漠北公路剖面。

剖面总厚度为 16 930.33 m，泥岩总厚度为 4 778.54 m（表 5.1）。

表 5.1 剖面及泥岩厚度统计

层位	剖面厚度（岩心长度）/m	泥岩厚度/m	泥地比
开库康组	434.81	80.00	0.18
漠河组	9 404.44	3 905.47	0.42
二十二站组	3 935.11	673.13	0.17
绣峰组	3 155.97	119.94	0.04

绣峰组剖面厚度为 3 155.97 m，泥岩厚度为 119.94 m。其中：东部地区的开库康干线剖面厚度为 158.15 m，泥岩厚度为 17.15 m；瓦拉干—二十二站公路剖面厚度为 867.03 m，泥岩厚度为 41.04 m。中部地区门都里东山剖面厚度为 833.39 m，泥岩厚度为 1.20 m；盘古河剖面厚度为 69.50 m，泥岩厚度为 5.60 m；沿江西剖面厚度为 319.00 m，泥岩厚度为 10.10 m。西部地区的漠北公路剖面厚度为 908.90 m，泥岩厚度为 44.85 m。

二十二站组剖面厚度及岩心长度为 3 935.11 m，泥岩厚度为 673.13 m。其中，东部地区二十二站后山二十二站组剖面厚度为 1 135.46 m，泥岩厚度为 198.40 m；二十二站—沿江林场剖面厚度为 516.60 m，泥岩厚度为 0.40 m。中部地区以钻井为主，漠 D2 井岩心长度为 530.00 m，泥岩厚度为 98.33 m。西部地区河湾剖面厚度为 297.05 m，泥岩厚度为 0 m；漠 D1 井岩心长度为 1456.00 m，泥岩厚度为 376.00 m。

漠河组剖面厚度及岩心长度为 9 404.44 m，泥岩厚度为 3 905.47 m。其中：中部地区三零干线剖面厚度为 387.8 m，泥岩厚度为 4.48 m；龙河林场剖面厚度为 886.80 m，泥岩厚度为 177.43 m；小丘古拉河南端漠河组剖面厚度为 1 100.28 m，泥岩厚度为 351.50 m；

北红村 1 号剖面厚度为 490.36 m，泥岩厚度为 436.48 m；兴安—沿江公路剖面厚度为 670.10 m，泥岩厚度为 137.15 m；兴安—龙河林场剖面厚度为 759.5 m，泥岩厚度为 105.45 m；北红村 2 号剖面厚度为 396.30 m，泥岩厚度为 115.54 m；另外，漠河组毛家大沟地区钻井岩心长度总计为 793.50 m，泥岩厚度为 108.80 m；大雷子山地区钻井岩心长度总计为 819.00 m，泥岩厚度为 256.05 m；漠 D2 井岩心长度为 890.00 m，泥岩厚度为 377.80 m。西部地区北极村二道河剖面厚度为 836.36 m，泥岩厚度为 816.02 m；洛占河—恩和哈达剖面厚度为 735.68 m，泥岩厚度为 690.47 m；北极村飞来松垃圾场剖面厚度为 237.60 m，泥岩厚度为 110.56 m；漠洛公路剖面厚度为 401.16 m，泥岩厚度为 217.74 m。

开库康组仅一条剖面，开库康五支线开库康组剖面厚度为 434.81 m，泥岩厚度为 80.00 m。

由表 5.1 可以看出，漠河盆地侏罗系中漠河组暗色泥岩最为发育，厚度大且分布连续，泥地比达 0.42；二十二站组泥地比次于漠河组，为 0.17；绣峰组暗色泥岩多呈薄层、中-薄层夹于粉-细砂岩中，分布不连续，泥地比仅为 0.04；而开库康组在漠河盆地内仅露出一条剖面，虽然泥地比为 0.18，但不足以完整表征其暗色泥岩的整体分布情况，故根据暗色泥岩的产出与分布，漠河组可作为漠河盆地烃源岩发育的有利层位，其次是二十二站组。

5.2　有机质丰度

5.2.1　有机质丰度评价指标

有机质丰度是烃源岩评价的重要指标之一，而 TOC 因其受影响因素较少、能够更准确地反映有机质丰度，常被学者广泛应用于研究中。研究区构造活动较为频繁，部分烃源岩存在轻微变质的现象，加之部分样品采集于露头剖面，氯仿沥青"A"含量、S_1+S_2 及 HC 含量等参数已不能准确反映有机质丰度特征，故本小节主要选取 TOC 作为有机质丰度评价的主要指标。

目前对于泥质烃源岩而言，国内外采用的有机质丰度评价标准基本一致。漠河盆地侏罗系烃源岩整体表现为高 TOC，低氯仿沥青"A"含量、S_1+S_2、HC 含量的特征（图 5.1）。TOC 为 0.06%～17.73%，平均为 1.50%；氯仿沥青"A"质量分数为 0.001%～0.044%，平均为 0.011%；S_1+S_2 为 0.01～9.76 mg/g，平均为 0.31 mg/g；HC 质量分数为 5.46～161.64 μg/g，平均为 35.08 μg/g（表 5.2、图 5.2）。低氯仿沥青"A"与 HC 含量可能由有机质热演化程度过高，早期排烃过程中的液态产物在后期演化过程中大量气化所致，而低 S_1+S_2 则可能由烃源岩在生烃后，构造运动使部分烃类迅速排出，生烃量急剧减少所致。样品中 TOC 达到中等及以上级别的有效烃源岩约占总数的 57.68%（图 5.1），反映漠河盆地内烃源岩具有一定的生气能力。

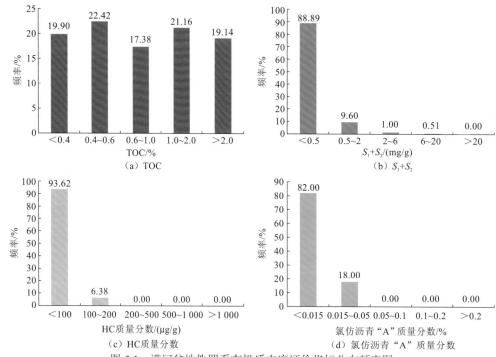

图 5.1 漠河盆地侏罗系有机质丰度评价指标分布频率图

表 5.2 漠河盆地侏罗系有机质丰度统计表

层位	样品类型	TOC/%	氯仿沥青"A"质量分数/%	HC 质量分数/(μg/g)	S_1+S_2 质量分数/(mg/g)
开库康组	露头样品	0.08~0.32/0.2（2）	0.004（1）	10.46（1）	0.03（1）
漠河组	露头样品	0.09~13.59/1.59（76）	0.007~0.040/0.016（6）	15.98~161.64/1.96（4）	0.02~2.36/0.27（76）
	岩心样品	0.19~17.73/1.55（256）	0.004~0.044/0.013（26）	7.42~166.01/46.90（26）	0.03~9.76/0.21（256）
	露头样品和岩心样品	0.09~17.73/1.56（332）	0.004~0.044/0.014（32）	8.43~161.64/46.10（30）	0.02~9.67/0.32（332）
二十二站组	露头样品	0.07~2.34/0.76（6）	—	—	0.01~0.86/0.33（6）
	岩心样品	0.06~9.46/1.46（41）	0.001~0.022/0.007（16）	5.46~41.81/16.46（15）	0.03~0.75/0.17（41）
	露头样品和岩心样品	0.06~9.46/1.37（47）	0.001~0.022/0.007（16）	5.46~41.81/16.46（15）	0.01~0.86/0.19（47）
绣峰组	露头样品	0.13~3.67/0.87（16）	0.004（2）	8.22~10.83/9.53（2）	0.01~3.44/0.44（16）
侏罗系	露头样品和岩心样品	0.06~17.73/1.50（397）	0.001~0.044/0.011（51）	5.46~161.64/35.08（48）	0.01~9.76/0.31（396）

注：在 a~b/c（d）格式中，a 为最小值，b 为最大值，c 为平均值，d 为样品数

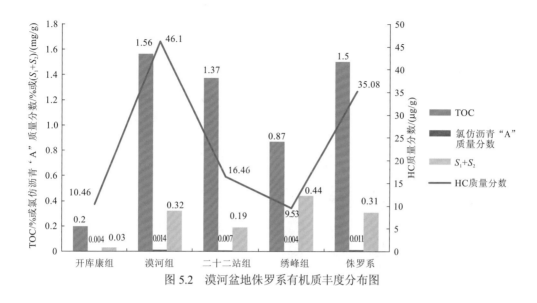

图 5.2 漠河盆地侏罗系有机质丰度分布图

5.2.2 各层位有机质丰度特征

1. 绣峰组

绣峰组 TOC 介于 0.13%～3.67%，集中分布于 0.22%～0.66%，平均为 0.87%。其中瓦拉干—二十二站公路剖面及盘古河剖面部分样品的 TOC 高，最高可达 3.67%，为中等-好烃源岩；氯仿沥青"A"和 HC 质量分数平均为 0.004% 和 9.53 μg/g；S_1+S_2 介于 0.01～3.44 mg/g，集中分布于 0.03～0.56 mg/g，平均为 0.44 mg/g（图 5.3）。综上所述，漠河盆地绣峰组暗色泥岩除极个别样品可达到中等-好烃源岩标准外，其他样品的各项指标均指示其为非烃源岩或差烃源岩，结合暗色泥岩分布特征，综合评价绣峰组暗色泥岩为非-差烃源岩。

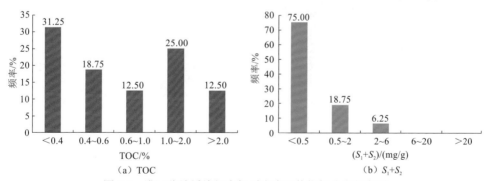

图 5.3 漠河盆地绣峰组有机质丰度评价指标分布频率图

2. 二十二站组

二十二站组暗色泥岩样品共计 47 件。暗色泥岩 TOC 介于 0.06%～9.46%，平均值达 1.37%，其中达到中等以上的烃源岩约占 59.57%（图 5.4）。露头样品中，其 TOC 介于 0.07%～2.34%，平均为 0.76%；S_1+S_2 介于 0.01～0.86 mg/g，平均为 0.33 mg/g。岩心样品与露头样品相比 TOC 明显升高,介于 0.06%～9.46%,集中分布于 0.53%～1.69%,平均为 1.46%;而氯仿沥青"A"、HC、S_1+S_2 均偏低,平均分别为 0.007%、16.46 μg/g、0.17 mg/g。漠河盆地中部漠 D1 井二十二站组暗色泥岩部分岩心样品 TOC 偏高,介于 0.72%～9.46%,平均为 2.28%,达到中等-好烃源岩标准,但其他指标均偏低,加之漠河盆地内二十二站组暗色泥岩厚度受沉积相带控制差异较大,泥地比相对较小,故综合评价为中等烃源岩。

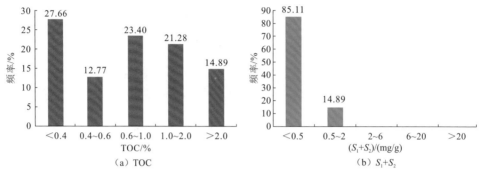

图 5.4 漠河盆地二十二站组有机质丰度评价指标分布频率图

3. 漠河组

漠河盆地烃源岩有机质丰度以漠河组最高,其暗色泥岩 TOC 介于 0.09%～17.73%,平均值达 1.56%,其中,中等烃源岩的样品约占总数的 16.57%,好烃源岩的样品约占 20.78%,达到最好烃源岩标准的样品占 20.18%(图 5.5)。S_1+S_2 总体介于 0.02～9.67 mg/g,

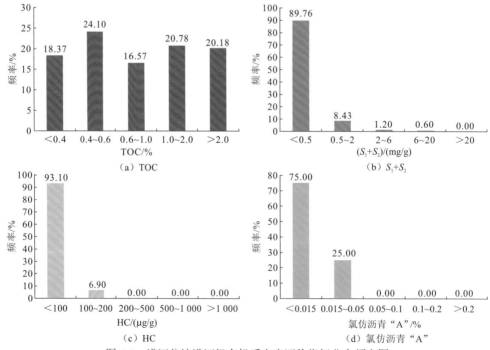

图 5.5 漠河盆地漠河组有机质丰度评价指标分布频率图

平均仅为 0.32 mg/g, 约 89.76% 的样品指示其为非烃源岩; HC 质量分数介于 8.43～161.64 μg/g, 平均为 46.10 μg/g, 约有 93.10% 的样品指示其为非烃源岩; 氯仿沥青 "A" 质量分数介于 0.004%～0.044%, 平均为 0.014%。综上所述, 结合暗色泥岩分布特征, 综合判别漠河组烃源岩为中等-好烃源岩。

4.开库康组

开库康组烃源岩样品 TOC 为 0.08%～0.32%, 平均为 0.20%, S_1+S_2 为 0.03 mg/g, HC 为 10.46 μg/g, 氯仿沥青 "A" 为 0.004%, 各项指标均远低于烃源岩下限值, 故综合评价为非烃源岩。

5.2.3 各区域有机质丰度特征

漠河盆地中部地区侏罗系各组烃源岩有机质丰度最高（表 5.3, 图 5.6）, TOC 平均为 1.68%, S_1+S_2 平均为 0.35 mg/g, HC 质量分数平均为 41.02 μg/g, 氯仿沥青 "A" 质量分数平均为 0.013%, 其高 TOC 特征表明盆地内中部地区很可能是烃源岩的发育区; 东部地区 TOC 平均为 0.86%, S_1+S_2 平均为 0.13 mg/g, HC 质量分数平均为 38.51 μg/g, 氯仿沥青 "A" 质量分数平均为 0.011%, 各项有机质丰度评价指标相对于中部地区均有所下降, 尤以 TOC 最为明显, 可能与漠河组暗色泥岩在东部地区出露有限, 且大面积剥蚀有关; 西部地区烃源岩各项有机质丰度评价指标进一步下降, TOC 平均仅为 0.66%, 可能与区域内频繁构造活动导致的岩石动力变质有关。

表 5.3 漠河盆地侏罗系不同地区有机质丰度统计表

层位	地区	TOC/%	氯仿沥青 "A" 质量分数/%	HC 质量分数/ (μg/g)	(S_1+S_2) / (mg/g)
开库康组	东部	0.08～0.32/0.2 (2)	0.004 (1)	10.46 (1)	0.03 (1)
漠河组	中部	0.19～17.73/1.69 (298)	0.004～0.044/0.014 (29)	8.42～161.64/45.4 (29)	0.02～9.67/0.34 (298)
	西部	0.09～0.51/0.29 (29)	0.011 (2)	—	0.03～0.28/0.09 (29)
二十二站组	东部	0.34 (1)	—	—	0.14 (1)
	中部	0.07～9.46/1.88 (18)	0.004～0.006/0.005 (5)	7.42～41.47/15.62 (5)	0.01～0.86/0.24 (18)
	西部	0.06～5.75/1.08 (28)	0.001～0.022/0.008 (11)	5.46～41.81/16.89 (10)	0.03～0.73/0.16 (28)
绣峰组	东部	0.42～1.14/0.78 (2)	0.004 (1)	10.83 (1)	0.03～0.04/0.035 (2)
	中部	0.13～3.67/1.01 (12)	—	—	0.01～3.44/0.58 (12)
	西部	0.22～0.27/0.25 (2)	0.004 (1)	8.22 (1)	0.02～0.05/0.035 (2)
侏罗系	东部	0.08～4.45/0.86 (10)	0.004～0.018/0.011 (2)	10.83～66.19/38.51 (2)	0.03～0.43/0.13 (10)
	中部	0.07～17.73/1.68 (328)	0.004～0.044/0.013 (34)	7.42～161.64/41.02 (34)	0.01～9.67/0.35 (328)
	西部	0.06～5.75/0.66 (59)	0.001～0.022/0.008 (14)	5.46～41.81/16.01 (11)	0.02～0.73/0.21 (59)

注: 在 a～b/c (d) 格式中, a 为最小值, b 为最大值, c 为平均值, d 为样品数

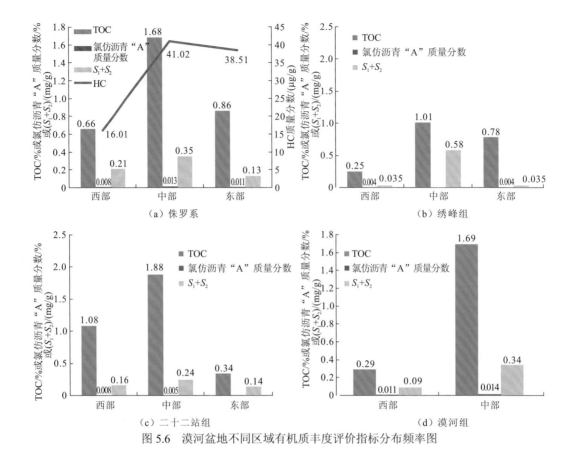

图 5.6 漠河盆地不同区域有机质丰度评价指标分布频率图

5.3 有机质类型

5.3.1 有机质类型划分标准

烃源岩中有机质的来源复杂多变,既有来源于水生低等生物的菌藻类,又有来源于高等植物的陆源有机质,烃源岩中这两类具有不同来源的有机质相对组成就决定了其生油或生气的潜力。而研究烃源岩中有机质类型是为了判断烃源岩是倾油还是倾气及其生烃潜力的大小。

研究烃源岩有机质类型的方法很多,常用的有干酪根元素组成分析、岩石热解氢指数(I_H)、氧指数、干酪根红外光谱分析、干酪根碳同位素($\delta^{13}C$)分析及其有机组分镜检和全岩有机质岩石学研究等。围绕上述各项分析内容而建立许多评价参数,并产生不同的有机质类型划分标准。目前常用的划分标准有三类四分法和三类五分法,本小节采用三类四分法,即 I 型(腐泥型)、II$_1$ 型(腐殖-腐泥型)、II$_2$ 型(腐泥-腐殖型)、III 型(腐殖型)。

5.3.2 热解参数

在用热解参数进行有机质分类时还要考虑生油岩的热演化程度对 I_H 的影响。成熟度越高的烃源岩由于有较高比例的有机质转化为可溶烃（相当于 S_1），相应的热解 S_2 就越少，I_H 越低，因而常采用 I_H-T_{max}、D-T_{max} 图版对烃源岩有机质进行类型划分。

1. 各层位热解参数特征

通过对漠河盆地侏罗系暗色泥岩样品热解参数的统计与分析，其 I_H 为 1～113 mg/g，平均为 18.6 mg/g，降解潜率（D）为 0.06%～9.49%，平均为 1.80%（表 5.4），结合 I_H-T_{max}、D-T_{max} 图版（图 5.7）综合判断，漠河盆地内有机质类型多为 III 型，少量为 II$_2$ 型。绣峰组 I_H 为 3～83 mg/g，平均为 25.2 mg/g，D 为 0.29%～7.77%，平均为 2.32%，有机质类型以 III 型为主，见极少量 II$_2$ 型；二十二站组 I_H 为 2～82.8 mg/g，平均为 14 mg/g，D 为 0.29%～7.12%，平均为 1.71%，有机质类型为 III 型；漠河组 I_H 为 1～113 mg/g，平均为 18.7 mg/g，D 为 0.06%～9.49%，平均为 1.76%，有机质类型主要为 III 型，少量为 II$_2$ 型；开库康组 I_H 为 38～88 mg/g，平均为 63 mg/g，D 为 3.11%～7.78%，平均为 5.45%，有机质类型为 III 型。

表 5.4 漠河盆地各层位 I_H、D 数据统计表

地层	样品类型	I_H/（mg/g）	D/%
开库康组	露头样品	38～88/63（2）	3.11～7.78/5.45（2）
漠河组	露头样品	1.6～80.8/23.5（76）	0.14～6.93/2.27（76）
	岩心样品	1～113/16.7（186）	0.06～9.49/1.55（186）
	露头样品和岩心样品	1～113/18.7（262）	0.06～9.49/1.76（264）
二十二站组	露头样品	14.8～82.8/40.1（6）	1.23～7.12/3.45（6）
	岩心样品	2～50/10.2（41）	0.29～6.92/1.45（41）
	露头样品和岩心样品	2～82.8/14（47）	0.29～7.12/1.71（47）
绣峰组	露头样品	3～83/25.2（16）	0.29～7.77/2.32（16）
侏罗系	露头样品和岩心样品	1～113/18.6（327）	0.06～9.49/1.80（327）

2. 各区域热解参数特征

漠河盆地中部、西部地区侏罗系烃源岩有机质类型均以 III 型为主，有少量 II$_2$ 型，而东部地区有机质类型均较差，为 III 型。

绣峰组东部、西部地区暗色泥岩样品的 T_{max} 较大，导致部分样品未落入图版有效区域内，可能与有机质热演化程度过高有关，其中部地区的暗色泥岩样品较为分散，主要有机质类型为 III 型。二十二站组东部、中部、西部地区有机质类型均为 III 型，仅中部地区极少暗色泥岩样品零星分布于 II$_2$ 型。漠河组西部地区有机质类型相对较好，II$_2$ 型、III 型均有分布，中部地区有机质类型以 III 型为主，有少量 II$_2$ 型有机质（图 5.8）。

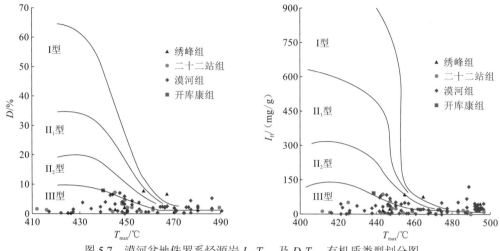

图 5.7　漠河盆地侏罗系烃源岩 I_H-T_{max} 及 D-T_{max} 有机质类型划分图

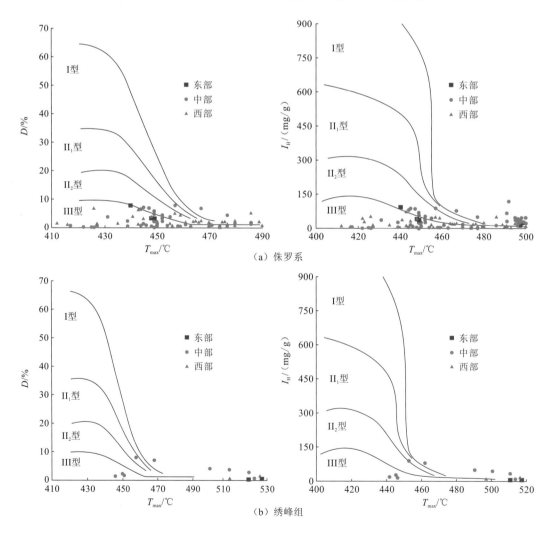

（a）侏罗系

（b）绣峰组

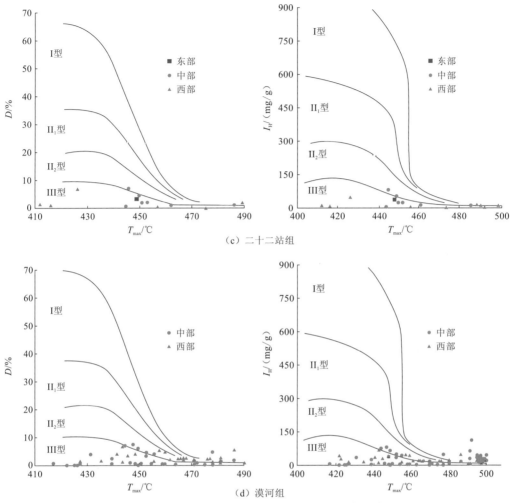

图 5.8 漠河盆地不同区域烃源岩 I_H-T_{max} 及 D-T_{max} 有机质类型划分图

5.3.3 干酪根显微组分

根据漠河盆地干酪根显微组分的观察与统计（表 5.5），侏罗系烃源岩有机质类型集中表现为 II_1-II_2 型。其中，漠河组样品中 II_1 型有机质占 52%，II_2 型有机质占 43%，I 型有机质仅占 5%；二十二站组样品中 II_1 型有机质占 73%，II_2 型有机质占 27%；而绣峰组及开库康组有机质均表现为 II_2 型。

表 5.5 漠河盆地烃源岩干酪根显微组分分析

| 层位 | 岩性 | 干酪根显微组分体积分数/% | | | | TI | 有机质类型 |
		腐泥组	壳质组	镜质组	惰质组		
开库康组	泥岩	46	—	53.7	0.3	5.4	II_2
漠河组	泥岩	43~89.3/61.5（51）	—	10.7~57/38.54（51）	—	0.3~81.3/32.5（51）	以 II_1、II_2 为主

续表

层位	岩性	干酪根显微组分体积分数/%				TI	有机质类型
		腐泥组	壳质组	镜质组	惰质组		
二十二站组	泥岩	43.7~83/68.4（15）	—	17~56.3/31.6（15）	—	0.5~70.3/44.8（15）	以 II_1、II_2 为主
绣峰组	泥岩	63.4	—	35.3	0.3	37.5	II_2

注：TI 为干酪根样品的类型指数

总体来看，漠河盆地侏罗系烃源岩样品干酪根显微组分中，腐泥组含量最高，镜质组含量较高，而壳质组（未检测到）、惰质组含量普遍较低。值得注意的是，烃源岩的主要成分几乎都是腐泥组占较高比例，仅开库康组烃源岩腐泥组含量稍低于镜质组，也反映漠河盆地内烃源岩的沉积环境普遍为水体较深、较封闭的还原环境。

5.3.4　干酪根同位素

干酪根碳同位素分析结果如表 5.6 所示，漠河盆地侏罗系烃源岩的碳同位素分布区间为-25.4‰～-22.2‰，依据三类四分法，其有机质类型总体表现出 III 型特征；如按三类五分法来划分，则有机质类型都表现出 III_1 型特征。侏罗系各组烃源岩碳同位素值差异不大，表现出有机质类型一致的特征。

表 5.6　漠河盆地干酪根同位素及元素统计表

层位	岩性	$\delta^{13}C$/‰	H/C	O/C
开库康组	泥岩	-23.7（1）	—	—
漠河组	泥岩	-25.4~-22.2/-24.01（43）	0.24~0.92/0.58（43）	0~0.27/0.07（43）
二十二站组	泥岩	-24.8~-23.1/-23.9（7）	—	—
绣峰组	泥岩	-24.0（1）	—	—

5.3.5　干酪根元素

部分井（剖面）样品分析数据显示，漠河盆地内漠河组干酪根 H/C 为 0.24～0.92，平均为 0.58，O/C 为 0～0.27，平均为 0.07。结合漠河盆地漠河组干酪根 O/C 与 H/C 关系图（图 5.9），位于漠河盆地中部的漠 D2 井及大雷子山—毛家大沟钻井、小丘古拉河南端漠河组剖面烃源岩受动力变质作用影响强烈，有机质热演化程度高，样品点分布多集中于演化轨迹的终点处，而三零干线剖面烃源岩未见明显变质，有机质热演化程度较低，样品有机质类型多为 II_2 型，少量为 III 型。

综上所述，利用热解参数、干酪根显微组分、干酪根同位素、干酪根元素等方法分析漠河盆地烃源岩有机质类型，其结果存在一定差异，究其原因主要为动力变质作用导致的有机质热演化差异。而热解参数、干酪根同位素、干酪根元素等分析方法中使用的各项参数指标受热演化程度影响较大，不能准确、有效地反映最终结果，故根

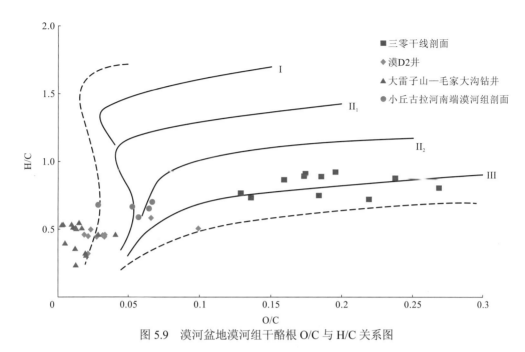

图 5.9　漠河盆地漠河组干酪根 O/C 与 H/C 关系图

据干酪根显微组分分析法，结合其他方法加以辅助，综合判断漠河盆地烃源岩有机质类型主要为 II-III 型。

5.4　有机质成熟度

5.4.1　有机质成熟度划分标准

在沉积岩中，镜质组具有与煤相似的有机分子结构，即以芳香环为核且带有烷基侧链。热成熟过程中镜质组烷基侧链裂解作为挥发分析出，干酪根本身的芳构化和缩聚程度不断加大，形成更加密集的结构单元，从而使透射率降低、反射率升高。镜质组反射率是有机质热演化程度的重要指标之一。烃源岩有机质成熟度划分标准见表 5.7。

表 5.7　烃源岩有机质成熟度划分标准

| 阶段 | R_o/% | T_{max}/℃ | | H/C | C_{29} 甾烷 $20S/(20S+20R)$ | C_{29} 甾烷 $\beta\beta/(\beta\beta+\alpha\alpha)$ |
		碳酸盐岩	泥岩			
未成熟阶段	<0.5	<425	<435	>1.6	<0.2	<0.2
低成熟阶段	0.5~0.7	425~450	435~445	1.6~1.2	0.2~0.4	0.2~0.4
成熟阶段	0.7~1.3	450~475	445~480	1.2~1.0	>0.4	>0.4
高成熟阶段	1.3~2.0	475~525	480~510	1.0~0.5	—	—
过成熟阶段	>2.0	>525	>510	<0.5	—	—

5.4.2　镜质体反射率

通过对漠河盆地露头样品和岩心样品的分析统计（表 5.8），漠河盆地侏罗系烃源岩 R_o 为 0.73%~3.54%，平均为 1.77%，有机质整体处于高成熟阶段，其中绣峰组烃源岩 R_o 为 1.09%~1.54%，平均为 1.31%，有机质整体处于成熟-高成熟阶段；二十二站组烃源岩 R_o 为 0.73%~2.37%，平均为 1.28%，有机质整体处于成熟-过成熟阶段；漠河组烃源岩 R_o 为 0.80%~3.54%，平均为 2.02%，有机质整体处于成熟-过成熟阶段，其中露头样品烃源岩 R_o 分布于 0.80%~2.53%，平均为 1.28%，而岩心样品烃源岩 R_o 远高于露头样品，分布于 1.53%~3.54%，平均为 2.21%；开库康组烃源岩 R_o 为 1.09%，有机质尚处于成熟阶段。

表 5.8　漠河盆地侏罗系烃源岩 T_{max}、R_o 数据统计表

地层	样品类型	T_{max}/℃	R_o/%
开库康组	露头样品	440~513/476.5（2）	1.09
漠河组	露头样品	313~578/487（76）	0.80~2.53/1.28（6）
	岩心样品	305~571/502（256）	1.53~3.54/2.21（25）
	露头样品和岩心样品	305~578/498（332）	0.80~3.54/2.02（31）
二十二站组	露头样品	445~520/461（7）	—
	岩心样品	292~567/441（40）	0.73~2.37/1.28（16）
	露头样品和岩心样品	292~567/444（47）	0.73~2.37/1.28（16）
绣峰组	露头样品	445~600/506（4）	1.09~1.54/1.31（2）
侏罗系	露头样品和岩心样品	292~600/491（397）	0.73~3.54/1.77（50）

从平面上来看，漠河盆地东部地区烃源岩 R_o 为 0.99%~1.54%，平均为 1.27%，有机质热演化程度偏低，处在成熟-高成熟阶段；中部、西部地区烃源岩 R_o 为 0.73%~3.54%，平均为 1.80%，有机质热演化程度逐渐升高，普遍处于高成熟-过成熟阶段。由此判断，漠河盆地烃源岩样品有机质成熟度由东至西逐渐增加，热演化程度逐渐升高。而在漠河盆地中部地区，通过对三零干线—小丘古拉河南端漠河组剖面的连续采样发现，由南至北烃源岩 R_o 也呈递增的趋势，越靠近北部构造带，动力变质作用越强，有机质热演化程度越高，这种现象在漠河组更为明显（图 5.10）。

5.4.3　热解参数

有机质随埋藏深度增大，温度升高，干酪根的侧链基团将从低键能到高键能依次发生断裂，所需能量也逐渐增大。反映在热解参数分析上，烃源岩热解烃峰的峰顶温度 T_{max} 随埋深的增大和地层时代的变老而升高。因此，T_{max} 是重要的、定量的有机质成熟度指标。

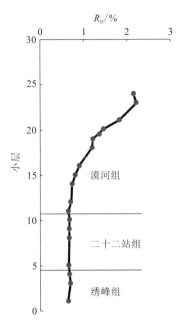

图 5.10　漠河盆地侏罗系三零干线—小丘古拉河南端漠河组剖面 R_o 分布图

漠河盆地侏罗系烃源岩样品的 T_{max} 介于 292～600 ℃，平均为 491 ℃，有机质的热演化程度从未成熟到过成熟阶段均有显示，但多集中分布于成熟-过成熟阶段。侏罗系烃源岩样品中，T_{max} 大于 510 ℃的样品占样品总数的 42%，而达到高成熟-过成熟阶段的样品占样品总数的 39%，表明侏罗系烃源岩有机质热演化程度普遍较高，与 R_o 测试分析结果所得到的结论基本一致（图 5.11）。

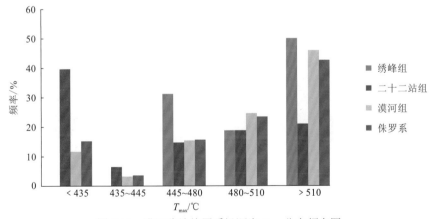

图 5.11　漠河盆地侏罗系烃源岩 T_{max} 分布频率图

从垂向上来看，漠河盆地各层位有机质成熟度均较高，仅二十二站组较低。绣峰组烃源岩 T_{max} 平均值最高，达到 506 ℃，有机质处于高成熟阶段；其次是漠河组烃源岩和开库康组烃源岩，T_{max} 平均值依次为 498 ℃、476.5 ℃，有机质处于高成熟阶段；而二十二站组烃源岩 T_{max} 平均值为 444 ℃，有机质处于低成熟-成熟阶段（表 5.8）。

5.5 单井烃源岩综合评价

根据热解参数、TOC、R_o 等分析资料，分别对漠河盆地漠 D1 井、漠 D2 井及龙河林场地区 zk1108 井、zk1118 井岩心及其烃源岩进行生烃潜力的综合评价。

5.5.1 漠 D1 井

漠 D1 井钻井深度为 1 456 m，泥岩厚度为 376 m，泥地比为 0.08，钻遇地层为二十二站组。TOC 介于 0.06%～5.75%，平均为 1.08%，其中，中等烃源岩样品占样品总数的 38%，好烃源岩样品占样品总数的 30%，最好烃源岩样品占样品总数的 16%；氯仿沥青 "A" 质量分数为 0.001%～0.022%，平均为 0.008%；HC 质量分数为 5.46～41.8 μg/g，平均为 16.96 μg/g；S_1+S_2 为 0.03～0.73 mg/g，平均为 0.16 mg/g（图 5.12）。

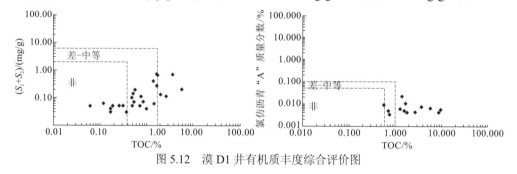

图 5.12 漠 D1 井有机质丰度综合评价图

通过 I_H-T_{max}、D-T_{max} 图版（图 5.13）对漠 D1 井岩心有机质类型进行分析，漠 D1 井岩心暗色泥岩样品均表现出 III 型有机质特征，但考虑有机质热演化程度对 I_H 及 D 的影响较大，利用 I_H-T_{max}、D-T_{max} 图版无法对其有机质类型进行有效划分，故结合干酪根显微组分进行综合分析。结果表明，漠 D1 井岩心暗色泥岩样品有机质类型主要为 II$_1$、II$_2$ 型（表 5.9）。

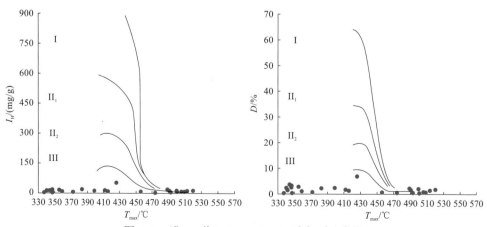

图 5.13 漠 D1 井 I_H-T_{max}、D-T_{max} 有机质分类图

表 5.9　漠 D1 井、漠 D2 井烃源岩干酪根显微组分统计表

井号	层位	干酪根显微组分体积分数/%				TI	有机质类型
		腐泥组	壳质组	镜质组	惰质组		
漠 D1 井	二十二站组	43.7~83/68.4（15）	—	17~56.3/31.6（15）	—	0.5~70.3/44.8（15）	以 II₁、II₂ 型为主
漠 D2 井	漠河组	43~66.3/51.2（7）	—	33.7~57/48.8（7）	—	0.3~41/14.8（7）	以 II₁、II₂ 型为主
	二十二站组	43.7~67/53.8（4）	—	33~56.3/46.2（4）	—	0.5~42.5/19.2（4）	以 II₁、II₂ 型为主

漠 D1 井岩心暗色泥岩样品的 R_o 介于 0.73%~0.82%，平均为 0.79%，有机质总体处于成熟阶段；T_{max} 最小为 292℃，最大为 520℃，平均为 415℃，也反映出二十二站组有机质热演化程度不高的特征。

5.5.2　漠 D2 井

漠 D2 井钻井深度为 1422 m，泥岩厚度为 696.33 m，泥地比为 0.49，钻遇地层为二十二站组和漠河组。其中，二十二站组厚度为 530 m，泥岩厚度为 98.33 m，泥地比为 0.19。TOC 介于 0.72%~9.46%，平均为 2.70%，所有烃源岩样品均达到了较好烃源岩的标准，且达到最好烃源岩标准的样品占样品总数的 20%；氯仿沥青 "A" 质量分数为 0.004%~0.006%，平均为 0.005%；HC 质量分数为 8.44~40.17 μg/g，平均为 17.67 μg/g；S_1+S_2 为 0.07~0.75 mg/g，平均为 0.21 mg/g（图 5.14）。漠河组厚度为 890 m，泥岩厚度为 377.8 m，泥地比为 0.42。TOC 为 0.31%~8.95%，平均为 1.42%，达到了好烃源岩的标准，其中达到较好烃源岩以上标准的样品占 78%；氯仿沥青 "A" 质量分数为 0.004%~0.014%，平均为 0.007%；HC 质量分数为 7.42~31.97 μg/g，平均为 15.45 μg/g；S_1+S_2 质量分数为 0.05~0.47 mg/g，平均为 0.14 mg/g（图 5.14）。

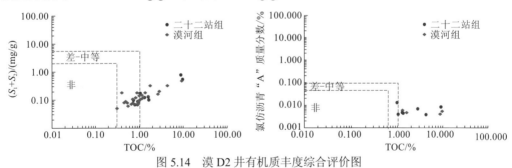

图 5.14　漠 D2 井有机质丰度综合评价图

通过 I_H-T_{max}、D-T_{max} 图版（图 5.15）对漠 D2 井岩心有机质类型进行分析，漠 D2 井岩心暗色泥岩样品表现出 III 型有机质特征，但由于有机质成熟度过高（R_o 介于 0.84%~2.46%，平均为 2.24%），I_H-T_{max}、D-T_{max} 图版无法准确、有效地反映有机质类型，故结合干酪根显微组分进行综合分析。结果表明，漠 D2 井二十二站组、漠河组烃源岩样品有机质均表现出 II₁、II₂ 型特征（表 5.9）。

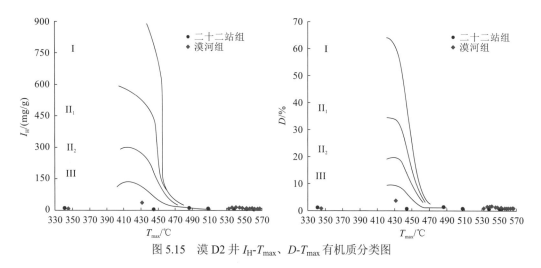

图 5.15　漠 D2 井 I_H-T_{max}、D-T_{max} 有机质分类图

　　漠 D2 井二十二站组岩心暗色泥岩样品 R_o 介于 0.84%～2.37%，集中分布于 2.32%～2.36%，平均为 1.97%；T_{max} 介于 341～560 ℃，平均为 508 ℃，其中，未成熟样品占 10%，低成熟阶段样品占 10%，高成熟阶段样品占 20%，过成熟阶段样品占 60%。漠河组岩心暗色泥岩样品 R_o 介于 2.33%～2.46%，平均为 2.39%，所有样品均处于过成熟阶段。T_{max} 介于 345～567 ℃，平均为 533 ℃，与 R_o 分析测试结果得出结论基本一致。

5.5.3　zk1108 井

　　zk1108 井位于龙河林场地区毛家大沟，钻井深度为 113 m，泥岩厚度为 16 m，钻遇地层为漠河组。TOC 介于 0.58%～8.55%，平均为 2.24%，达到了最好烃源岩的标准；氯仿沥青 "A" 质量分数为 0.01%～0.039%，平均为 0.025%；HC 质量分数为 45.75～166.01 μg/g，平均为 105.88 μg/g；S_1+S_2 介于 0.08～3.68 mg/g，平均为 0.71 mg/g（图 5.16）。

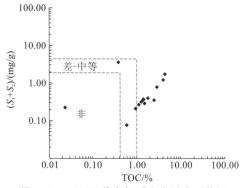

图 5.16　zk1108 井有机质丰度综合评价图

　　通过 I_H-T_{max}、D-T_{max} 图版（图 5.17）对 zk1108 井岩心有机质类型进行分析，同时结合干酪根显微组分进行综合分析（表 5.10），zk1108 井漠河组烃源岩样品有机质类型为 II_1 型、II_2 型及少量 III 型。

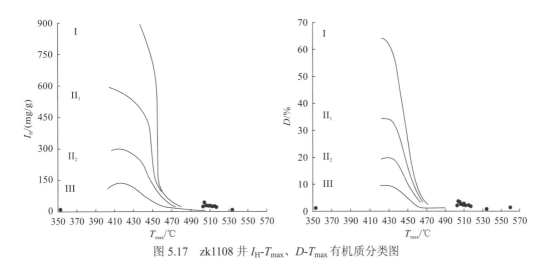

图 5.17　zk1108 井 I_H-T_{max}、D-T_{max} 有机质分类图

表 5.10　zk1108 井干酪根显微组分统计表

岩性	样品	干酪根显微组分体积分数/%				TI	有机质类型
		腐泥组	壳质组	镜质组	惰质组		
泥岩	zk1108-24-S1	76	—	24	—	58	II_1
泥岩	zk1108-41-S1	64.7	—	35	0.3	38.2	II_2

　　总体来看，zk1108 岩心暗色泥岩样品有机质热演化程度较高，R_o 为 1.55%～1.59%，平均为 1.57%，有机质处于高成熟阶段。

5.5.4　zk1118 井

　　zk1118 井位于龙河林场地区大雷子山，钻井深度为 193.5 m，泥岩厚度为 54.7 m，钻遇地层为漠河组。TOC 介于 0.22%～7.65%，平均为 1.92%，为好烃源岩；氯仿沥青"A"质量分数介于 0.006%～0.007%，平均为 0.006%；HC 质量分数介于 13.07～31.37 μg/g，平均为 21.35 μg/g；S_1+S_2 介于 0.03～0.28 mg/g，平均为 0.06 mg/g（图 5.18）。

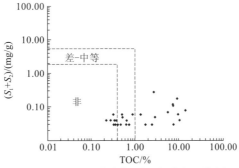

图 5.18　zk1118 井有机质丰度综合评价图

通过 I_H-T_{max}、D-T_{max} 图版（图 5.19）对 zk1108 井岩心有机质类型进行分析，同时结合干酪根显微组分进行综合分析（表 5.11），zk1108 井漠河组烃源岩样品有机质类型为 II$_1$ 型、II$_2$ 型及少量 III 型。

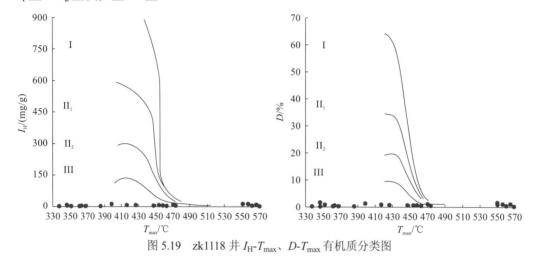

图 5.19　zk1118 井 I_H-T_{max}、D-T_{max} 有机质分类图

表 5.11　zk1118 井干酪根显微组分数据

岩性	样品	干酪根显微组分体积分数/%				TI	有机质类型
		腐泥组	壳质组	镜质组	惰质组		
泥岩	zk1118-13-S1	68.0	—	32.0	—	44.0	II$_1$
泥岩	zk1118-34-S1	60.3	—	39.7	—	30.5	II$_2$
泥岩	zk1118-52-S1	68.0	—	32.0	—	44.0	II$_1$

通过对比，zk1118 井烃源岩与大雷子山 zk1116 井烃源岩、毛家大沟 zk1108 井烃源岩类似，烃源岩均表现为较高的 TOC，但其 R_o 介于 2.19%～3.46%，平均为 2.99%，有机质处于过成熟阶段。

5.6　生物标志化合物特征

5.6.1　饱和烃组成

1. 正构烷烃系列

正构烷烃系列分布与组成特征能提供烃源岩有机母质来源、沉积环境和热演化程度等方面的地质信息。尽管其指纹特征受到多种因素的影响，但其分布仍然被认为是受岩相控制并能反映有机质的输入类型。具奇偶优势（odd-even predominance，OEP）的高碳数（$>C_{23}$）正构烷烃的分布可能指示陆源有机质的输入，以 C_{15}、C_{17} 为主，奇偶优势不明显的中等相对分子质量（nC_{15-21}）的正构烷烃可能指示藻类等水生生物来源。但上述一般只对未成熟–低成熟阶段的有机质样品有效，随着成熟度升高，干酪根裂解生成的正构烷烃不具奇偶优势，将掩盖早期的奇偶优势，在更高的成熟度下，高碳数的正构烷烃也将逐步裂解成小分子化合物。

漠河盆地侏罗系烃源岩中正构烷烃碳数主要分布在 nC_{14-33}，具单峰前峰型和双峰前主峰型的分布模式，主峰碳数介于 nC_{14-20}，多为 nC_{17-18}；$\sum nC_{21-}/\sum nC_{22+}$ 多介于 0.61～25.95；nC_{21-22}/nC_{28-29} 介于 0.64～12.98，显示出低碳数正构系列化合物含量明显高于高碳数正构系列化合物，这些特征反映出漠河盆地侏罗系烃源岩有机质经历了较高的热演化过程，成熟度较高（图 5.20、表 5.12）。

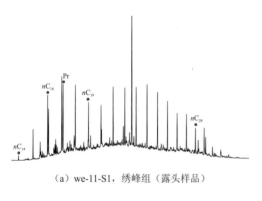

（a）we-11-S1，绣峰组（露头样品）

（b）KW-15-S1，开库康组（露头样品）

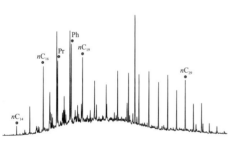

（c）LH-1-S1，漠河组（露头样品）

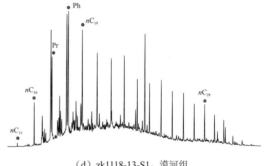

（d）zk1118-13-S1，漠河组

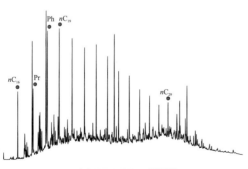

（e）MD2-7-S1，漠河组

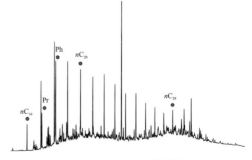

（f）MD2-12-S1，漠河组

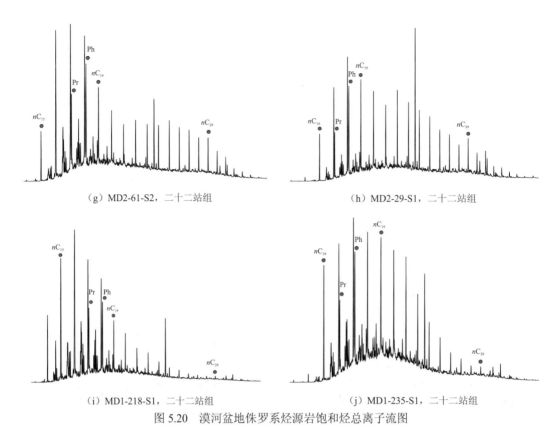

（g）MD2-61-S2，二十二站组 　　　　　　　　（h）MD2-29-S1，二十二站组

（i）MD1-218-S1，二十二站组 　　　　　　　　（j）MD1-235-S1，二十二站组

图 5.20　漠河盆地侏罗系烃源岩饱和烃总离子流图

表 5.12　漠河盆地侏罗系烃源岩样品饱和烃气相色谱参数

样品号	层位	CPI	OEP	$\sum nC_{21-}/\sum nC_{22+}$	nC_{21-22}/nC_{28-29}	Pr/nC_{17}	Ph/nC_{18}	Pr/Ph	主峰碳数
KW-15-S1	开库康组	1.05	1.12	0.61	2.10	1.37	1.27	0.58	C_{18}
LH-1-S1		1.50	0.78	1.58	3.19	1.35	1.10	0.95	C_{18}
XH-3-S1		1.37	0.85	2.80	6.70	0.87	1.09	0.72	C_{18}
ge-12-S1		1.18	1.00	1.42	3.59	0.63	0.55	1.04	C_{19}
zk1108-24-S1		1.54	1.00	3.63	6.70	1.16	1.30	0.91	C_{17}
zk1108-41-S1		1.40	1.21	2.51	1.80	1.07	1.39	0.82	C_{17}
zk1109-25-S1	漠河组	1.14	0.82	1.32	2.62	1.41	1.36	0.82	C_{18}
zk1109-49-S1		1.13	1.20	2.61	3.31	1.08	1.50	0.76	C_{17}
zk1111-16-S1		1.31	0.70	1.52	2.88	1.18	1.23	0.66	C_{18}
zk1111-25-S1		1.20	0.67	1.88	2.43	1.08	1.06	0.69	C_{18}
zk1111-10-S1		1.21	1.16	0.96	2.28	0.92	1.73	0.56	C_{17}
zk1111-34-S1		1.15	0.72	0.90	2.72	1.03	1.24	0.50	C_{18}

续表

样品号	层位	CPI	OEP	$\sum nC_{21-}/\sum nC_{22+}$	nC_{21-22}/nC_{28-29}	Pr/nC_{17}	Ph/nC_{18}	Pr/Ph	主峰碳数
zk1111-43-S1		1.21	0.91	2.26	1.78	1.25	1.39	0.83	C_{18}
zk1114-4-S1		0.92	1.14	3.62	10.36	1.43	1.43	0.90	C_{17}
zk1114-14-S1		1.52	0.66	1.29	3.45	1.14	1.10	0.58	C_{18}
zk1116-12-S1		1.18	0.75	1.42	3.48	1.13	1.14	0.64	C_{18}
zk1116-41-S1		1.19	0.76	1.13	2.73	1.33	1.09	0.64	C_{20}
zk1116-50-S1		0.89	0.76	1.83	2.87	2.07	1.67	0.48	C_{20}
zk1118-13-S1		1.15	0.84	1.12	2.79	1.03	1.49	0.54	C_{18}
zk1118-34-S1		1.00	0.89	1.02	1.68	1.68	1.65	0.89	C_{18}
zk1118-52-S1		1.18	1.46	1.32	2.75	1.26	1.66	0.98	C_{17}
zk1120-27-S1	漠河组	1.33	0.66	1.03	3.58	1.43	1.22	0.60	C_{20}
zk1120-43-S1		1.20	0.76	1.40	5.57	1.44	1.28	0.49	C_{20}
zk1120-62-S1		1.09	0.90	0.82	2.14	1.31	1.53	0.62	C_{18}
二十八站-S1		2.27	0.85	0.93	1.33	0.78	1.15	0.50	C_{18}
2-S1		1.65	0.89	3.05	2.49	1.20	1.50	0.80	C_{18}
BL-7-S1		1.80	0.70	0.99	2.16	0.83	1.40	0.17	C_{18}
MD2-6-S1		1.47	0.63	12.70	0.64	0.90	1.10	1.08	C_{14}
MD2-7-S1		1.03	0.81	1.17	2.20	1.04	1.29	0.57	C_{18}
MD2-12-S1		1.09	0.73	1.23	2.08	1.03	1.37	0.46	C_{18}
MD2-20-S1		1.08	0.86	0.73	1.24	1.14	1.48	0.61	C_{18}
MD1-2-S1		1.58	0.63	6.81	—	1.39	1.50	0.66	C_{18}
MD1-21-S1		—	1.00	—	—	0.95	1.20	1.07	C_{13}
MD1-45-S1		0.96	0.77	184.36	3.04	0.57	0.79	1.27	C_{14}
MD1-80-S1	二十二站组	0.98	0.18	336.64	—	0.66	0.80	1.30	C_{15}
MD1-109-S1		1.08	0.67	10.31	4.12	0.81	1.01	0.87	C_{14}
MD1-123-S1		—	0.83	—	—	0.62	0.81	1.50	C_{14}
MD1-149-S1		—	0.64	—	—	1.37	1.81	0.86	C_{14}
MD1-174-S1		1.72	0.80	10.67	—	1.20	1.64	0.70	C_{18}

样品号	层位	CPI	OEP	$\sum nC_{21-}/\sum nC_{22+}$	nC_{22-22}/nC_{28-29}	Pr/nC_{17}	Ph/nC_{18}	Pr/Ph	主峰碳数
MD1-218-S1		1.24	0.65	22.30	6.08	0.78	1.03	1.00	C_{16}
MD1-235-S1		1.13	0.81	3.66	12.98	0.83	0.95	0.67	C_{18}
MD1-248-S3		1.31	0.60	4.78	7.69	1.13	1.24	0.36	C_{18}
MD2-29-S1		1.37	0.72	1.46	2.04	0.82	1.10	0.51	C_{18}
MD2-32-S1	二十二站组	1.36	0.63	25.95	2.50	0.69	0.79	0.98	C_{14}
MD2-37-S1		1.21	0.75	2.18	4.07	0.78	0.72	0.87	C_{16}
MD2-44-S1		1.19	0.75	1.21	0.96	0.66	0.91	0.53	C_{18}
MD2-46-S1		1.56	0.68	2.55	—	0.95	1.29	0.41	C_{18}
MD2-49-S1		1.27	0.76	16.46	2.37	0.64	0.87	0.95	C_{16}
MD2-61-S2		1.18	0.70	2.74	1.13	0.79	1.08	0.93	C_{16}
we-11-S1	绣峰组	1.23	1.13	0.74	2.24	1.12	1.38	0.56	C_{18}

注: CPI 为碳优势指数(carbon preference index);Pr 为姥鲛烷;Ph 为植烷

2. 类异戊二烯烃系列

Pr 和 Ph 是常用的表征古环境的生物标志化合物,一般认为,强还原、高含盐环境的沉积物常具有强烈的植烷优势,Pr/Ph 小于 0.5;而在还原环境中,植烷丰度明显减少,但是仍保持一定的优势;在偏氧化或强氧化的河湖及沼泽环境中则往往具有强烈的姥鲛烷优势,其 Pr/Ph 常大于 3.0。

漠河盆地侏罗系烃源岩样品中都含有较丰富的类异戊二烯烃化合物,Pr/Ph 分布范围为 0.17~1.50,平均值为 0.75(表 5.12),表明侏罗系烃源岩沉积于弱还原的湖泊环境。其中,绣峰组烃源岩样品的 Pr/Ph 为 0.56;二十二站组烃源岩样品的 Pr/Ph 介于 0.36~1.50,平均值为 0.86;漠河组烃源岩样品的 Pr/Ph 介于 0.17~1.08,平均值为 0.69;开库康组烃源岩样品的 Pr/Ph 为 0.58。以上特征表明,漠河盆地侏罗系烃源岩在横向上、纵向上的 Pr/Ph 变化都不大,说明其沉积环境变化不大,为弱还原、半咸水-咸水的湖泊环境,是一种有利于有机质保存的沉积环境(图 5.21、图 5.22)。

3. 补身烷系列

双环倍半萜是原油和生油岩中常见的化合物,早期检出于生物降解油砂中,曾被认为是微生物降解产物,之后又被作为陆相生物标志化合物,后来海相样品中双环倍半萜的检出改变了这一认识。现在普遍认为双环倍半萜是由细菌藿烷先质于成岩作用初期,

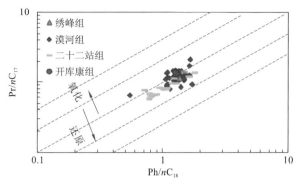

图 5.21　漠河盆地侏罗系烃源岩样品 Pr/nC_{17}-Ph/nC_{18} 相关图

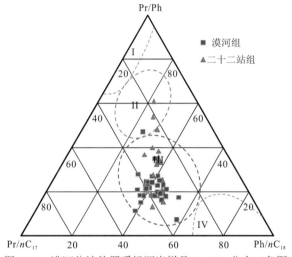

图 5.22　漠河盆地侏罗系烃源岩样品 Pr、Ph 分布三角图

I—湖沼相；II—淡水湖相；III—半咸水-咸水湖相；IV—盐湖相

在微生物的参与下，发生降解、开环断裂，形成带有官能团、双环结构的产物，在后期的成岩作用过程中，经脱官能团、重排演化形成多种异构体。

如图 5.23 所示，漠河盆地侏罗系烃源岩样品中都检出 C_{14}-C_{16} 二环倍半萜类，主要组分包括 $8\alpha(H)$-补身烷和 $8\beta(H)$-补身烷、$8\beta(H)$-升补身烷和重排补身烷等，主要呈以 $8\beta(H)$-升补身烷为主峰的分布特征，其他化合物含量较少。其中，绣峰组烃源岩样品 $8\beta(H)$-升补身烷含量较高，为主峰，次峰为 $8\beta(H)$-补身烷，C_{14} 倍半萜含量很低；漠河组绝大多数烃源岩样品二环倍半萜的分布特征与绣峰组类似，个别烃源岩样品出现以重排补身烷为主峰、$8\beta(H)$-升补身烷为次峰的分布特征；二十二站组烃源岩样品及开库康组烃源岩样品也是以 $8\beta(H)$-升补身烷为主峰，其他化合物含量较低。

4. 甾烷系列

一般认为，甾烷化合物主要来源于沉积时期生物体内的甾醇类化合物。低等水生生物以 C_{27} 胆甾醇类为主，而高等植物则富含 C_{29} 豆甾醇（Huang and Meinschein，1979）。甾醇经生物脱水和地球化学脱水作用产生各种甾烯，随着埋深增加，甾烯还原为甾烷，

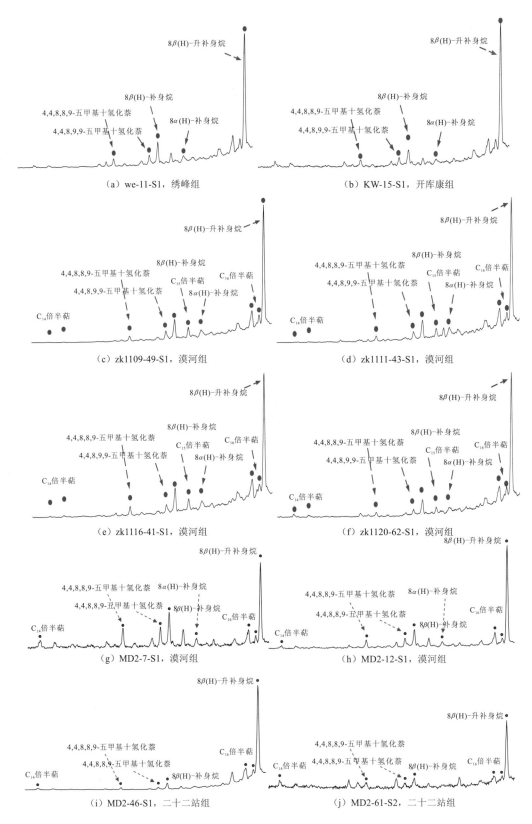

（a）we-11-S1，绣峰组

（b）KW-15-S1，开库康组

（c）zk1109-49-S1，漠河组

（d）zk1111-43-S1，漠河组

（e）zk1116-41-S1，漠河组

（f）zk1120-62-S1，漠河组

（g）MD2-7-S1，漠河组

（h）MD2-12-S1，漠河组

（i）MD2-46-S1，二十二站组

（j）MD2-61-S2，二十二站组

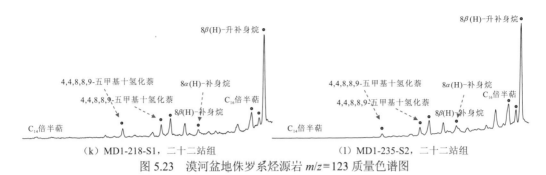

图 5.23　漠河盆地侏罗系烃源岩 $m/z=123$ 质量色谱图

或者经过骨架重排产生重排甾烯，进一步还原为重排甾烷。甾烷系列化合物将发生一系列化学变化，主要是含氧官能团的脱落、易取代碳位上的异构化及六元碳环的脱氢芳构化等，但其基本的碳骨架不会发生改变。

如图 5.24 和图 5.25 所示，漠河盆地侏罗系烃源岩中检测到的甾烷系列生物标志化合物分布模式比较相似，其组成主要包括 C_{21-22} 孕甾烷系列、C_{27-29} 规则甾烷系列及重排甾烷系列、甲基甾烷系列。同时，从 C_{27}-C_{28}-C_{29} 规则甾烷分布三角图上可以看出，漠河盆地侏罗系各层位烃源岩的形成环境与生源的相似性（图 5.24）。

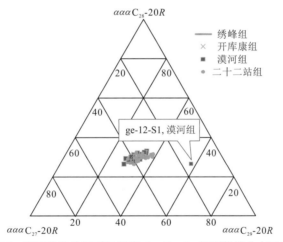

图 5.24　漠河盆地侏罗系烃源岩 C_{27}-C_{28}-C_{29} 规则甾烷分布三角图

如表 5.13 所示，绣峰组烃源岩样品甾烷系列中 C_{21-22} 孕甾烷丰度较高，甾烷系列分布模式以孕甾烷为主峰，升孕甾烷为次峰，(孕甾烷+升孕甾烷)/(C_{27}+C_{28}+C_{29})R 为 1.81；C_{27}-C_{28}-C_{29} 规则甾烷呈以 C_{27} 为优势的 "L" 形分布；C_{29} 重排甾烷/C_{29} 规则甾烷为 0.40；4-甲基甾烷/$\sum C_{29}$ 甾烷为 0.18，规则甾烷/17α(H)-藿烷为 0.73。

二十二站组烃源岩样品甾烷系列中 C_{21-22} 孕甾烷丰度均较高，甾烷系列分布模式多数以孕甾烷为主峰，升孕甾烷为次峰；(孕甾烷+升孕甾烷)/(C_{27}+C_{28}+C_{29})R 介于 0.29～3.10，平均值为 1.37；C_{27}-C_{28}-C_{29} 规则甾烷呈以 C_{27} 为优势的 "L" 形分布；C_{29} 重排甾烷/C_{29} 规则甾烷介于 0.24～0.40，平均值为 0.33；4-甲基甾烷/$\sum C_{29}$ 甾烷介于 0.12～0.20，平均值为 0.16；规则甾烷/17α(H)-藿烷介于 0.26～0.67，平均值为 0.44。

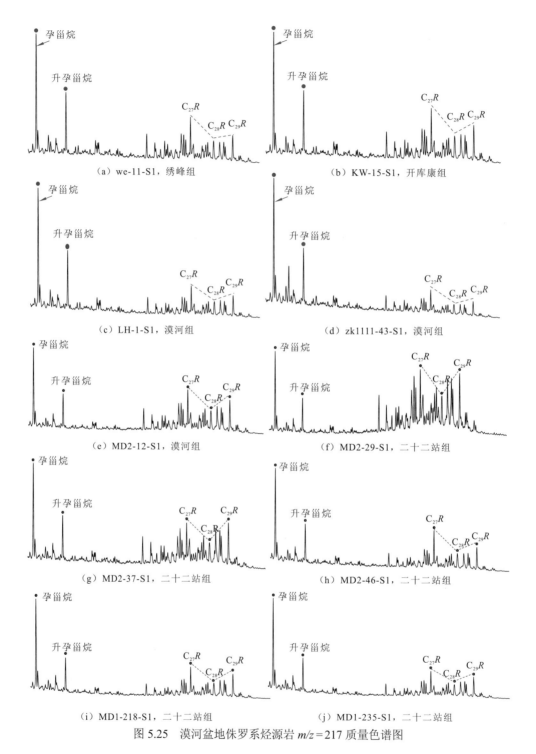

图 5.25　漠河盆地侏罗系烃源岩 $m/z=217$ 质量色谱图

　　漠河组烃源岩样品甾烷系列中 C_{21-22} 孕甾烷丰度均较高，甾烷系列分布模式多数以孕甾烷为主峰，升孕甾烷为次峰，(孕甾烷+升孕甾烷)/$(C_{27}+C_{28}+C_{29})R$ 介于 0.22~3.13，平均值为 1.71；C_{27}-C_{28}-C_{29} 规则甾烷呈以 C_{27} 为优势的 "L" 形分布；C_{29} 重排甾烷/C_{29}

规则甾烷介于 0.27～0.47，平均值为 0.39；4-甲基甾烷/$\sum C_{29}$ 甾烷介于 0.03～0.23，平均值为 0.18；规则甾烷/$17\alpha(H)$-藿烷介于 0.37～0.78，平均值为 0.60。

开库康组烃源岩样品甾烷系列以孕甾烷为主峰，升孕甾烷为次峰，(孕甾烷＋升孕甾烷)/($C_{27}+C_{28}+C_{29}$)R 为 1.33；C_{27}-C_{28}-C_{29} 规则甾烷呈以 C_{27} 为优势的"L"形分布；C_{29} 重排甾烷/C_{29} 规则甾烷为 0.38，4-甲基甾烷/$\sum C_{29}$ 甾烷为 0.18，规则甾烷/$17\alpha(H)$-藿烷为 0.68。

一般用甾烷与藿烷的比值（甾/藿）来表示原油中甾烷的相对含量，由于藿烷主要来自原核生物，该比值也常用来衡量真核生物（主要是藻类和高等植物）与原核生物（细菌）对烃源岩的贡献。漠河盆地侏罗系烃源岩规则甾烷/$17\alpha(H)$-藿烷介于 0.26～0.78，平均值为 0.55（表 5.13），显示为陆相有机质的沉积环境，同时烃源岩样品 C_{27}-C_{28}-C_{29} 规则甾烷中多呈 C_{27} 占优势，表明除陆生高等植物外，水生生物对有机质的贡献也较大。

表 5.13　漠河盆地侏罗系烃源岩甾烷生物标志化合物参数表

样品编号	层位	B1	B2	B3	B4	B5	B6	B7	B8	B9	B10	B11
KW-15-S1	开库康组	2.09	1.33	0.45	0.38	1.24	1.01	1.29	0.68	0.18	0.40	0.53
LH-1-S1		2.43	2.39	0.49	0.38	1.14	0.85	1.54	0.68	0.17	0.39	0.47
XH-3-S1		2.56	2.91	0.54	0.36	1.29	0.86	1.89	0.66	0.20	0.40	0.50
ge-12-S1		2.44	0.67	0.25	0.35	0.27	0.46	0.34	0.61	0.03	0.47	0.49
zk1108-24-S1		2.44	3.13	0.56	0.30	1.35	0.89	2.63	0.69	0.16	0.39	0.48
zk1108-41-S1		2.67	2.30	0.47	0.45	1.57	0.91	1.65	0.69	0.23	0.40	0.48
zk1109-25-S1		2.68	2.30	0.47	0.34	1.17	0.85	1.65	0.71	0.15	0.39	0.49
zk1109-49-S1		2.52	1.65	0.51	0.39	1.08	0.84	1.55	0.49	0.18	0.39	0.46
zk1111-16-S1		2.67	2.53	0.48	0.46	1.35	0.90	1.52	0.75	0.19	0.39	0.48
zk1111-25-S1		2.43	1.17	0.39	0.31	1.18	0.87	1.30	0.37	0.23	0.42	0.52
zk1111-10-S1		2.58	1.73	0.49	0.36	1.18	0.86	1.52	0.65	0.20	0.39	0.51
zk1111-34-S1	漠河组	2.34	2.19	0.56	0.44	1.52	1.03	1.86	0.78	0.18	0.41	0.50
zk1111-43-S1		2.47	2.15	0.49	0.45	1.34	0.87	1.49	0.64	0.19	0.38	0.48
zk1114-4-S1		2.21	1.72	0.49	0.38	1.26	0.84	1.64	0.54	0.19	0.40	0.48
zk1114-14-S1		2.43	2.39	0.52	0.42	1.40	0.91	1.81	0.75	0.17	0.38	0.49
zk1116-12-S1		2.63	1.93	0.60	0.47	1.35	0.87	1.84	0.54	0.19	0.40	0.49
zk1116-41-S1		2.32	2.35	0.57	0.45	1.42	0.92	1.88	1	0.19	0.40	0.48
zk1116-50-S1		2.58	1.94	0.50	0.41	1.44	0.98	1.59	0.60	0.19	0.42	0.52
zk1118-13-S1		2.68	1.92	0.53	0.37	1.24	0.91	1.80	0.52	0.19	0.40	0.47
zk1118-34-S1		2.37	1.39	0.51	0.38	1.25	1.01	1.58	0.68	0.17	0.41	0.51
zk1118-52-S1		2.58	1.19	0.40	0.31	0.92	0.85	1.06	0.63	0.14	0.44	0.50
zk1120-27-S1		2.56	1.55	0.50	0.41	1.35	1.02	1.49	0.60	0.14	0.42	0.52
zk1120-43-S1		2.60	2.43	0.58	0.40	1.33	1.00	1.97	0.62	0.18	0.38	0.49

样品编号	层位	B1	B2	B3	B4	B5	B6	B7	B8	B9	B10	B11
zk1120-62-S1	漠河组	2.08	1.38	0.53	0.34	1.18	0.84	1.81	0.56	0.17	0.41	0.48
MD2-6-S1		2.39	0.22	0.49	0.43	0.90	0.93	1.00	0.39	0.20	0.47	0.58
MD2-7-S1		2.62	0.48	0.41	0.37	0.94	0.89	0.96	0.41	0.21	0.44	0.54
MD2-12-S1		2.47	0.55	0.41	0.40	0.91	0.90	0.89	0.40	0.19	0.46	0.55
MD2-20-S1		2.36	0.38	0.41	0.41	0.96	0.93	0.90	0.45	0.19	0.46	0.58
二十八站-S1		2.98	1.27	0.38	0.43	1.14	1.01	0.97	0.65	0.12	0.41	0.51
2-S1		3.01	1.67	0.38	0.36	1.09	0.91	1.10	0.66	0.15	0.40	0.50
BL-7-S1		2.70	1.54	0.42	0.27	1.02	0.93	1.57	0.61	0.16	0.41	0.49
MD1-2-S1	二十二站组	2.67	0.83	0.36	0.32	0.78	0.76	0.94	0.38	0.13	0.39	0.51
MD1-21-S1		3.22	1.73	0.41	0.24	1.02	0.85	1.57	0.40	0.15	0.41	0.54
MD1-45-S1		3.11	2.21	0.42	0.39	1.13	0.95	1.09	0.40	0.15	0.42	0.55
MD1-80-S1		2.98	1.50	0.37	0.25	1.05	0.91	1.35	0.36	0.15	0.42	0.56
MD1-109-S1		2.73	0.96	0.40	0.33	0.88	0.79	1.06	0.29	0.20	0.46	0.48
MD1-123-S1		3.34	1.18	0.34	0.25	0.93	0.81	1.16	0.26	0.18	0.47	0.52
MD1-149-S1		2.88	0.94	0.41	0.35	0.92	0.82	1.00	0.36	0.16	0.44	0.55
MD1-174-S1		2.82	1.41	0.39	0.34	1.19	0.91	1.15	0.45	0.16	0.43	0.52
MD1-218-S1		2.95	1.47	0.38	0.30	1.16	0.83	1.25	0.44	0.14	0.41	0.51
MD1-235-S1		3.08	1.68	0.40	0.32	1.05	0.91	1.15	0.46	0.15	0.43	0.53
MD1-248-S3		3.32	3.10	0.47	0.33	1.23	0.80	1.63	0.46	0.16	0.40	0.48
MD2-29-S1		2.62	1.02	0.45	0.37	1.10	0.86	1.35	0.54	0.17	0.41	0.50
MD2-32-S1		2.88	1.77	0.49	0.40	1.10	0.93	1.25	0.55	0.16	0.43	0.53
MD2-37-S1		2.23	0.98	0.49	0.38	0.83	0.82	1.10	0.44	0.12	0.44	0.53
MD2-44-S1		2.67	0.29	0.40	0.38	0.77	0.81	0.75	0.40	0.19	0.45	0.62
MD2-46-S1		2.72	1.38	0.38	0.39	1.46	1.02	1.21	0.65	0.15	0.41	0.50
MD2-49-S1		3.00	1.20	0.43	0.37	1.01	0.93	1.13	0.47	0.16	0.43	0.53
MD2-61-S2		2.79	1.09	0.45	0.31	1.18	1.03	1.57	0.67	0.12	0.41	0.54
we-11-S1	绣峰组	2.28	1.81	0.50	0.40	1.39	0.90	1.75	0.73	0.18	0.39	0.47

注：B1 为孕甾烷/升孕甾烷；B2 为(孕甾烷+升孕甾烷)/(C_{27}+C_{28}+C_{29})R；B3 为 C_{27} 重排甾烷/C_{27} 规则甾烷；B4 为 C_{29} 重排甾烷/C_{29} 规则甾烷；B5 为 $C_{27}R/C_{29}R$；B6 为 $C_{28}R/C_{29}R$；B7 为 C_{27} 重排甾烷/C_{29} 重排甾烷；B8 为规则甾烷/17α(H)-藿烷；B9 为 4-甲基甾烷/$\sum C_{29}$ 甾烷；B10 为 $C_{29}\beta\beta/(\alpha\alpha+\beta\beta)$；B11 为 C_{29}-$S/(S+R)$

5. 三环萜烷系列

三环萜烷系列在地质体中十分常见，一般认为三环萜烷系列的生源母质为细菌和某些特殊藻类，特别是 C_{26} 以上三环萜烷系列基本上为藻类来源。已有研究表明，来源于海相和湖泊相烃源岩的原油三环萜烷系列呈正态分布，而煤系原油三环萜烷系列则主要呈递减分布。如图 5.26 所示，漠河盆地侏罗系烃源岩三环萜烷系列分布模式主要为以 C_{21} 或 C_{23} 为丰峰的正态分布型，三环萜烷系列的碳数分布范围为 C_{19}-C_{31}，仅检测到 C_{24} 四环萜烷，这与其湖泊沉积背景相符。

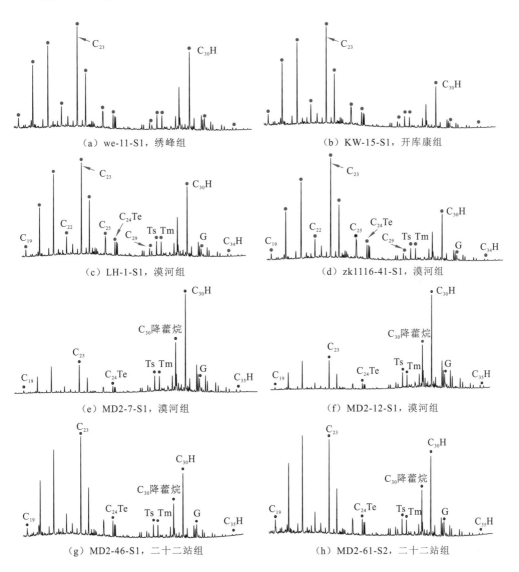

（a）we-11-S1，绣峰组　　　　　　　　（b）KW-15-S1，开库康组

（c）LH-1-S1，漠河组　　　　　　　　（d）zk1116-41-S1，漠河组

（e）MD2-7-S1，漠河组　　　　　　　　（f）MD2-12-S1，漠河组

（g）MD2-46-S1，二十二站组　　　　　（h）MD2-61-S2，二十二站组

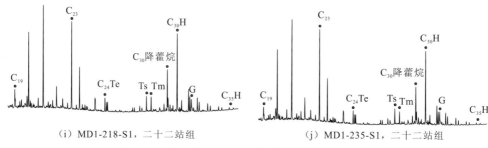

（i）MD1-218-S1，二十二站组　　　　　　（j）MD1-235-S1，二十二站组

图 5.26　漠河盆地侏罗系烃源岩 $m/z=191$ 质量色谱图

绣峰组烃源岩样品三环萜烷/藿烷为 2.37，在 $m/z=191$ 质量色谱图（图 5.26）上，以 C_{23} 为主峰，C_{23} 三环萜烷/$C_{30}H$ 为 2.0，$C_{24}Te/C_{26}TT$ 为 0.52。漠河组烃源岩样品三环萜烷/藿烷介于 0.29~3.72，C_{23} 三环萜烷/$C_{30}H$ 介于 0.11~2.97，$C_{24}Te/C_{26}TT$ 介于 0.52~1.10。二十二站组烃源岩样品三环萜烷/藿烷介于 0.35~2.61，C_{23} 三环萜烷/$C_{30}H$ 介于 0.14~2.00，$C_{24}Te/C_{26}TT$ 介于 0.57~1.73。开库康组烃源岩样品三环萜烷/藿烷为 2.37，在 $m/z=191$ 质量色谱图上，以 C_{23} 为主峰，C_{23} 三环萜烷/$C_{30}H$ 为 1.7，$C_{24}Te/C_{26}TT$ 为 0.51。

6. 藿烷系列

藿烷系列在原油和生油岩抽提物中普遍存在，研究认为其主要来源于细菌。如图 5.26 所示，漠河盆地侏罗系烃源岩藿烷系列分布组成和分布模式类似，都是以 $17\alpha(H),21\beta(H)$-藿烷为主峰，C_{30} 降藿烷为次主峰的分布特征。检测到的藿烷系列主要有 $17\alpha(H),21\beta(H)$-藿烷系列、$17\beta(H),21\alpha(H)$-藿烷系列、$17\alpha(H)$-重排藿烷系列、$18\alpha(H)$-新藿烷系列及完整的 25-降藿烷系列，同时还有一定丰度的伽马蜡烷。

如图 5.26 所示，绣峰组烃源岩样品中藿烷系列以 $C_{30}H$ 为主峰，$C_{35}H/(C_{31}H\text{-}C_{35}H)$ 为 0.05，Ts/Tm 为 1.04，$diaC_{30}H/C_{29}Ts$ 为 0.45，$diaC_{30}H/C_{30}H$ 为 0.09，$C_{31}H/C_{30}H$ 为 0.39，$G/C_{30}H$ 为 0.13，$C_{29}Ts/C_{30}H$ 为 0.23。漠河组烃源岩样品中藿烷系列以 $C_{30}H$ 为主峰，$C_{35}H/(C_{31}H\text{-}C_{35}H)$ 介于 0.02~0.06，Ts/Tm 介于 0.37~1.23，$diaC_{30}H/C_{29}Ts$ 介于 0.38~1.42，$diaC_{30}H/C_{30}H$ 介于 0.07~0.21，$C_{31}H/C_{30}H$ 介于 0.33~0.89，$G/C_{30}H$ 介于 0.06~0.25，$C_{29}Ts/C_{30}H$ 介于 0.15~0.26。二十二站组烃源岩样品中藿烷系列以 $C_{30}H$ 为主峰，$C_{35}H/(C_{31}H\text{-}C_{35}H)$ 介于 0.03~0.06，Ts/Tm 介于 0.40~1.59，$diaC_{30}H/C_{29}Ts$ 介于 0.44~0.94，$diaC_{30}H/C_{30}H$ 介于 0.08~0.19，$C_{31}H/C_{30}H$ 介于 0.35~0.60，$G/C_{30}H$ 介于 0.10~0.29，$C_{29}Ts/C_{30}H$ 介于 0.13~0.30。开库康组烃源岩样品中藿烷系列以 $C_{30}H$ 为主峰，$C_{35}H/(C_{31}H\text{-}C_{35}H)$ 为 0.05，Ts/Tm 为 1.0，$diaC_{30}H/C_{29}Ts$ 为 0.40，$diaC_{30}H/C_{30}H$ 为 0.09，$C_{31}H/C_{30}H$ 为 0.38，$G/C_{30}H$ 为 0.14，$C_{29}Ts/C_{30}H$ 为 0.21。

一般认为，升藿烷系列分布形式或升藿烷指数 $[C_{35}H/(C_{31}H\text{-}C_{35}H)]$ 可以指示烃源岩沉积时期沉积环境的氧化还原性。当出现 $C_{35}H>C_{34}H$（即"翘尾巴"现象），一般指示海相强还原的沉积环境，主要与海相碳酸盐岩或蒸发岩有关；而在煤和煤系泥岩中普遍具有 Tm、$C_{29}Ts$、$C_{31}H$ 相对 $C_{30}H$ 偏高的特征。同时，典型大型湖泊相页岩的藿烷分布指纹

通常具有 C_{30} 明显偏高的特征，且一般 C_{34} 升藿烷、C_{35} 升藿烷含量较低。C_{35} 升藿烷的含量可能还受成熟度和生物降解的影响。漠河盆地侏罗系烃源岩升藿烷系列含量都较低，呈阶梯递减的分布形式，$C_{35}H/C_{31}H\text{-}C_{35}H$ 介于 0.02~0.06，平均值为 0.05，且无"翘尾巴"现象存在，各层位差别不大，表明侏罗系烃源岩沉积时沉积环境的还原性和水体盐度不高，这与其湖泊相的古环境一致。

伽马蜡烷的前身物一般认为是原生动物四膜虫中的四膜虫醇，高含量的伽马蜡烷一般与高盐度水体或水体分层有关。漠河盆地侏罗系各层位烃源岩伽马蜡烷/$\alpha\beta\text{-}C_{30}H$ 总体上不高，各层位差别不大。其中，绣峰组烃源岩伽马蜡烷/$\alpha\beta\text{-}C_{30}H$ 平均值为 0.13；二十二站组烃源岩伽马蜡烷/$\alpha\beta\text{-}C_{30}H$ 平均值为 0.19；漠河组烃源岩伽马蜡烷/$\alpha\beta\text{-}C_{30}H$ 平均值为 0.16；开库康组烃源岩伽马蜡烷/$\alpha\beta\text{-}C_{30}H$ 平均值为 0.14，与江汉盆地、东濮盆地等典型盐湖相原油的高伽马蜡烷分布有较大的区别，而与渤海湾盆地、松辽盆地等典型淡水-半咸水湖相原油具有可比性，表明漠河盆地侏罗系烃源岩形成于淡水-半咸水的沉积环境。同时，漠河盆地侏罗系烃源岩 Pr/Ph-G/$C_{30}H$ 相关图（图 5.27）表明，漠河盆地侏罗系烃源岩形成于弱还原-弱氧化的沉积环境。

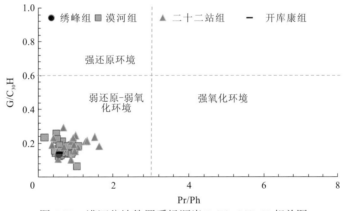

图 5.27　漠河盆地侏罗系烃源岩 Pr/Ph-G/$C_{30}H$ 相关图

如图 5.28 所示，漠河盆地侏罗系分析的 50 件烃源岩样品中都检出完整的 25-降藿烷系列。25-降藿烷系列一般被认为是原油发生一定程度生物降解的标志性化合物。利用 $m/z = 177$、$m/z = 191$ 两种特征碎片即可检测。然而，包建平和梅博文（1997）从新疆三塘湖盆地某井上二叠统生油岩中检测到 25-降藿烷系列，认为该化合物不一定是原油遭受生物降解作用后的产物，其可能与盆地沉积时期特殊的地质背景有关，成岩早期阶段的微生物活动可能就已经决定了它的地质分布。漠河盆地侏罗系各个层位烃源岩中都发现完整的 25-降藿烷系列，主要有 17α(H), 21β(H)-30-降藿烷、17α(H), 21β(H)-25-降藿烷、17α(H), 21β(H)-25, 30-二降藿烷、18α(H), 21β(H)-25, 30-二降藿烷、25-降-C_{29}Ts 等（图 5.28）。17α(H), 21β(H)-25, 30-二降藿烷/$C_{30}H$ 介于 0.05~0.25，平均值为 0.16，反映出漠河盆地侏罗系微生物活跃，在成岩早期阶段有机质遭受微生物的生物降解作用，决定了烃源岩中 25-降藿烷系列的分布。

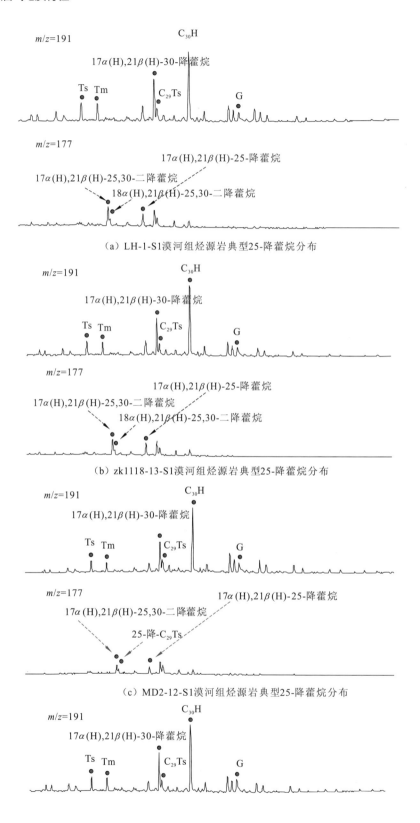

（a）LH-1-S1漠河组烃源岩典型25-降藿烷分布

（b）zk1118-13-S1漠河组烃源岩典型25-降藿烷分布

（c）MD2-12-S1漠河组烃源岩典型25-降藿烷分布

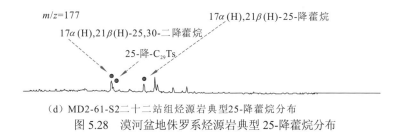

（d）MD2-61-S2二十二站组烃源岩典型25-降藿烷分布

图 5.28　漠河盆地侏罗系烃源岩典型 25-降藿烷分布

5.6.2　芳烃类化合物

芳烃类化合物是原油和生油岩中重要的组成部分，由数百种化合物组成，包含丰富的地球化学信息，可作为有机母质来源、成熟度、沉积环境和油气运移判识的有效指标，是饱和烃地球化学研究的重要补充和佐证。但是由于芳烃化合物组成复杂，就其研究程度而言，远没有饱和烃生物标志化合物研究得清楚，即使是已被发现的如萘、菲等多环芳烃，其前身物来源广泛，多不具明确的生源意义。

漠河盆地侏罗系烃源岩芳烃类化合物中检出了萘系列、菲系列、屈系列、联苯系列、芴系列、三芳甾系列等化合物，同时还检出了卡达烯、芘等典型的高等植物输入标志的芳烃类化合物，反映出漠河盆地侏罗系烃源岩的生源输入有高等植物的贡献。漠河盆地侏罗系漠河组、二十二站组烃源岩芳烃总离子流图（图 5.29）主要呈单峰前峰型，且以二环、三环为主，显示出高-过成熟烃源岩的特征。其中，二十二站组烃源岩萘系列质量分数介于 2.44%～90.18%，平均值 37.52%；菲系列质量分数介于 0.54%～54.03%，平均值为 29.11%；芴系列质量分数介于 1.59%～22.44%，平均值 12.26%。漠河组烃源岩萘系列质量分数较低，介于 0.17%～34.94%，平均值仅为 7.96%；相比之下，菲系列是芳烃组分中质量分数最高的化合物，介于 22.81%～45.81%，平均值为 35.60%；芴系列质量分数介于 5.01%～27.92%，平均值为 13.68%。芳香甾烷类化合物质量分数较低，在多数烃源岩样品中未能检测出芳香甾烷类化合物（图 5.30）。

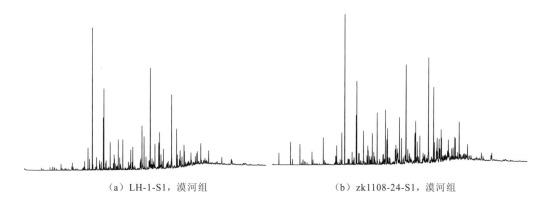

（a）LH-1-S1，漠河组　　　　　　　　　　（b）zk1108-24-S1，漠河组

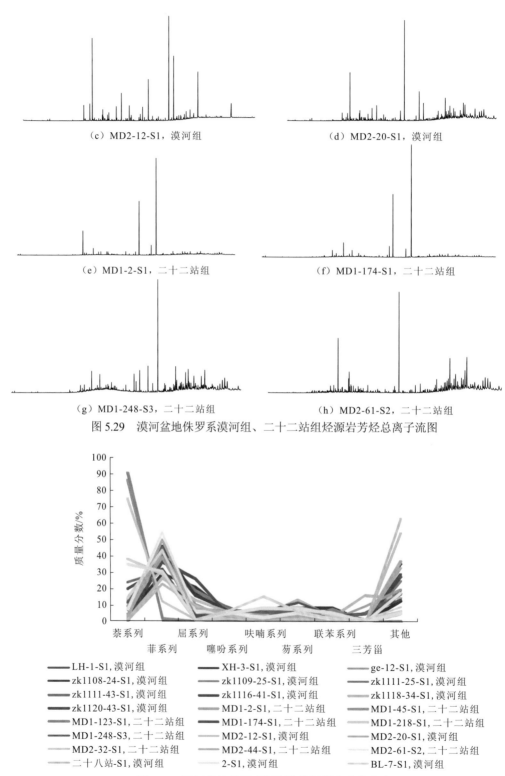

（c）MD2-12-S1，漠河组　　　　　　　　　　（d）MD2-20-S1，漠河组

（e）MD1-2-S1，二十二站组　　　　　　　　　（f）MD1-174-S1，二十二站组

（g）MD1-248-S3，二十二站组　　　　　　　　（h）MD2-61-S2，二十二站组

图 5.29　漠河盆地侏罗系漠河组、二十二站组烃源岩芳烃总离子流图

图 5.30　漠河盆地侏罗系烃源岩芳烃类化合物分布

1. 萘系列化合物

萘系列化合物在烃源岩和原油中广泛存在，基于一些烷基取代的萘与天然产物结构的类似性，萘系列化合物可能衍生于高等植物及细菌的倍半萜至三萜类化合物，其分布变化较大，主要受来源、成熟度及生物降解的影响。

漠河盆地侏罗系烃源岩萘系列化合物主要包括萘、甲基萘、乙基萘及二甲基-萘～五甲基-萘等化合物。所有烃源岩萘系列化合物整体分布面貌相似，以甲基萘化合物、二甲基-萘化合物、三甲基+四甲基-萘化合物为主，其次为萘化合物，五甲基-萘化合物质量分数较低（图 5.31）。

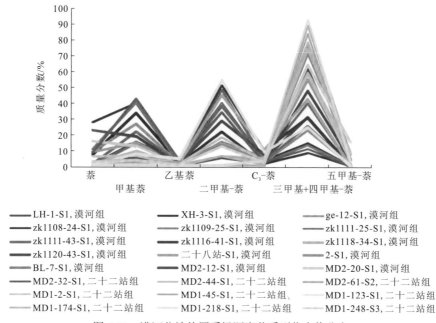

图 5.31　漠河盆地侏罗系烃源岩萘系列化合物分布

2. 菲系列化合物

类似于萘系列化合物，菲系列化合物在各类沉积有机质及化石燃料中广泛分布，其生源问题尚不明确。Radke 等（1994）认为尽管菲系列化合物有可能来自具有甾烷和三萜类碳骨架的低相对分子质量的多环化合物或来自干酪根中的有关结构，但烷基菲化合物（特别是菲化合物和甲基菲化合物）也可由强烈的化学反应生成，这使得难以探究菲系列化合物与特殊生物先质的可能联系。

漠河盆地侏罗系烃源岩菲系列化合物主要包括菲、甲基菲、二甲基菲、三甲基菲、乙基菲等系列化合物，其中浓度较高的为菲化合物、甲基菲化合物。二十二站组烃源岩菲化合物质量分数介于 31.7%～71.6%，平均值为 51.7%；甲基菲化合物质量分数介于 14.8%～32.7%，平均值为 24.3%。漠河组烃源岩菲化合物质量分数介于 27.1%～87.3%，平均值为 55.4%；甲基菲化合物质量分数介于 9.3%～44.4%，平均值为 27.7%（图 5.32）。

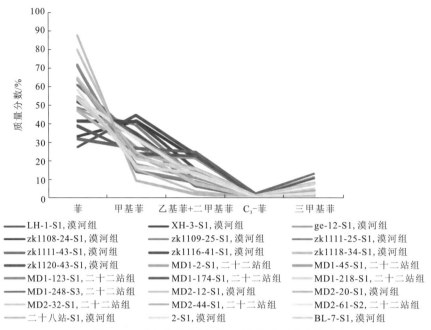

图 5.32　漠河盆地侏罗系烃源岩菲系列化合物分布

3. 联苯系列化合物

一般认为联苯系列化合物的生源为高等植物木质素。漠河盆地侏罗系烃源岩样品中联苯系列化合物主要包括联苯化合物、甲基-联苯化合物、乙基-联苯化合物和二甲基-联苯化合物（图 5.33），以甲基-联苯化合物和二甲基-联苯化合物质量分数最高，联苯化合物次之，乙基-联苯化合物质量分数较低。

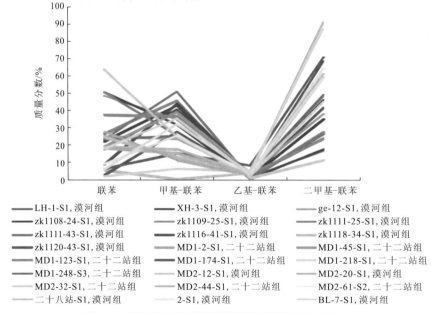

图 5.33　漠河盆地侏罗系烃源岩联苯系列化合物分布

4. 三芴系列化合物

三芴系列化合物在芳烃地球化学研究中具有重要的沉积环境和成熟度指示意义。三芴系列化合物包括芴化合物、二苯并噻吩化合物（噻吩类化合物）和二苯并呋喃化合物（呋喃类化合物），通常用三者之间的质量分数表征有机质沉积时的环境条件，同时也用来进行油源对比研究。陆相淡水烃源岩和原油中芴系列质量分数高，沼泽相煤和煤成油中氧芴系列质量分数高，盐湖相、海相碳酸盐岩烃源岩及原油中硫芴系列质量分数高。

漠河盆地侏罗系二十二站组烃源岩三芴系列化合物中芴化合物质量分数介于13.9%～65.49%，平均值为41.6%；噻吩类化合物质量分数介于16.14%～83.93%，平均值为51.42%；呋喃类化合物质量分数较低，介于0.82%～24.24%，平均值为6.97%。漠河组烃源岩三芴系列化合物中芴化合物质量分数介于25.5%～52.63%，平均值为38.12%；噻吩类化合物质量分数介于5.49%～46.08%，平均值为26.78%；呋喃类化合物相比二十二站组质量分数较高，介于14.3%～69.01%，平均值为35.09%。这些特征表明，漠河组与二十二站组沉积环境存在一些差别。

5.6.3　地质地球化学意义

1. 生源与沉积环境

根据沉积盆地类型与沉积环境的不同，将中国陆相烃源岩划分为4类（表5.14）：湖泊相半咸水泥岩、湖泊相淡水泥岩、含膏泥岩、湖泊相膏盐泥岩、湖泊相白云质泥岩和潟湖相凝灰质泥岩（傅家谟和彭平安，1988），其中湖泊相淡水-半咸水泥岩为中国最主要的陆相烃源岩类型，广泛分布于不同类型的陆相沉积盆地，其时代为侏罗纪—古近纪。

表 5.14　中国陆相烃源岩类型

类型	代表盆地或油田（时代）	生油岩类型	有机质类型
板内大型湖泊盆地沉积	松辽盆地（白垩纪）	湖泊相半咸水泥岩	I、II$_1$
断陷盆地湖泊相碎屑岩	胜利油田（古近纪）、辽河油田（古近纪）、冀中拗陷（古近纪）	湖泊相淡水泥岩、含膏泥岩	II，少量I、III
断陷盆地盐湖相蒸发岩-碎屑岩	江汉盆地（古近纪）和泌阳盆地（古近纪）	湖泊相膏盐泥岩、湖泊相白云质泥岩	多为II
山间盆地的潟湖-湖泊相碎屑岩	准噶尔盆地（石炭纪—二叠纪）	潟湖相凝灰质泥岩	II，少量I

通过对漠河盆地侏罗系烃源岩生物标志化合物特征的综合研究认为，侏罗系烃源岩形成于淡水-半咸水、弱还原的沉积环境、有机质来源中水生生物与高等植物同样重要的湖泊相泥页岩。主要证据如下。

漠河盆地侏罗系烃源岩普遍具明显的植烷优势，Pr/Ph 分布范围为 0.17～1.50，平均值为 0.77；伽马蜡烷/$\alpha\beta$-C_{30}藿烷分布范围为 0.14～0.46，平均值为 0.32；Pr/nC_{17}-Ph/nC_{18}相关图（图 5.21）、Pr、Ph 分布三角图（图 5.22）表明为弱还原的半咸水-咸水湖泊成因。

$\alpha\alpha\alpha$-20R 构型 C_{27}-C_{28}-C_{29} 规则甾烷质量分数中，C_{27}-C_{28}-C_{29} 甾烷呈"L"形分布（图 5.25），$\alpha\alpha\alpha$-20R-C_{27}/C_{29} 规则甾烷分布范围为 0.77～1.57，平均值为 1.16，表明漠河盆地侏罗系烃源岩生源中水生生物来源的重要性，从 C_{27}-C_{28}-C_{29} 规则甾烷分布三角图上可以看出，漠河盆地侏罗系各层位烃源岩的形成环境与生源的相似性（图 5.24）。

烃源岩三芴系列化合物质量分数分布同样表明湖泊相沉积环境特征，但二十二站组与漠河组沉积环境略有差异。

烃源岩中芳烃指标二苯并噻吩/菲（dibenzothiophene/phenanthrene，DBT/P）分布范围为 0.03～0.26，平均值为 0.13 左右。表明烃源岩形成于湖泊相沉积环境（图 5.34）。

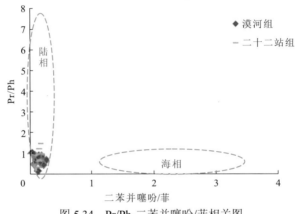

图 5.34　Pr/Ph-二苯并噻吩/菲相关图

甾烷系列生物标志化合物质量分数较低，其中甾烷/藿烷参数介于 0.26～0.78，平均值为 0.55，表明较低的甾烷化合物质量分数。原油普遍含低浓度的 4-甲基甾烷化合物（图 5.25）。

2. 成熟度

以烃源岩生物标志化合物综合研究为基础，对漠河盆地侏罗系所有烃源岩饱和烃生物标志化合物成熟度参数统计见表 5.13，并作 C_{29}-20S/20(S+R)-$C_{29}\beta\beta/(\alpha\alpha+\beta\beta)$相关图（图 5.35），结果表明，漠河盆地侏罗系各个层位烃源岩热演化程度都较高，都已达成熟阶段。

芳烃类化合物成熟度分析表明，二十二站组烃源岩萘系列参数甲基萘比值（methylnaphthalene ratio，MNR）介于 0.88～1.86，换算成的等效成熟度 R_{C1} 介于 0.97～1.14，平均值为 1.05；二甲基萘比值-1（dimethyl naphthalene ratio，DNR1）介于 2.10～7.32，换算成的等效成熟度 R_{C2} 介于 0.68～1.15，平均值为 0.84；菲系列中甲基菲指数（methylphenanthrene index，MPI1）介于 0.14～0.59，换算成的等效成熟度 R_{C3} 介于 0.73～1.00，平均值为 0.86；漠河组烃源岩萘系列参数 MNR 介于 0.29～5.75，换算成的等效成

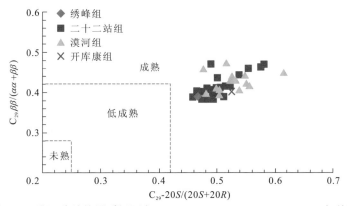

图 5.35　漠河盆地侏罗系烃源岩 C_{29}-20S/(20S+20R)-$C_{29}\beta\beta$/($\alpha\alpha$+$\beta\beta$)相关图

熟度 R_{C1} 介于 0.89～1.80，平均值为 1.28；DNR1 介于 5.77～50.81，换算成的等效成熟度 R_{C2} 介于 1.01～5.06，平均值为 1.68； MPI1 介于 0.13～1.58，换算成的等效成熟度 R_{C3} 介于 0.72～1.59，平均值为 1.15。这些特征表明，漠河盆地侏罗系二十二站组和漠河组烃源岩都已达成熟阶段，且与二十二站组相比，漠河组烃源岩成熟度明显略高。

3. 生物气存在证据

1）生物气形成机理

生物气是指在自然条件下，沉积有机质或其热演化产物在厌氧细菌的生化作用下生成的以甲烷（CH_4）为主、伴生少量氮气和二氧化碳（CO_2），甲烷碳同位素组成较轻的一类天然气。根据与烃源岩热演化程度的匹配关系，可分为原生生物气和次生生物气。原生生物气是指利用成岩作用较弱（成岩作用早期）、热演化程度较低的烃源岩中的可溶有机质生成的生物气；次生生物气是指已聚集的原油和经历了一定热演化程度的有机质抬升到适宜微生物发育的较浅处，经次生生物降解形成的生物气。

无论形成哪种类型的生物气，微生物生存所需的基本条件都必须得到满足，包括生存空间、温度、酸碱度、氧化还原性、盐度、营养底物等。从聚合有机物到生物 CH_4 的过程非常复杂，主要经历两个过程（图 5.36）：首先，复杂的聚合有机物在微生物的发酵作用下，被分解成相对小分子的发酵中间产物，发酵中间产物经微生物进一步分解成（也有一部分聚合有机物不经过发酵中间产物直接分解成）产甲烷菌能直接利用的底物；其次，产甲烷菌通过 CO_2 还原和氢化形成 CH_4，即生物 CH_4 形成途径主要是乙酸发酵和 CO_2 还原。

CO_2 还原途径形成的生物 CH_4 $\delta^{13}C_1$ 值比较低，一般为-110‰～-60‰，δD_1 值较高，一般为-250‰～-170‰；乙酸发酵途径形成的生物 CH_4 $\delta^{13}C_1$ 值较前者略高，一般为-65‰～-50‰，δD_1 值较低，一般为-250‰～-100‰。其化学组成以 CH_4 为主，重烃甚微，C_1/(C_1-C_5)多大于 0.98，常伴生有少量氮气、CO_2、氢气、氧气等非烃类气体。

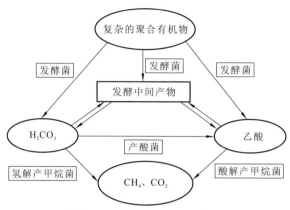

图 5.36　生物 CH_4 形成示意图

目前已发现的生物气，储层时代最老的为美国密执安盆地泥盆系安特里姆（Antrim）页岩，我国的上石炭统和二叠系也有发现，主要的储层集中在白垩系、古近系和第四系。生物气一般形成于埋深小于 1 500 m 的浅层中，个别地区也可能超过该深度，如我国柴达木盆地台吉 1 井 1 750 m 左右依然产生物气，涩南 1 井 2 480～2 830 m 井段也有生物气显示；意大利北部波河盆地生物气最大埋深可达 4 500 m。

2）微生物活动的地球化学证据

（1）氯仿沥青"A"具生物降解特征。漠河盆地侏罗系烃源岩样品氯仿沥青"A"中的非烃和沥青质量分数较高，饱和烃质量分数较低；饱和烃中正构系列分布完整，但饱和烃气相色谱出现"鼓包"现象，同时，侏罗系各层位烃源岩在 $m/z=177$ 质量色谱图上都检测出完整的 25-降藿烷系列，主要包括 $17\alpha(H)$, $21\beta(H)$-25, 30-二降藿烷、25-降-$C_{29}Ts$、$17\alpha(H)$, $21\beta(H)$-25-降藿烷。这些特征都说明在成岩作用早期，烃源岩中的有机质遭受过微生物降解作用。

（2）部分天然气具生物成因气特征。对漠河盆地 11 件泉水溶解气样品和 10 件岩心吸附气样品进行烃类气体碳同位素分析，结果显示泉水溶解气样品 $\delta^{13}C_1$ 值为-79‰～-61‰，个别岩心吸附气样品 $\delta^{13}C_1$<-55‰，具生物成因气的特征。漠河盆地延伸至俄罗斯境内的部分被称为上阿穆尔盆地，该盆地冻土层厚度约为 70 m，在 20～300 m 井段有天然气喷出，气体成分以 CH_4 为主，质量分数可达 94%，还有少量的氮气、氩气和氢气，初步确认为生物成因气。

第 **6** 章

储 层 特 征

　　本章以储层地质学及沉积岩石学理论为指导，综合实测剖面、岩心观察、镜下薄片观察、物性分析、压汞测试等手段，对漠河盆地侏罗系储层进行深入剖析及有效评价。

6.1 岩石学特征

岩石学特征包括岩石的碎屑组合特征,填隙物特征,碎屑的粒度、分选性、磨圆度、支撑类型、颗粒接触方式和胶结类型等,这些特征决定了储层孔隙结构与物性分布特征,是研究储层储集性能的基础。

6.1.1 岩石组分特征

根据岩石薄片统计分析(表 6.1),漠河盆地侏罗系砂岩主要为岩屑砂岩、长石岩屑砂岩,岩屑长石砂岩次之 [图 6.1(a)、图 6.2]。其中绣峰组砂岩碎屑成分中石英平均体积分数为 29.83%,长石平均体积分数为 21.55%,岩屑平均体积分数为 48.61%,主要发育岩屑砂岩、长石岩屑砂岩,岩屑长石砂岩次之 [图 6.1(b)];二十二站组砂岩碎屑成分中石英平均体积分数、长石平均体积分数略高于其他三套地层,分别为22.39%、33.29%,岩屑平均体积分数为 43.78%,砂岩类型主要为长石岩屑砂岩、岩屑长石砂岩,岩屑砂岩次之 [图 6.1(c)];漠河组砂岩碎屑成分中岩屑平均体积分数高,为 65.65%,接近于石英平均体积分数、长石平均体积分数之和的两倍,主要发育岩屑砂岩 [图 6.1(d)];开库康组样品较少,投点较为分散,砂岩碎屑成分中石英平均体积分数为 23.5%,长石平均体积分数为 17.25%,岩屑平均体积分数为 59.25%,但从仅有的数据中可以看出其主要砂岩类型依然为岩屑砂岩、长石岩屑砂岩 [图 6.1(e)]。漠河盆地侏罗系 4 套地层砂岩碎屑成分中岩屑平均体积分数均较高,接近于 50%,近乎等于长石平均体积分数、石英平均体积分数之和,反映区域内砂岩成分成熟度较低,近物源沉积的特点。

表 6.1 漠河盆地侏罗系砂岩碎屑成分及填隙物体积分数统计表

层位	碎屑成分体积分数/%			填隙物体积分数/%
	石英	长石	岩屑	
开库康组	38～13/23.5(4)	25～10/17.25(4)	77～44/59.25(4)	5～2/4(4)
漠河组	40～12/25.3(33)	35～2/9.12(33)	83～33/65.65(33)	32～1/9.15(33)
二十二站组	38～10/22.39(49)	63～4/33.29(49)	81～19/43.78(49)	25～1/6.37(49)
绣峰组	50～20/29.83(18)	40～7/21.55(18)	64～18/48.61(18)	23～1/7.31(18)

注:在 a～b/c(d)格式中,a 为最大值,b 为最小值,c 为平均值,d 为样品数

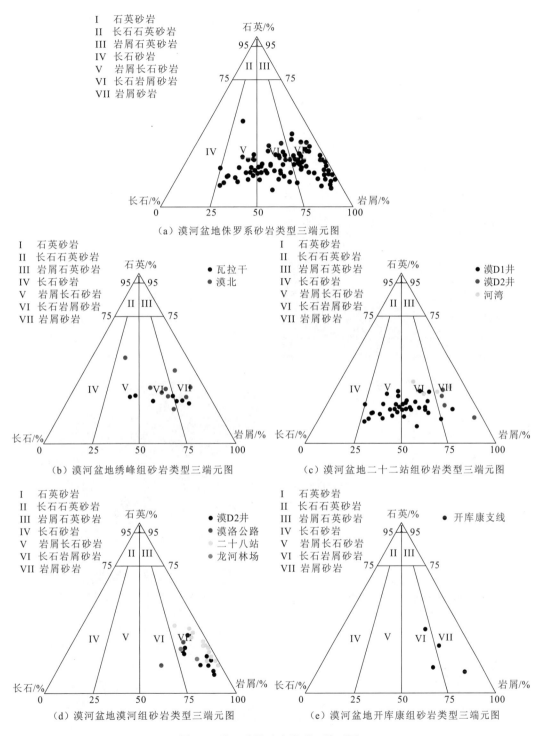

图 6.1　漠河盆地砂岩类型三端元图

（a）粗粒岩屑长石砂岩，绣峰组，×4（-）　　　（b）中粒长石岩屑砂岩，绣峰组，×4（-）

（c）中粒岩屑砂岩，绣峰组，×4（-）　　　（d）粗粒长石岩屑砂岩，二十二站组，×4（-）

（e）细粒岩屑砂岩，二十二站组，×4（-）　　　（f）中粒岩屑长石砂岩，二十二站组，×4（-）

（g）极细粒岩屑砂岩，漠河组，×4（-）　　　（h）细粒长石岩屑砂岩，开库康组，×4（-）

图6.2　漠河盆地侏罗系砂岩显微镜下照片

6.1.2　岩石结构特征

本次对漠河盆地侏罗系砂岩储层特征进行研究，样品主要采自野外露头，风化程度中等-弱。选取碎屑的粒度、分选性、磨圆度、支撑类型及颗粒接触方式对岩石的结构特点进行表征（图 6.3）。

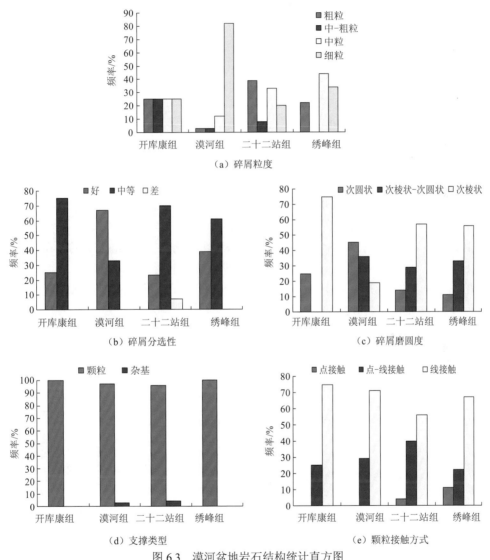

图 6.3　漠河盆地岩石结构统计直方图

绣峰组砂岩碎屑颗粒多为中粒和细粒，分选中等-好，磨圆度主要为次棱状、次棱状-次圆状，颗粒支撑，颗粒接触方式多为线接触，少见点-线接触、点接触；二十二站组砂岩碎屑颗粒粒径较为分散，分选中等-好，磨圆度与绣峰组类似主要为次棱状、次棱状-次圆状，主要为颗粒支撑，见极少量杂基支撑，颗粒接触方式主要为线接触、点-线接触；漠河组砂岩碎屑颗粒主要为细粒，分选好-中等，磨圆度主要为次圆状、次棱状-次圆状，见少量次棱状，主要为颗粒支撑，颗粒接触方式多为线接触，点-线接触次之；开库康组样品较少，不具代表性，各粒级均有样品分布，分选中等-好，磨圆度主要为次棱状，次圆状少见，主要为颗粒支撑，颗粒接触方式多为线接触，少见点-线接触。综上表明，漠河盆地侏罗系砂岩粒度较为分散，分选中等，磨圆度多为次棱状-次圆状，部分层位呈次圆状，主要为颗粒支撑，以线接触为主，点-线接触次之，反映其岩石结构成熟度低，为近距离搬运沉积。

6.2 物 性 特 征

6.2.1 物性总体分布特征

1. 各层位储层物性特征

孔隙度和渗透率是反映储层物性的最主要参数。漠河盆地侏罗系 4 套地层砂岩储层物性分布特征不尽相同，孔隙度和渗透率分布区间存在一定的差异。漠河盆地侏罗系共采集 102 件砂岩样品，孔隙度介于 0.02%～7.28%，平均为 1.37%，渗透率介于 0.008～0.256 mD，平均为 0.034 mD。漠河盆地侏罗系储层物性较差，孔隙度均小于 10%，多分布于 0.5%～3%，而渗透率小于 1.0 mD，集中分布于 0.01～0.05 mD，具典型的特低孔、超低孔-超低渗特征（表 6.2、图 6.4）。

表 6.2 漠河盆地侏罗系各层位储层物性参数统计表

层位	孔隙度/%			渗透率/mD			样品数
	最大值	平均值	最小值	最大值	平均值	最小值	
开库康组	3.30	2.10	0.90	0.050	0.038	0.027	2
漠河组	3.42	1.90	0.55	0.145	0.038	0.012	28
二十二站组	7.28	0.98	0.09	0.256	0.038	0.010	45
绣峰组	6.31	1.41	0.02	0.161	0.025	0.008	27
侏罗系	7.28	1.37	0.02	0.256	0.034	0.008	102

2. 垂向物性特征——典型剖面（井）剖析

对漠河盆地侏罗系各层位典型剖面（井）连续取样分析，由图 6.5 可见，绣峰组剖面砂岩储层样品整体物性差，孔隙度、渗透率变化规律较为一致，底部物性最好，由下而上逐渐变差，均表现出较为明显的正韵律特征；二十二站组的砂岩储层样品均来自漠 D1 井岩心，其物性较绣峰组差，渗透率表现出以复合韵律为主，反映其层内具一定的非

均质性；漠河组砂岩储层样品来自漠 D2 井，其物性较好，具有较高的渗透率，孔隙度
与渗透率在垂向上未见明显变化，仍以复合韵律为主。

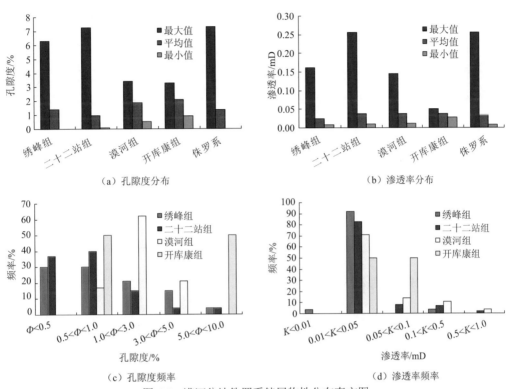

图 6.4　漠河盆地侏罗系储层物性分布直方图

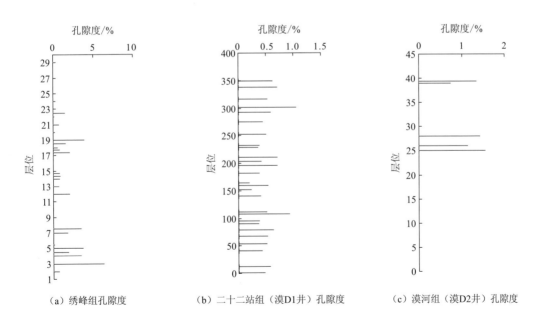

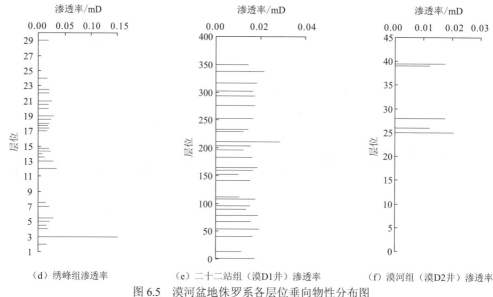

（d）绣峰组渗透率　　　（e）二十二站组（漠D1井）渗透率　　　（f）漠河组（漠D2井）渗透率

图 6.5　漠河盆地侏罗系各层位垂向物性分布图

6.2.2　平面物性特征

为了系统有效地对漠河盆地侏罗系砂岩储层物性特征进行研究，同样将研究区划分为中部、东部、西部三个区块（图 6.6）。

1. 绣峰组

绣峰组共采集 27 件砂岩样品，主要来自漠河盆地的东部地区和西部地区。通过对绣峰组储层物性数据统计对比（图 6.7）发现：西部地区储层孔隙度介于 0.02%～3.69%，分布区间较为分散，平均为 1.28%，渗透率介于 0.01～0.03 mD，平均为 0.02 mD；东部地区储层孔隙度分布相对集中，多分布于 0.5%～1.0%，平均为 1.67%，渗透率介于 0.01～0.16 mD，平均为 0.04 mD。综上所述，绣峰组储层孔隙度、渗透率在平面上由西至东逐渐变好，均呈现出明显的上升趋势。

2. 二十二站组

二十二站组共采集 45 件砂岩样品，主要来自漠河盆地的中部地区，东部地区、西部地区样品数量相对较少。通过对二十二站组储层物性数据统计对比（图 6.8）发现：西部地区储层孔隙度介于 0.12%～1.27%，多分布于 0.12%～1.00%，平均为 0.57%，渗透率介于 0.01～0.25 mD，集中分布于 0.01～0.05 mD，平均为 0.02 mD；中部地区储层孔隙度介于 0.69%～0.77%，平均为 0.74%，渗透率小于 0.02 mD；东部地区孔隙度介于 0.09%～7.28%，离散程度较大，平均为 2.87%，渗透率介于 0.02～0.26 mD，平均为 0.10 mD。区域内东部地区储层物性较中部地区、西部地区好，孔隙度、渗透率较大，可能为西部及中部地区相对于东部地区更靠近构造带，受动力变质作用影响强烈，岩石变得致密，原生、次生孔隙数量减少所致。

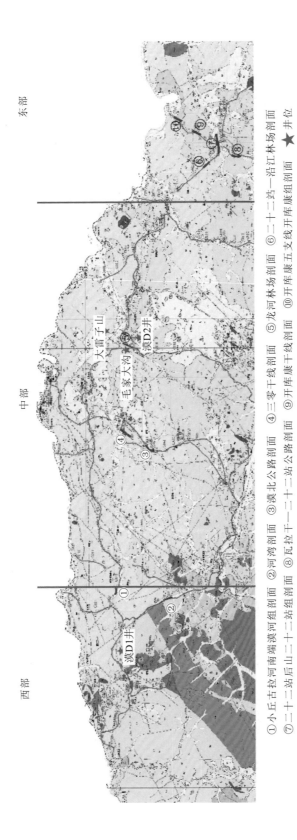

图6.6 漠河盆地采样剖面位置图

①小丘古拉河南端漠河组剖面 ②河湾剖面 ③漠北公路剖面 ④三零干线剖面 ⑤龙河林场剖面 ⑥二十二站一沿江林场剖面
⑦二十三站后山二十三站组剖面 ⑧瓦拉干一二十三站公路剖面 ⑨开库康干线剖面 ⑩开库康五支线开库康组剖面 ★井位

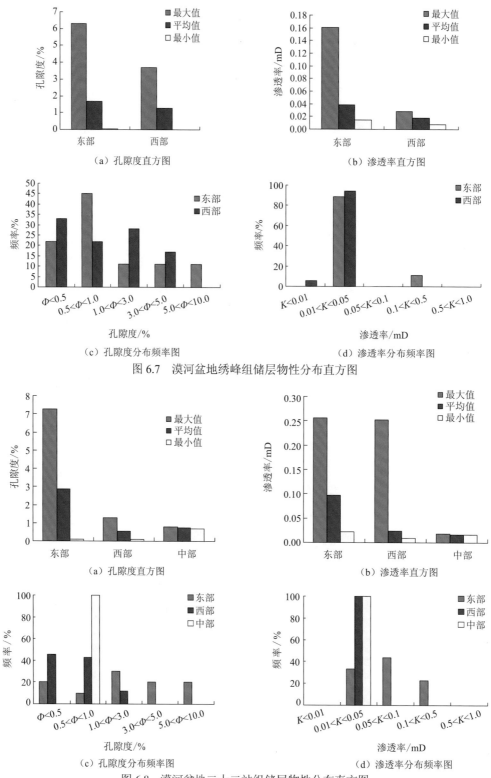

（a）孔隙度直方图

（b）渗透率直方图

（c）孔隙度分布频率图

（d）渗透率分布频率图

图 6.7　漠河盆地绣峰组储层物性分布直方图

（a）孔隙度直方图

（b）渗透率直方图

（c）孔隙度分布频率图

（d）渗透率分布频率图

图 6.8　漠河盆地二十二站组储层物性分布直方图

3. 漠河组

漠河组共采集 28 件砂岩样品，在漠河盆地的中部地区、东部地区、西部地区均有分布，但中部地区样品数量略多。通过对漠河组储层物性数据统计对比（图 6.9）发现：西部地区储层孔隙度介于 0.86%～1.57%，集中分布于 1.0%～1.3%，平均为 1.19%，渗透率介于 0.03～0.05 mD，平均为 0.03 mD；中部地区储层孔隙度集中分布于 1%～3%，平均为 2.04%，渗透率集中分布于 0.01～0.05 mD，平均为 0.03 mD；东部地区储层孔隙度介于 0.55%～3.19%，分布区间较为分散，平均为 2.1%，渗透率介于 0.02～0.15 mD，多分布于 0.02～0.10 mD，平均为 0.06 mD。区域地质研究表明，漠河组沉积时期水体继续加深，储集体以水下分流河道砂体为主，沉积厚度大且连续，导致其东部地区储层物性较中部地区、西部地区好，孔隙度、渗透率较大的原因与二十二站组类似。

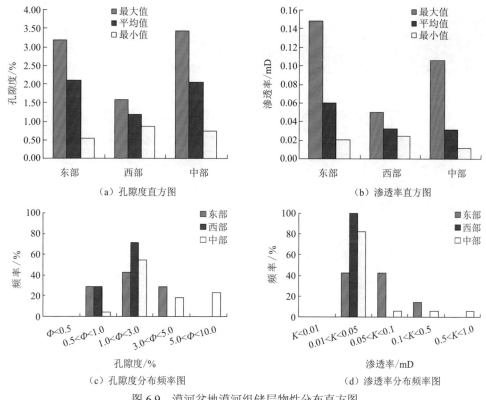

图 6.9　漠河盆地漠河组储层物性分布直方图

综上所述，漠河盆地侏罗系在区域上储层物性变化规律受沉积及构造的影响，整体表现为由西至东孔隙度、渗透率依次增大。

6.3 孔隙特征

6.3.1 孔隙空间类型

孔隙是指碎屑颗粒与颗粒之间未被基质和胶结物充填满所具有的空间（图 6.10）。按成因孔隙又可划分为原生粒间孔隙、次生孔隙、微裂缝。

（a）原生粒间孔隙被泥质充填，含泥质粉砂岩，绣峰组，×10（–）

（b）溶蚀粒内孔隙，粉砂岩，漠河组，×10（–）

（c）溶蚀粒间孔隙，含灰质细粒长石岩屑砂岩，二十二站组，×10（–）

（d）构造微裂缝，粉砂岩，漠河组，×10（–）

图 6.10 漠河盆地侏罗系储层孔隙显微镜下照片

原生粒间孔隙是指碎屑颗粒与颗粒之间的部分，在沉积、成岩作用过程中未完全充填满而保留下来的空间。这类孔隙在漠河盆地侏罗系各套层位中发育非常少，主要为少量的粒间残留孔隙，是由交代作用、胶结作用未将原生粒间孔隙充填满而残存下来的孔隙［图 6.10（a）］。

次生孔隙是成岩过程中孔隙流体使矿物颗粒发生溶蚀产生的孔隙。区域内常见的次生孔隙主要为长石溶蚀孔隙及碳酸盐溶蚀孔隙等。溶蚀粒内孔隙是指长石、岩屑等碎屑颗粒的溶蚀，是主要的次生孔隙类型之一。溶蚀粒间孔隙是指填隙物被局部溶解产生的孔隙。由于区域内渗透率较低，流体运移较困难，此类孔隙仅零星分布［图 6.10（b）、（c）］。

微裂缝指在显微镜下薄片中能观察到、具有一定宽度、延伸一定距离的微小裂缝。微裂缝多局限于砾石内部，没有穿越其他颗粒，规模小，具有一定的方向，为次生构造微裂缝。区域内微裂缝多被方解石胶结、充填，故对改善储集性能贡献并不大 [图 6.10（d）]。

6.3.2　孔隙结构特征

储层孔隙结构是影响岩石渗流性质的重要因素。定量表征孔隙结构的参数很多，主要包括反映孔喉大小、分选性、连通性及控制流体运动特征的参数。本小节主要选取排驱压力、相对分选系数、平均孔喉半径、歪度、退汞效率和最大进汞量来对漠河盆地侏罗系砂岩储层孔隙结构特征进行评价。

通过对区域内侏罗系各套地层的砂岩压汞资料（表 6.3）分析，漠河组具较低的相对分选系数、排驱压力、歪度，较高的平均孔喉半径、最大进汞量及退汞效率，反映其孔喉分布均匀，连通性较好；绣峰组孔喉结构特征与漠河组相反，平均孔喉半径、最大进汞量及退汞效率低，而相对分选系数、排驱压力、歪度则较高，反映其孔喉分布不均一，具一定的非均质性，连通性差；二十二站组各项指标多位于漠河组与绣峰组之间；开库康组仅有两块样品，测试结果不具代表性。

依据上述参数结合毛细管压力曲线特征，将漠河盆地侏罗系储层毛细管压力曲线划分为以下三种类型（表 6.4、图 6.11）。

I 型压汞曲线反映碎屑颗粒分选好，储层物性好，在漠河盆地范围内并不多见，仅在二十二站组与漠河组中零星可见。

II 型压汞曲线在漠河盆地较为常见，该类曲线整体特征介于 I 型与 III 型之间，绣峰组、二十二站组、漠河组、开库康组均有分布。

III 型压汞曲线在漠河盆地最为常见，该类压汞曲线反映碎屑颗粒分选较差，储集性能较差。

1. 绣峰组

漠河盆地绣峰组东部地区孔隙结构各项参数与西部地区差异不大。西部地区 II 型、III 型毛细管压力曲线均有，而东部地区仅有 III 型毛细管压力曲线。反映区域内绣峰组的碎屑颗粒分选性、孔隙连通性整体较差（图 6.12）。

2. 二十二站组

漠河盆地二十二站组东部孔隙结构各项参数均明显优于中部地区、西部地区。东部地区毛细管压力曲线主要为 II 型，I 型少见；中部地区、西部地区毛细管压力曲线主要为 III 型，仅见极少 II 型毛细管压力曲线在西部地区分布。反映区域内二十二站组的碎屑颗粒分选性、孔隙连通性较好，优于绣峰组，且东部地区明显好于西部地区，与物性分析结果一致（图 6.13）。

表 6.3　漠河盆地侏罗系储层孔隙结构特征参数统计表

地层	孔隙度/%		渗透率/mD		排驱压力/MPa		相对分选系数		平均孔喉半径/μm		歪度		最大进汞量/%		退汞效率/%	
	变化范围	平均值	变化范围	平均值	变化范围	平均值	变化范围	平均值	变化范围	平均值	变化范围	平均值	变化范围	平均值	变化范围	平均值
开库康组	0.9~3.3	2.10	0.002 7~0.05	0.038	4.82~31.99	18.40	1~1.28	1.14	0.006~0.027	0.017	1.89~2.95	2.42	49.17~82.64	65.91	15.02~38.43	26.73
漠河组	0.86~3.42	2.07	0.017~0.106	0.042	2~50	17.56	0.2~3.34	1.67	0.006~0.064	0.025	1.68~3.62	2.33	7.65~79.65	47.83	14.18~51.26	36.98
二十二站组	0.2~7.3	1.25	0.01~0.255	0.042	0.84~50.81	24.42	0.91~4.84	2.34	0.005~0.129	0.032	1.96~5.04	2.97	3.93~74.94	26.09	11.29~65.01	39.22
绣峰组	0.5~3.5	1.53	0.008~0.034	0.019	8.57~85.12	39.84	0.83~1.83	1.37	0.004~0.016	0.008	1.73~2.86	2.42	25.88~75.53	46.46	6.82~32.51	20.35

表 6.4　漠河盆地侏罗系储层孔隙结构特征分类表

毛细管压力曲线类型	孔隙度/%		渗透率/mD		排驱压力/MPa		相对分选系数		平均孔喉半径/μm		歪度		最大进汞量/%		退汞效率/%	
	变化范围	平均值	变化范围	平均值	变化范围	平均值	变化范围	平均值	变化范围	平均值	变化范围	平均值	变化范围	平均值	变化范围	平均值
I	3.30~2.40	2.85	0.237~0.050	0.103	3.42~1.09	2.49	0.95~0.20	0.68	0.086~0.049	0.066	1.81~1.32	1.68	81.41~65.88	80.92	51.26~44.08	47.56
II	3.20~1.45	2.48	0.106~0.019	0.054	11.95~3.00	10.49	2.62~0.22	1.13	0.056~0.014	0.032	2.98~1.31	1.97	77.53~15.11	72.74	51.50~16.97	35.00
III	3.42~0.86	1.78	0.030~0.017	0.023	50.00~2.00	24.87	3.34~1.20	1.96	0.044~0.006	0.017	3.21~2.09	2.54	48.14~7.65	22.63	44.65~14.81	32.48

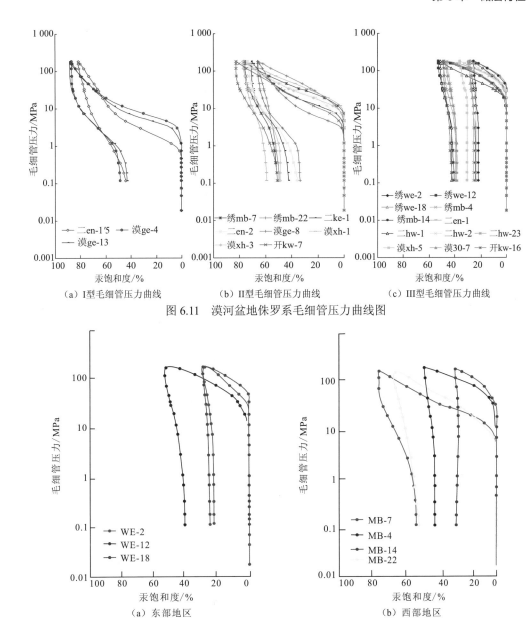

（a）I 型毛细管压力曲线　　（b）II 型毛细管压力曲线　　（c）III 型毛细管压力曲线

图 6.11　漠河盆地侏罗系毛细管压力曲线图

（a）东部地区　　　　　　　　　（b）西部地区

图 6.12　漠河盆地绣峰组各区域毛细管压力曲线图

3. 漠河组

　　漠河盆地漠河组东部地区孔隙结构各项参数最好，中部地区次之，西部地区最差。东部地区毛细管压力曲线主要为 I 型，II 型少见；中部地区毛细管压力曲线主要为 II 型、III 型，但 II 型毛细管压力曲线数量明显多于 III 型毛细管压力曲线；西部地区毛细管压力曲线主要为 III 型，仅见一条 II 型毛细管压力曲线在西部地区分布。反映区域内漠河组整体碎屑颗粒分选性、孔隙连通性为各套地层之最，明显优于绣峰组及二十二站组，变化趋势由东至西逐渐变差，与物性分析结果也一致（图 6.14）。

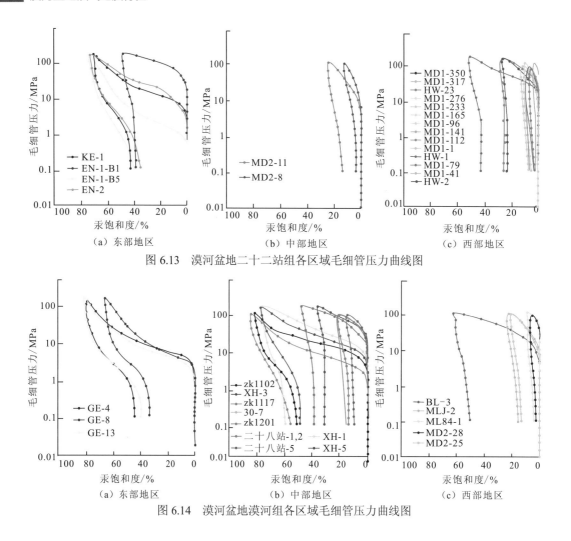

图 6.13 漠河盆地二十二站组各区域毛细管压力曲线图

图 6.14 漠河盆地漠河组各区域毛细管压力曲线图

6.4 成 岩 作 用

6.4.1 成岩作用类型

1. 压实作用

压实作用是指沉积物沉积后，在上覆地层压力与静水压力的共同作用下，将地层孔喉中的水分排出，使碎屑颗粒排列变得更加紧密，部分塑性组分发生变形或者以假杂基的形式挤入孔隙中，脆性颗粒、刚性颗粒发生破裂，最终导致孔隙度降低、渗透率变差的一种成岩作用。漠河盆地压实作用广泛发育，随着压实作用的增强，岩石为镶嵌胶结，颗粒间的接触关系由点接触→线接触→凹凸接触逐级变化，损失的孔隙不可逆转 [图 6.15（a）～（c）]。压实作用是一种极具破坏性的埋藏成岩作用，是导致区域内侏罗系储层物性变差的主要原因。

（a）碎屑颗粒镶嵌接触，紧密压实，细粒岩屑砂岩，漠河组，×10（-）

（b）碎屑颗粒镶嵌接触，云母塑性变形，粗粒长石岩屑砂岩，二十二站组，×10（+）

（c）刚性矿物受挤压破碎产生微裂缝，粗粒岩屑长石砂岩，漠河组，×10（+）

（d）方解石胶结长石粒内溶蚀孔隙，极细粒岩屑长石砂岩，漠河组，×10（-）

（e）方解石胶结粒间孔隙，含灰质细粒长石岩屑砂岩，二十二站组，×10（-）

（f）铁白云石胶结粒间孔隙，中粒长石岩屑砂岩，二十二站组，×10（-）

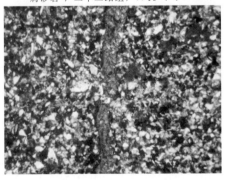

（g）方解石胶结裂缝，泥质粉砂岩，绣峰组，×10（-）

（h）方解石交代长石颗粒，含灰质细粒长石岩屑砂岩，二十二站组，×10（-）

(i) 铁石交代长石颗粒，中粒长石岩屑砂岩，
二十二站组，×10（-）

图 6.15 漠河盆地侏罗系岩石显微镜下照片

2. 胶结作用

胶结作用是碎屑岩中主要的成岩作用之一，是指矿物从孔隙溶液中沉淀，将松散的沉积物固结为岩石的作用。一方面，胶结作用是降低储层中孔隙度和渗透率的主要因素之一，属于破坏性成岩作用；另一方面，早期的胶结作用，如方解石胶结能对部分孔隙提供有力支撑，并为后期溶蚀提供一定的物质基础。漠河盆地侏罗系胶结类型主要为方解石胶结和铁白云石胶结 [图 6.15（d）～（g）]，充填原生粒间孔隙、长石溶蚀孔隙、构造微裂缝等有利储集空间，致使储层物性变差。后期部分胶结物轻微溶蚀，有助于物性的提升，但整体作用不大。故漠河盆地侏罗系内胶结作用被视为破坏性成岩作用。

3. 交代作用

交代作用是指矿物被溶解，同时被孔隙沉淀出来的矿物所置换的过程。漠河盆地侏罗系交代作用相对较弱，主要为碳酸盐矿物交代碎屑颗粒、碳酸盐矿物之间的交代、黏土矿物交代颗粒等 [图 6.15（h）、(i)]。

4. 溶蚀作用

溶蚀作用是指砂岩中的碎屑颗粒、杂基、胶结物和交代矿物，包括最稳定的石英颗粒和硅质胶结物，在一定的成岩环境中不同程度地发生溶蚀，产生次生孔隙，使碎屑岩的孔隙度和渗透率提高，是一种建设性的成岩作用。漠河盆地侏罗系以方解石、长石的溶蚀作用为主 [图 6.10（b）、(c)]。

6.4.2 成岩阶段划分

常用的成岩阶段划分标志为：成岩温度、R_o、孢粉颜色、黏土矿物的组合及转变、自生矿物的分布及岩石物性等。其中最关键的因素是温度，它不仅控制着黏土矿物的形成、转变和砂岩中的一些自生矿物的形成，还决定着有机质的成熟度及煤变质作用等。

按照碎屑岩成岩阶段划分标准，可将成岩阶段划分为早成岩、晚成岩两个阶段，其中早成岩阶段划分为早成岩阶段 A 期和早成岩阶段 B 期，晚成岩阶段分为晚成岩阶段 A 期、晚成岩阶段 B 期和晚成岩阶段 C 期（表 6.5）。

表 6.5　碎屑岩成岩阶段划分标准

成岩阶段		Ro/%	成岩温度/℃	泥质岩		机械压实作用	压溶作用	自生矿物								溶蚀作用			孔隙类型	颗粒接触方式	次生孔隙生成	油气形成
				混层类型	蒙脱石体积分数%			高岭石	绿泥石	方解石	铁方解石	铁白云石	硫酸盐矿物	石英长石加大	沸石	碳酸盐类	长石	岩屑				
早成岩阶段	A	<0.4	<70	分散状蒙脱石	>70	强	—	自生高岭石	栉壳状	泥晶方解石	泥晶菱铁矿	—	—	—	方沸石	—	—	—	I类为主	点状为主	—	生化甲烷
早成岩阶段	B	0.4~0.5	70~90	无序混层带	50~70	弱	强	晶体完好的高岭石增多	纤维状	亮晶方解石	泥晶铁方解石	泥晶铁白云石	—	弱	片沸石	弱	弱	弱			次生孔隙形成	初期生油
晚成岩阶段	A	0.5~1.3	90~130	有序混层带	20~50	—	较强	高岭石向伊利石转化	片状	—	亮晶铁方解石	亮晶铁白云石	—	强	浊沸石	强	强	强	I-II类	点状-线状	次生孔隙大量发育	大量油气生成
晚成岩阶段	B	1.3~2.0	130~170	伊利石-绿泥石带	<20	—	弱			—	—	—	重晶石	—	—	弱	弱	弱	I-II类	线状-凹凸状	—	湿气
晚成岩阶段	C	>2.0	>170		0	—	—	—	—	—	—	—	—	—	浊沸石、绿纤石	—	—	—	I-II类	凹凸状-缝合状	裂隙-裂理发育	干气

漠河盆地侏罗系砂岩碎屑颗粒之间以点-线接触、线接触为主，少量为点接触，砂岩中泥质岩屑和云母碎片等塑性碎屑普遍发生较强烈的塑性变形，部分泥质碎屑受压变形形成假杂基，碎屑颗粒紧密排列现象比较普遍，砂岩经受了中等程度的压实作用改造。R_o 为 0.73%～3.54%，平均为 1.77%，表明有机质进入成熟-过成熟阶段。区域内次生孔隙普遍发育，长石、岩屑及碳酸盐碎屑等发生明显的溶蚀作用，铁方解石、铁白云石等晚期碳酸盐胶结物大量出现。根据以上特征，结合成岩阶段划分标准，推测侏罗系砂岩处于晚成岩阶段 A-B-C 期。其中，绣峰组砂岩以线接触为主，少见点-线接触及点接触，R_o 为 1.09%～1.54%，平均为 1.31%，溶蚀作用较强，次生孔隙发育，处于晚成岩阶段 A-B 期；二十二站组砂岩中线接触与点-线接触各占一半，R_o 为 0.73%～2.37%，平均为 1.28%，岩屑及碳酸盐碎屑溶蚀明显，次生孔隙发育，主要处于晚成岩阶段 A-B 期；漠河组砂岩主要发育线接触，其 R_o 较高为 0.80%～3.54%，平均为 2.02%，靠近漠河盆地中北部地区及西部地区的样品，受构造运动影响，变质作用较为强烈，导致其热演化程度过高，岩石多处于晚成岩阶段 C 期，而远离构造带的样品，其成岩阶段与二十二站组、绣峰组类似，均位于晚成岩阶段 A-B 期；开库康组采集样品数量有限，不足以对其成岩阶段进行有效划分。

6.5 储层综合评价

据赵文智等（2008）统计（表 6.6），国内天然气藏物性整体较差，多为低孔-低渗储层。其中，发育在四川盆地的天然气藏物性变化较大，尤其渗透率，最小仅为 0.001 mD，最大可达 50 mD。发育在鄂尔多斯盆地的天然气藏，物性跨度略小，渗透率最小为 0.01 mD，最大为 10 mD。漠河盆地侏罗系砂岩储层物性整体较差，平均孔隙度仅为 1.37%，平均渗透率为 0.034 mD，但通过对比国内大型具超低孔-超低渗特征的气田，其储层依然为有效储层。

表 6.6 中国低孔渗储层天然气藏与气层物性参数一览表

气田名称	含气面积/km²	气体厚度/m	孔隙度/%	渗透率/mD
广安	578.9	6～35	6～13	0.001～10.000
合川	1 058.3	11～26	7～10	0.001～50.000
安岳	360.8	10～36	6～14	0.001～14.000
榆林	1 715.8	3～30	5～11	0.01～10.00
神木	827.7	3～15	4～12	0.01～10.00
苏里格	20 800.0	5～15	7～11	0.01～10.00
乌审旗	872.5	5～12	3.5～14.0	0.01～10.00
漠河	—	—	0.02～7.3	0.01～0.90

由于国内行业标准划分的差异，考虑鄂尔多斯盆地上古生界砂岩储层物性特征与漠河盆地侏罗系砂岩储层较为相似，参考其划分标准对漠河盆地侏罗系砂岩储层进一步分类评价（表 6.7）（付金华，2004）。

表 6.7 鄂尔多斯盆地上古生界砂岩储层分类标准

等级	类型	物性		孔隙结构特征									微观特征		
		孔隙度/%	渗透率/mD	排驱压力/MPa	最大连通孔喉半径/μm	平均孔喉半径/μm	中值压力/MPa	中值半径/μm	分选系数	歪度	平均孔隙半径/μm	面孔率/%	孔隙类型组合	岩性特征	成岩特征
好	I	≥12	≥1.0	≤0.5	≥1.5	≥0.2	≤1.85	≥0.4	≥2.0	≥0	≥70	≥6.0	粒间-溶孔、溶孔-粒间孔	石英砂岩、含砾粗粒长石岩屑砂岩、岩屑石英砂岩	硅质加大发育，溶蚀作用强烈
中等	II	10~12	0.5~1.0	0.5~0.6	1.25~1.5	0.1~0.2	1.85~3.75	0.2~0.4	1.75~2.0	-0.5~0	10~70	3.0~6.0	晶间孔-溶孔、粒间孔	中-粗粒石英砂岩、长石质石英砂岩、凝灰质杂基常见	
差	III	4~10	0.1~0.5	0.6~1.5	0.5~1.25	0.05~0.1	3.75~7.5	0.1~0.2	1.25~1.75	-2.0~-0.5	0.5~10	0.5~3.0	溶孔-晶间孔、粒间孔-微孔		溶蚀作用，高岭石常变常压实致密及石英胶结致密岩
极差	IV	≤4	≤0.1	≥1.5	≤0.5	≤0.05	≥7.5	≤0.1	≤1.25	≤-2	≤0.5	≤0.5	微孔	岩屑砂岩、杂基含量高	

漠河盆地侏罗系砂岩储层虽众多参数指标均落入表 6.7 中的 IV 类储层区间,但综合考虑样品均采自野外露头,由于次生作用等其他因素的影响,容易导致测试结果产生一定偏差,主要使用孔隙度与渗透率参数来对其进行划分。漠河盆地侏罗系砂岩储层整体划分为 III-IV 类储层。绣峰组砂岩储层孔隙度介于 0.02%~6.31%,平均为 1.41%,渗透率介于 0.008~0.161 mD,平均为 0.025 mD,综合评价为 III-IV 类储层;二十二站组砂岩在 4 套地层中储层物性最差,孔隙度介于 0.09%~7.28%,平均仅为 0.98%,渗透率介于 0.010~0.256 mD,平均为 0.038 mD,综合评价为 III-IV 类储层,以 IV 类储层为主,而个别样品物性较好,孔隙度大于 7%,渗透率大于 0.2 mD,属于 II-III 类储层;漠河组砂岩储层整体物性相对较好,孔隙度介于 0.55%~3.42%,平均为 1.90%,渗透率介于 0.012~0.145 mD,平均为 0.038 mD,综合评价为 III-IV 类储层,以 III 类储层为主;开库康组砂岩样品较少,难以对其进行有效划分。

6.6　单井储层评价

6.6.1　漠 D1 井

1. 岩石学特征

漠 D1 井钻井深度为 1456 m,钻遇地层为二十二站组。砂岩类型主要为长石岩屑砂岩及岩屑长石砂岩,岩屑砂岩次之。砂岩碎屑成分中石英体积分数为 10%~38%,平均为 21.3%;长石体积分数为 8%~63%,平均为 36.8%;岩屑体积分数为 19%~54%,平均 36.1%(图 6.16)。二十二站组砂岩碎屑颗粒粒径较为分散,分选中等-差,磨圆度主要为次棱状、次棱状-次圆状,呈颗粒支撑,见极少量杂基支撑,颗粒接触方式主要为线接触、点-线接触。

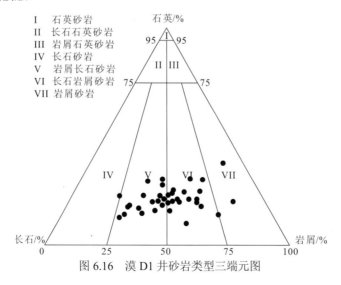

图 6.16　漠 D1 井砂岩类型三端元图

2. 物性特征

漠 D1 井二十二站组砂岩储层物性较差，孔隙度介于 0.2%～1.05%，平均为 0.52%；渗透率介于 0.01～0.029 mD，平均为 0.016 mD，具典型的超低孔-超低渗特征（图 6.17）。垂向上，漠 D1 井二十二站组砂岩储层孔隙度、渗透率变化有一定的规律性，表现出复合韵律的特征，反映其层内的非均质性较强[图 6.5（b）、（e）]。

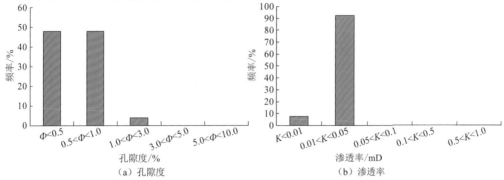

图 6.17　漠 D1 井二十二站组砂岩储层孔隙度、渗透率分布直方图

3. 孔隙结构特征

漠 D1 井二十二站组砂岩储层孔隙类型主要为次生孔隙中的溶蚀粒间孔隙与溶蚀粒内孔隙，反映孔隙结构的特征参数相对较差。相对分选系数为 1.67～4.84，平均为 3.06；排驱压力为 0.3～50.0 MPa，平均为 24.7 MPa；平均孔喉半径为 0.007～0.520 μm，平均为 0.076 μm；歪度为 2.19～5.04，平均为 3.41；最大进汞量为 3.93%～22.24%，平均为 13.06%；退汞效率为 28.23%～57.75%，平均为 41.72%，毛细管压力曲线均表现出 III 型特征（图 6.18）。

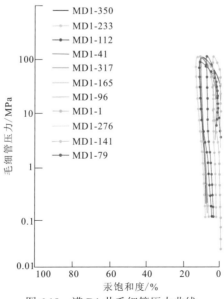

图 6.18　漠 D1 井毛细管压力曲线

6.6.2 漠 D2 井

1. 岩石学特征

漠 D2 井钻井深度为 1422 m，钻遇地层为二十二站组和漠河组。二十二站组砂岩类型主要为岩屑砂岩，长石岩屑砂岩极少。砂岩碎屑成分中石英体积分数为 15%～30%，平均为 23.5%；长石体积分数为 4%～16%，平均为 12%；岩屑体积分数为 55%～81%，平均为 63%（图 6.19）。二十二站组砂岩碎屑颗粒粒径集中分布于 0.13～0.25 mm，分选中等，磨圆度主要为次棱状、次棱状-次圆状，呈颗粒支撑，颗粒接触方式主要为线接触。漠河组砂岩类型主要为岩屑砂岩。砂岩碎屑成分中石英体积分数为 12%～34%，平均为 21%；长石体积分数为 3%～15%，平均为 8.5%；岩屑体积分数为 56%～83%，平均为 70.5%（图 6.19）。漠河组砂岩碎屑颗粒粒径分布较为分散，分选中等-好，磨圆度主要为次棱状-次圆状，呈颗粒支撑，颗粒接触方式主要为线接触。

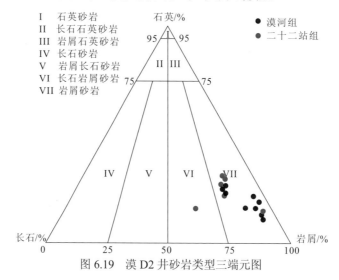

图 6.19 漠 D2 井砂岩类型三端元图

2. 物性特征

漠 D2 井二十二站组砂岩储层物性较差，孔隙度介于 0.69%～0.77%，平均为 0.74%，渗透率介于 0.016～0.018 mD，平均为 0.017 mD，具典型的超低孔-超低渗的特征；漠河组砂岩储层孔隙度介于 0.75%～1.53%，平均为 1.23%，略高于二十二站组，渗透率大多介于 0.012～0.020 mD，平均为 0.016 mD，与二十二站组基本持平（图 6.20）。垂向上，漠 D2 井渗透率明显表现出复合韵律的特征（图 6.21）。

3. 孔隙结构特征

漠 D2 井二十二站组砂岩储层孔隙类型主要为次生孔隙中的溶蚀粒间孔隙与溶蚀粒内孔隙，反映孔隙结构的特征参数中，相对分选系数为 1.48～2.23，平均为 1.86；排驱

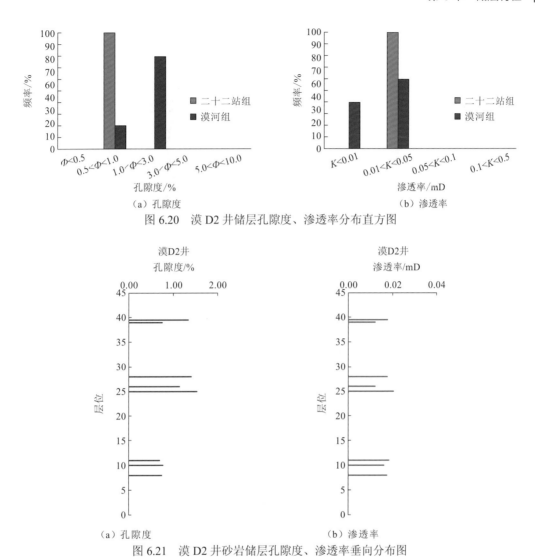

图 6.20 漠 D2 井储层孔隙度、渗透率分布直方图

图 6.21 漠 D2 井砂岩储层孔隙度、渗透率垂向分布图

压力为 2 MPa；平均孔喉半径为 0.050～0.057 μm，平均为 0.054 μm；歪度为 2.02～2.65，平均为 2.34；最大进汞量为 14.70%～25.55%，平均为 20.13%；退汞效率为 39.18%～65.01%，平均为 52.1%，毛细管压力曲线均表现出 III 型特征（图 6.22）。漠河组砂岩储层孔隙类型主要发育次生孔隙中的溶蚀粒内孔隙及构造微裂缝，其相对分选系数为 0.53～3.93，平均为 1.93；排驱压力为 0.2～3.0 MPa，平均为 1.5 MPa；平均孔喉半径为 0.034～0.613 μm，平均为 0.209 μm；歪度为 1.44～4.25，平均为 2.48；最大进汞量为 5.85%～61.56%，平均为 28.26%；退汞效率为 18.75%～78.13%，平均为 41.35%；毛细管压力曲线也表现出 III 型特征，极少表现出 II 型特征（图 6.22）。

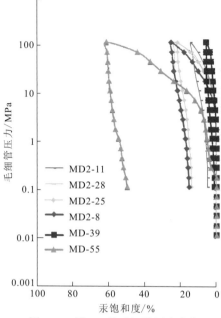

图 6.22　漠 D2 井毛细管压力曲线

第 **7** 章

成矿条件分析

通过对研究区油气成藏特征、天然气水合物成矿特征进行综合研究，结合埋藏史、生烃史深入剖析，总结成矿模式。

7.1 油气成藏特征

7.1.1 烃源岩

1. 沉积环境

漠河盆地在中侏罗世形成了巨厚的陆源碎屑沉积，累积沉积厚度最大处超过 6 000 m，而在该时期形成的 4 套地层中均发育一定的暗色泥岩，但因沉积环境的不同，泥岩的发育程度也存在一定的差异。绣峰组—二十二站组主体沉积期及开库康组沉积期主要为近源陡坡型沉积体系，沉积相类型以冲积扇相和扇三角洲相为主，暗色泥岩多为薄夹层，少量以砂泥互层的形式出现，厚度薄且分布不连续。二十二站组顶部与漠河组沉积期为近源缓坡型沉积体系，发育辫状河三角洲相及半深湖-深湖亚相，水体深且环境安静，沉积了大量厚层-巨厚层富含有机质的暗色泥岩，有机质保存条件好，是烃源岩发育的主力层位（图 7.1）（大庆油田，2003）。

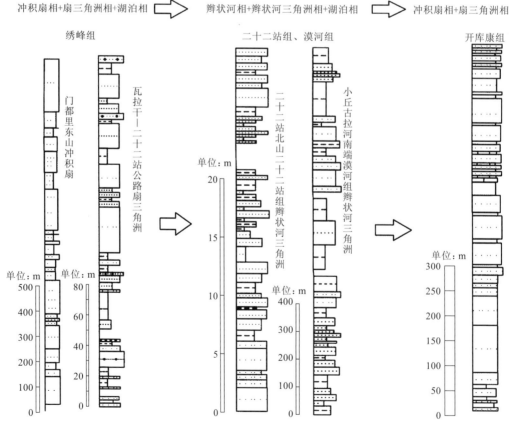

图 7.1　漠河盆地沉积充填序列及沉积体系演化图

2. 烃源岩主要分布

漠河盆地侏罗系漠河组暗色泥岩最为发育，平均泥地比达到 0.42；二十二站组为 0.17；绣峰组暗色泥岩多呈薄层且分布不连续，平均泥地比为 0.04；开库康组泥地比虽为 0.18，但出露有限，不具代表性。根据暗色泥岩的产出与分布，漠河组可作为漠河盆地烃源岩发育的最有利层位，其次是二十二站组。依据漠河盆地漠河组暗色泥岩平面分布厚度等值线图（图 7.2）可知，漠河盆地漠河组暗色泥岩厚度最大可达 1300 m，而最小处超过 200 m。具体而言，漠河盆地西部地区剖面的漠河组暗色泥岩厚度均超过 400 m，特别是位于北极村—二道河剖面、北极村飞来松垃圾场剖面附近沉积的暗色泥岩厚度分别达到了 1300 m 和 900 m，漠洛公路—洛古河一带，暗色泥岩厚度变小，为 450 m；漠河盆地中部地区剖面漠河组暗色泥岩厚度总体较西部地区小，北红村剖面、MK-4 井一带暗色泥岩厚度大，均超过 700 m，三零干线—毛家大沟沿线暗色泥岩厚度小，为 259.2 m。但受构造运动影响，西部地区沉积地层整体经历了动力变质作用，导致部分暗色泥岩已发生变质而成为黑色板岩，更甚者已成为千枚岩；中部地区泥地比虽相对较低，但 MK-4 井及大雷子山的漠河组暗色泥岩厚度分别高达 999 m 和 735 m，且暗色泥岩未见明显的变质或变质程度较低。野外与室内分析表明，动力变质作用主要出现在漠河盆地中部偏西、偏北地区，综合评价认为漠河盆地中部地区的暗色泥岩相较于西部地区更适宜作为有效烃源岩。

3. 烃源岩丰度评价

漠河盆地 4 套沉积地层中烃源岩的各项丰度评价指标也有不同的变化特征。

绣峰组沉积期处于漠河盆地形成初始阶段，物源主要来自漠河盆地南部的老基底。漠河盆地西南部靠近物源，供给充足，主要发育冲积扇，不利于烃源岩的沉积，如在门都里东山剖面中，泥石流成因的混杂砾岩和河道成因的砂砾岩较少，漫流成因的砂岩、粉砂岩相对发育，见少量泥岩，故其各项丰度评价指标均较低，TOC 平均为 0.25%，S_1+S_2 平均为 0.04 mg/g，氯仿沥青"A"质量分数平均为 0.004%，HC 质量分数平均为 8.22 μg/g，综合评价为差-非烃源岩。中部地区主要发育扇三角洲沉积，随着水体逐渐加深，沉积环境趋于稳定，暗色泥岩沉积增多，TOC 平均为 1.01%，S_1+S_2 平均为 0.58 mg/g。东部地区烃源岩 TOC 平均为 0.78%，S_1+S_2 平均为 0.035 mg/g，综合评价为差-中等烃源岩。

二十二站组沉积期盆地加深，湖盆扩大，区域内主要发育扇三角洲-辫状河三角洲-滨浅湖沉积。漠河盆地西部地区发育扇三角洲-辫状河三角洲沉积，分流河道砂体发育，其间夹有河道间泥岩，TOC 平均为 1.08%，S_1+S_2 平均为 0.16 mg/g，氯仿沥青"A"质量分数平均为 0.008%，HC 质量分数平均为 16.89 μg/g，综合评价为差-中等烃源岩。中部地区湖盆水体加深，部分区域发育滨浅湖-半深湖亚相，沉积中厚层泥岩，其 TOC 平均为 1.88%，S_1+S_2 平均为 0.24 mg/g，氯仿沥青"A"质量分数平均为 0.005%，HC 质量分数平均为 15.62 μg/g，基本达到好烃源岩的标准，特别是中部地区的漠 D2 井，其 TOC 平均值高达 2.28%，已达到最好烃源岩的标准，但受构造运动影响，中北部地区岩石均

图例 ⌒ 暗色泥岩厚度
等值线 / m

● 剖面

图 7.2 漠河盆地漠河组暗色泥岩平面分布厚度等值线图

遭受了一定程度的变质，导致热演化程度过高，各项评价指标较低，综合考虑沉积及构造等因素将其评价为中等-好烃源岩。东部地区多为林区覆盖，样品采集有限，TOC 平均为 0.34%，S_1+S_2 平均为 0.14 mg/g，综合评价为差-非烃源岩。

　　漠河组沉积期湖泊沉积最为发育，区域内水体深且相对稳定，有机质发育且保存条件良好，形成了巨厚的烃源岩。结合漠河盆地漠河组 TOC 平面分布等值线图（图 7.3）综合研究推测：漠河盆地西部地区暗色泥岩厚度大，分布连续，但遭受动力变质作用影响强烈，暗色泥岩已趋于板岩化，导致其热演化程度过高，各项丰度评价指标偏低，TOC 平均仅为 0.29%，S_1+S_2 平均为 0.09 mg/g，氯仿沥青 "A" 质量分数平均为 0.011%，综合评价为差-非烃源岩。中部地区 TOC 较西部地区明显升高，平均为 1.69%，与二十二站组类似，中北部地区受构造影响丰度评价指标偏低，如北红村剖面 TOC 平均为 0.56%，而远离构造带的漠 D2 井、MK-3 井的 TOC 显著提高，结合沉积及构造因素综合评价为好烃源岩。东部地区剥蚀广泛，风化严重，且多为植被覆盖，综合评价为中等烃源岩。

　　开库康组由于采集样品数量有限，未能对其不同区域烃源岩丰度进行有效评价。

4. 烃源岩生烃量

1）烃源岩 T_{max} 与热演化分数 K 关系图版法

　　将漠河盆地侏罗系漠河组暗色泥岩划分为 8 个区块（图 7.4），建立立体模型，分别计算出每个区块的体积，再依据计算公式（邬立言，1986）求出每个区块的生烃量。各个区块的生烃量之和即为漠河盆地侏罗系漠河组烃源岩的总生烃量：

$$Q = S \cdot H \cdot \rho \cdot S_2 \cdot K \tag{7.1}$$

式中：$S \cdot H$ 为烃源岩的体积，km^3；ρ 为烃源岩的密度，26×10^8 t/km³；S_2 为成熟烃源岩的热解烃量，kg/t；K 为烃源岩各 T_{max} 下的热演化分数[图 7.5（邬立言，1986）]。

　　由岩石热解数据可知，漠河盆地侏罗系漠河组烃源岩 T_{max} 平均为 496℃，有机质类型为 II_1 型，在图版中查得 $K \approx 14$；另外热解参数显示漠河组成熟烃源岩热解烃量 S_2 平均值为 0.3 kg/t；漠河盆地侏罗系漠河组烃源岩密度约为 26×10^8 t/km³。将各数值代入式（7.1），分别计算出 8 个区块的生烃量 $Q_1=7.64 \times 10^8$ t，$Q_2=45.9 \times 10^8$ t，$Q_3=24.6 \times 10^8$ t，$Q_4=34.3 \times 10^8$ t，$Q_5=19.1 \times 10^8$ t，$Q_6=4.4 \times 10^8$ t，$Q_7=6.6 \times 10^8$ t，$Q_8=5.5 \times 10^8$ t。漠河盆地侏罗系漠河组烃源岩总生烃量 $Q=Q_1+Q_2+Q_3+Q_4+Q_5+Q_6+Q_7+Q_8=148.04 \times 10^8$ t。

2）基于成烃机理的成烃转化率法

　　按照现代油气成烃机理，单位烃源岩中油气的生成量取决于有机质的丰度（数量）、类型（反映单位质量有机质的生烃能力）和成熟度（反映有机质向油气转化的程度，即成烃转化率）。因此，评价烃源岩中油气的生成量应使用式（7.2）：

$$Q = S \cdot H \cdot \rho \cdot TOC \cdot I_H \cdot X \tag{7.2}$$

式中：X 为成烃转化率；I_H 与 X 之积为产烃率，漠河盆地侏罗系漠河组有机质类型以 II_1 型为主。由表 7.1（黄第藩和李晋超，1982）可知，漠河组烃源岩最大累计产烃率为 400 mg/g；结合 TOC 等值线图（图 7.3），获得各区块的 TOC 平均值。将各数值代入式（7.2），分

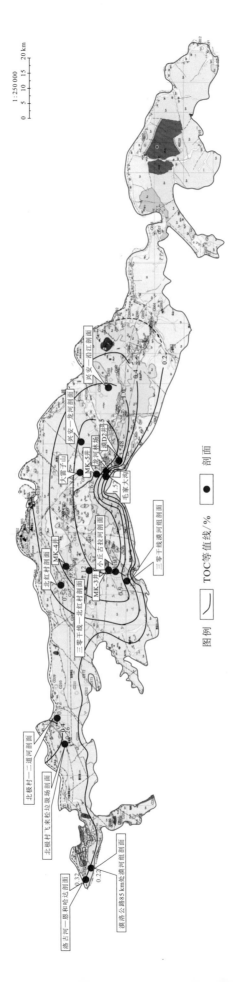

图7.3 漠河盆地漠河组TOC平面分布等值线图

图例 　 TOC等值线/% 　 ● 剖面

图7.4 漠河盆地侏罗系漠河组暗色泥岩区块划分图

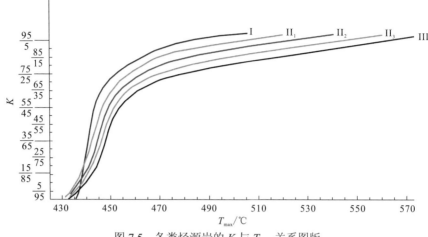

图 7.5 各类烃源岩的 K 与 T_{max} 关系图版

别计算出 8 个区块的生烃量 $Q_1 = 2.62 \times 10^8$ t，$Q_2 = 78.62 \times 10^8$ t，$Q_3 = 6.31 \times 10^8$ t，$Q_4 = 29.48 \times 10^8$ t，$Q_5 = 16.38 \times 10^8$ t，$Q_6 = 2.62 \times 10^8$ t，$Q_7 = 1.68 \times 10^8$ t，$Q_8 = 1.4 \times 10^8$ t。漠河盆地侏罗系漠河组烃源岩总生烃量 $Q = Q_1 + Q_2 + Q_3 + Q_4 + Q_5 + Q_6 + Q_7 + Q_8 = 139.11 \times 10^8$ t。

表 7.1 干酪根热解分类指标

干酪根类型	I_H/（mg/g）		S_2/S_3	氧指数（I_o）/（mg/g）	最大累积产烃率/（mg/g）
	下限	特征值			
I	200	620~950	10~85	10~40	400
II$_1$	100	400~620	5~10	25~100	360
II$_2$	25	250~400	2.5~5	25~150	200
III$_1$	10	100~250	0.4~2.5	40~400	100
III$_2$	10	<100	0.01~0.4	100~>800	<50

3）有机碳法

有机碳法是利用单位体积原始 TOC 减去单位体积残余 TOC，然后乘以总体积，再换算成总生烃量，换算公式为

$$Q = S \cdot H \cdot \rho \cdot TOC_{残余} \cdot (K_c - 1)/0.83 \qquad (7.3)$$

式中：$TOC_{残余}$ 为有效烃源岩残余 TOC 实测值，%；K_c 为有效烃源岩原始有机碳恢复系数，根据残余 TOC、有机质成熟度、有机质类型和区域内典型未成熟-成熟烃源岩样品的模拟实验结果综合分析，该次计算选用 K_c 为 1.22；0.83 为碳（%）换算成烃量（kg/t）的系数。

将各数值代入式（7.3），分别计算出 8 个区块的生烃量 $Q_1 = 1.93 \times 10^8$ t，$Q_2 = 57.88 \times 10^8$ t，$Q_3 = 4.65 \times 10^8$ t，$Q_4 = 21.7 \times 10^8$ t，$Q_5 = 12.08 \times 10^8$ t，$Q_6 = 1.93 \times 10^8$ t，$Q_7 = 1.03 \times 10^8$ t，$Q_8 = 1.03 \times 10^8$ t。漠河盆地侏罗系漠河组烃源岩总生烃量 $Q = Q_1 + Q_2 + Q_3 +$

$Q_4+Q_5+Q_6+Q_7+Q_8=102.23\times10^8\,t$。

考虑漠河盆地漠河组西部地区及中北部地区岩石普遍发育动力变质作用，受热演化程度过高的影响，式（7.1）中 S_2 的测试数据部分失真，式（7.3）中选取的 K_c 为平均值，忽略了不同区域热演化程度之间的差异影响，而式（7.2）中选取的参数 TOC 和 I_H 受热演化程度影响较弱，能更为真实地反映最终结果。综上所述，该次烃源岩生烃量的计算选用基于成烃机理的成烃转化率法的计算结果作为最终结果，漠河盆地侏罗系漠河组烃源岩生烃量为 $139.11\times10^8\,t$。

7.1.2 储层

漠河盆地侏罗系储层岩石类型分布广泛，发育有岩屑长石砂岩、长石岩屑砂岩、岩屑砂岩等，主要为长石岩屑砂岩和岩屑砂岩。侏罗系储层以砂岩和砂砾岩为主。

砂岩储层总体呈现特低孔、超低渗特征，孔隙度普遍小于 10%，渗透率普遍小于 1.0 mD。根据剖面（井）样品分析显示，绣峰组、二十二站组、漠河组和开库康组储层物性分布特征各有不同，孔隙度和渗透率分布区间存在一定的差异。根据漠河盆地侏罗系所取的 102 件样品（2 件样品发育裂缝）物性统计表明，所有样品孔隙度最大值为 7.28%，平均值为 1.37%，最小值为 0.02%；渗透率最大值为 0.256 mD，平均值为 0.034 mD，最小值为 0.008 mD，整体评价为特低孔、超低渗储层。

纵向上，以二十二站组储层物性最优，漠河组次之，开库康组略差于漠河组，绣峰组储层物性最差。平面上，漠河盆地在各组中储层物性都表现为东部地区优于西部地区，以二十二站组东西部地区储层物性差异最明显，漠河组东西部地区储层物性最相近。

漠河盆地孔隙不发育，孔喉普遍较小，排驱压力大。漠河盆地内压实作用、胶结作用强烈，原生孔隙损失殆尽，储集空间多为次生孔隙。

虽然漠河盆地侏罗系储层物性较差，平均孔隙度为 1.37%，平均渗透率为 0.034 mD，但对比国内已生产具有工业价值的气体的气田，漠河盆地侏罗系的储层对天然气而言仍为有效储层。

7.1.3 生储盖组合与圈闭

漠河盆地内盖层类型多样、分布广泛，既可以是岩浆作用形成的火山岩，也可以是侏罗纪沉积的厚层泥岩。早白垩纪发育的火山岩、火山碎屑岩和泥灰岩质地坚硬且较为致密，直接覆盖在侏罗系生储油岩之上，可作为较好的盖层。而漠河盆地漠河组发育半深湖-深湖沉积，泥岩厚度为 643.66 m。其中，龙河林场剖面泥岩单层最大厚度为 40 m，泥岩总厚度为 177.43 m；大雷子山地区钻井泥岩单层最大厚度为 10 m，泥岩总厚度为 256.05 m；毛家大沟地区钻井泥岩单层最大厚度为 13 m，泥岩总厚度为 108.80 m；漠 D2 井漠河组厚度为 890 m，泥岩厚度为 377.8 m，最大单层厚度为 26.5 m。二十二站组泥岩累计最大厚度可达 376 m，单层最大厚度达 26.5 m，分布连续，也可以成为很好的盖层。此外，漠河盆地内连续片状展布的厚层永久冻土（20～150 m）也是良好的天然气盖层。

由烃源岩、储层及盖层的空间分布来看，漠河盆地主要发育三套潜在的生储盖组合。一是以漠河组暗色泥岩为烃源岩和盖层，砂岩为储层，在其内部形成"自生自储"型组合类型；二是以漠河组暗色泥岩为烃源岩和盖层，以二十二站组或绣峰组砂岩为储层，形成"上生下储"型组合类型；三是以永久冻土层作为盖层，直接覆盖在圈闭（或储层）上方，通过断裂沟通烃源岩，从而形成一种特殊的生储盖组合类型，但永久冻土层形成时间较晚，对烃类气体的封盖能力有限，不是区域内的主要类型。故近距离靠近烃源岩，储层物性较佳，加之盖层封闭能力良好的漠河组"自生自储"型为漠河盆地内的主要生储盖组合类型（图 7.6）。

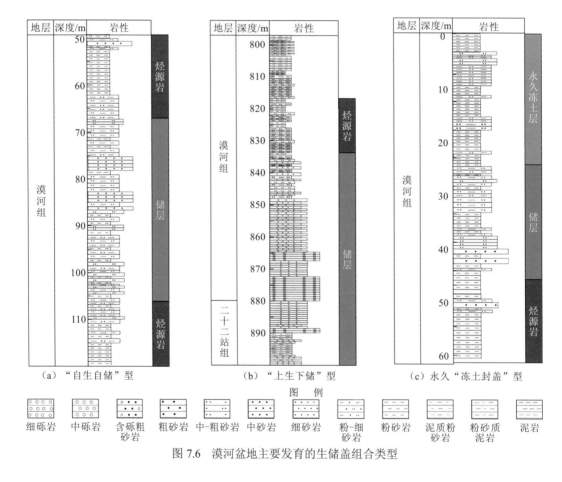

图 7.6　漠河盆地主要发育的生储盖组合类型

勘探事实已证明，圈闭对常规油气聚集成藏至关重要，对漠河盆地天然气水合物成矿也有重要作用，特别当天然气水合物出现在永久冻土带底部时。漠河盆地南、北部隆起，中部拗陷，以及内部凸起、凹陷相间的构造格局形成的隆起和凸起，与断裂相结合可以形成各类的构造圈闭，同时陆相沉积的侧向变化也容易形成地层（或岩性）圈闭。

7.1.4 运移通道与输导体系

运移通道有断裂、不整合面及输导层，它们相互之间组合又可以形成不同类型的输导体系。漠河盆地区域性断裂发育，在北东向和近东西向断裂中，向北突出的弧形断裂较为发育。在漠河盆地内部，也充斥着大量的次一级断裂，部分次级断裂还构成了凹陷、凸起等次级构造单元的边界（图 3.46，表 7.2）（大庆油田，2004）。岩层中张性及压扭性裂缝数量也较为可观。区域内断裂主要具有三点特征：①晚侏罗世断裂系统主要由主体呈近东西走向的张性基底断裂、局部地区北东向断裂组成，晚侏罗世晚期，在南北向挤压应力作用下，断裂由正断层性质转化为逆断层性质。早白垩世，部分先前近东西向断裂重新活化，控制火山岩沉积，主要发育在漠河盆地南部；②北东向断裂由正断层组成，主控断裂规模大、延伸长；③断裂成带分布，断裂活动差异明显，不同断裂活动强度、规模不同，相比之下，近东西向和北东向的控制基底隆拗格局的断裂活动性最强，北西向断裂、南北向断裂无论是活动性、延伸规模均次之。上述区域性断裂、次级断裂、微裂缝在空间上相互连通，形成了漠河盆地良好的垂向运移系统。平面上，侏罗系内部区域不整合面不发育，但砂岩输导层可以成为天然气侧向运移的有效通道。特别是由断裂和输导层组成的复合运移通道可以极大地提高天然气运移的效率。

表 7.2 漠河盆地主要断裂统计表

编号	名称	走向	性质	倾向	长度/km	级别
F_1	漠河南缘	北西	正	北东	182	I
F_2	塔河	东西	正	北	56	I
F_3	—	北东	正	北西	80	I
F_4	二十三站北	东西	逆	北	226	I
F_5	林海	北西	正	南西	62	I
F_7	—	北东	正	南东	32	I
F_9	—	南北	正	西	21	II
F_{10}	—	北东东	正	北	28	II
F_{11}	二十七站西	北东东	逆	北西	118	II
F_{12}	河东—二十六站	北东东	逆	北西	112	II
F_{13}	—	北东	正	南东	90	II
F_{14}	长缨—二十四站	北东	正	北西	70	II
F_{16}	—	东西	正	南	70	II
F_{17}	蒙克山	东西	逆	南	114	II
F_{20}	二十二站	北东	正	北西	106	II
F_{21}	—	北东	正	南东	77	II

漠河盆地早期的裂陷作用、晚期的褶皱作用及构造推覆作用共同构成了漠河盆地的构造发育史，它们对盆地内气体生产、运移和保存条件均有一定的影响。早期的裂陷作用对后期盆地的产生及形成起到了宏观上的主控作用。裂陷作用控制了沉积环境的变化，使盆地内地层以粗细沉积交替的形式出现，为后期油气的生成、聚集提供了充足的物质条件。而裂陷过程伴生的热流为后期生油层的热演化提供了充足热源。此外，区域内除断裂构造发育外，火山活动也较为频繁，为油气的运移和成熟演化提供了有利条件。晚期的褶皱作用及构造推覆作用形成了大量的复式向斜，可包含多个褶皱及局部凹陷构造带，为气体聚集提供了有利的圈闭条件。

漠河盆地由西向东划分为 4 个一级构造带，在此构造背景下，各构造单元内部又呈凹凸相间的次级构造样式。该构造格局极利于地势低洼处生成的烃类气体向构造高地运移。宏观上，漠河盆地中部中央拗陷生成的烃类气体，可以源源不断地向南、北隆起运移；微观上，各个次级凹陷生成的烃类气体，可向相邻的凸起部位运移。不但有利于形成常规气藏，也利于漠河盆地内的气态烃类向地表附近的永久冻土区运移而形成天然气水合物。

7.1.5 保存条件

总的看来，漠河盆地油气的保存条件有不利的地方，主要有 4 个方面：①构造运动规模大且活动时间长，导致早期形成的油气圈闭不容易得到有效保存；②动力变质作用强烈，容易形成破碎带，导致附近岩石发生动力变质作用，区域内北红村剖面中漠河组暗色泥岩大多已经变质成为黑色板岩，部分甚至已经糜棱岩化，致使烃源岩中有机质成熟度过高；③火山活动频繁，以华力西中期的深成岩侵入活动最强烈，形成大面积的花岗岩基，对本区总体构造格局起到巨大的改造作用；④地层剥蚀严重，历史上区域内经过了两次大规模的隆升过程，导致区域内部分地层被剥蚀，开库康组仅零星出露，破坏早期圈闭。

虽然漠河盆地存在诸多不利油气保存的条件，但漠河盆地内仍有部分区域构造运动相对较弱，未见明显动力变质作用及火成岩侵入，且开库康组保存相对较好，可作为常规油气成藏的相对有利区域，如漠河盆地的中部与东部地区。

7.2 天然气水合物成矿特征

7.2.1 气源

甲烷作为天然气水合物中主要气体成分，其在烃类气体中所占比重显得尤为重要。国内学者对漠河盆地烃类气体的组成及类型进行过深入研究（赵省民 等，2011），通过对区域内钻井取心的吸附气及泉水中的溶解气进行采样分析发现，烃类气体中甲烷占据绝对优势（吸附气中甲烷体积分数为 87%~94%，水溶气中甲烷体积分数为 96%~98%），乙烷（C_2H_6）和正己烷次之并含有少量的丙烷（C_3H_8）和丁烷（C_4H_{10}）。甲烷体积分数与阿拉斯加北坡地区（甲烷体积分数为 91.19%～99.53%）类似，而略低于西伯利亚麦索亚哈气田（甲烷体积分数为 98.6%），但明显高于我国祁连山地区（甲烷体积分数为 54%～76%）。就漠河盆地的烃类气体的组成而言，已完全能够满足天然气水合物的形成。

世界范围内，陆域天然气水合物的气体成因类型主要为热解成因及生物成因两种，如阿拉斯加北坡和马更些三角洲天然气水合物中气体主要来自深部热解成因气体，在上升的过程中混有生物成因气；阿拉斯加北坡天然气水合物矿藏中气体主要来自深部热解成因气和少量与深部油气、煤成气有关的热解成因气，而 200 m 以上永久冻土层内为原地形成的生物成因甲烷气体；西伯利亚麦索亚哈气田天然气水合物以生物成因气为主。国内首次发现天然气水合物的祁连山地区，成矿模式主要为油气田中的热解成因气沿大断层向上运移或通过长期的构造隆升（伴随强烈的持续剥蚀）而到达近地表，混合生物成因气在稳定带内形成天然气水合物。

漠河盆地气源丰富，具有生成大量热解成因气的潜力，而生物成因气的存在也不容忽视。漠河盆地生物成因气形成条件优越，其永久冻土层以下地温梯度为 1.7～2.7 ℃/km，3 000 m 范围内，尤以 1 100～1 900 m 深度段最适合甲烷菌的活动；地下水盐度普遍小于 0.05 mol/L，低于 4 mol/L 的阈值；地下水的 Eh 介于 -200～-400 mV，pH 介于 6.5～9.5，非常适宜甲烷菌的形成。赵省民等（2015）对 MK-2 井 89 件样品的岩心解吸气进行了测试分析，碳、氧同位素分析结果显示，区域内烃类气体几乎全部为生物成因气（图 7.7），而同位素与气体组成之间的关系说明区域内深部为混合成因气（图 7.8）。同时在区域内各层位烃源岩的生物标志化合物中均存在大量的 C_{25}-降藿烷系列化合物，说明了永久冻土区内微生物活动广泛（图 7.9）（赵省民 等，2015）。

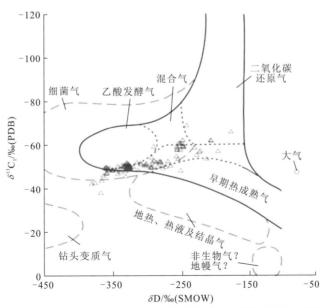

图 7.7　漠河盆地 MK-2 井岩心解吸气甲烷碳、氢同位素综合判别图

PDB 为皮狄组中的拟箭石（Pee Dee belemnite）；

SMOW 为标准平均大洋水（standard mean ocean water）

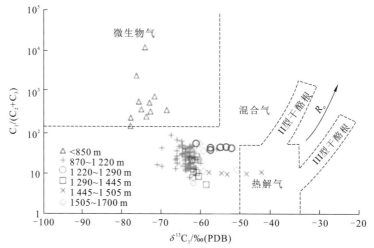

图 7.8　漠河盆地 MK2 井岩心解吸气同位素综合判别图

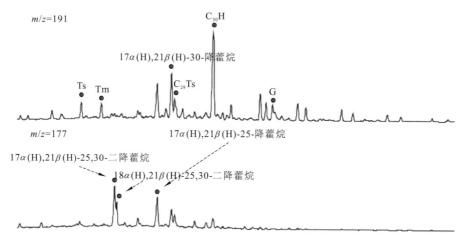

图 7.9　漠河盆地暗色泥岩饱和烃 $m/z=191$ 和 $m/z=177$ 质量色谱图（MK2 井，1 436 m）

通过王川等（1996）建立的天然气成藏模型计算公式，对区域内的生物成因气含量进行了估算：

$$Q_{\text{生物成因}}=1\,400\cdot S_1\cdot H_1\cdot D_1\cdot C\,R_a \tag{7.4}$$

式中：S_1 为泥岩层的面积，m^3；H_1 为泥岩层的厚度，m；D_1 为泥岩的密度，t/m^3；C 为总有机碳含量，%；R_a 为累积生油气含量与有机碳的质量比，对 I 型干酪根 R_a 取 9.91%，对 II 型干酪根 R_a 取 4.84%，对 III 型干酪根 R_a 取 4.70%。

通过计算，漠河盆地的生物成因气含量约为 151.8×10^{12} m^3，生气量极为可观。

由此说明，区域内气体组成以甲烷为主，在成因类型上热解成因及生物成因皆具备，深部以热解成因气为主，在上升过程中混有一定的生物成因气，而浅层均为生物成因气，与祁连山地区的天然气水合物烃类气体成矿模式极为类似，为漠河盆地的天然气水合物的形成拓展了气源。

7.2.2　永久冻土发育特征

1. 永久冻土调查

东北永久冻土带位于欧亚大陆高纬度永久冻土区的南缘，系欧亚大陆永久冻土的一部分和自然南延，大体分布于我国东北北纬 48°以北的广大地区，系晚更新世形成冻土的残留部分。地理上，主要分布在大兴安岭、小兴安岭及周边地区；行政上，横跨内蒙古自治区和黑龙江省。总面积约为 $38.2 \times 10^4 km^2$，约占我国永久冻土面积（$215 \times 10^4 km^2$）的 17.8%，是我国永久冻土带的重要组成部分。自然景观包括大兴安岭北部和中部的针叶林区、小兴安岭的阔叶混交林区、松嫩平原森林草原区北部及内蒙古高原（呼伦贝尔—锡林郭勒高原）干草原、荒漠草原区北部。气候上属我国最寒冷的寒温带和中温带的北部。漠河地区地处连续永久冻土区（周幼吾 等，2000），永久冻土厚度具有向西北增大的规律。漠河盆地西北部永久冻土厚度为 20~80 m，最厚可达 140 多米（赵省民 等，2011）。这不仅与已发现天然气水合物的我国祁连山地区极为接近，而且与推测有天然气水合物分布的西伯利亚亚马尔（Yamal）半岛的永久冻土厚度相当。该区域的永久冻土厚度，应能满足天然气水合物形成的基本要求。漠河盆地的地表温度为-3.0~-0.5℃，地温梯度约为 1.6℃/100 m，也表明漠河永久冻土区已具备天然气水合物形成的温度条件。

东北永久冻土分布的特点表现为以下几个方面。

（1）主要受纬度地带性制约，自北向南，随年平均气温升高（-5~0℃）、平均年温度较差减小（40~50℃），永久冻土所占面积的百分比（简称连续性，或以小数表示称连续系列）由 80%减至 5%以下，由大片连续分布至岛状和稀疏岛状甚至零星分布；年平均地温升高，由北部-4℃到南部的-1~0℃，永久冻土的厚度由上百米减至几米（周幼吾 等，1996；郭东信 等，1981）。

（2）海拔影响的叠加使东北永久冻土分布更具特色。一是表现在大兴安岭地区的永久冻土比小兴安岭地区更为发育；永久冻土层的温度由西向东升高。二是与俄罗斯境内的永久冻土相比，我国东北永久冻土区与西伯利亚南部的三个永久冻土亚区（永久冻土南区）的特征相似；我国东北永久冻土的年平均温度甚至还与西伯利亚永久冻土北区的一部分相当，也就是说，我国东北永久冻土（主要是大兴安岭的永久冻土）较邻近的西伯利亚南部地区更为发育。

（3）低洼处永久冻土条件更为严酷。在我国东北大片永久冻土区，山间洼地和河谷阶地有苔藓生长和泥碳层的沼泽化阶段，永久冻土温度最低（-4~-3℃），地下水最发育，永久冻土厚度也最大（100 m 及其以上）。

（4）东北岛状、稀疏岛状和零星岛状分布永久冻土区南北宽达 200~400 km，其面积比大片连续和大片连续-岛状两个永久冻土区的面积大得多。这一广阔地带实际上是永久冻土与季节冻土相互过渡的地带。

东北永久冻土分布的主要影响因素主要表现为以下几个方面。

（1）纬度对永久冻土分布的影响。随着纬度自北而南降低，年平均气温升高（-5~0℃），永久冻土带所占面积比例减小，连续性变差（大片连续→岛状→稀疏岛状）。由北部-4℃到南部的0~-1℃，融土的温度由1℃升至3~4℃；永久冻土的厚度由上百米减至几米（周幼吾 等，1996；郭东信 等，1981）。

（2）海拔对永久冻土发育的影响。大兴安岭、小兴安岭山脉总体趋势北低南高。北段海拔主要为300~600 m，而南段一般海拔为500~1 000 m，使东北永久冻土区的自然地理南界呈"W"形。这是在纬度地带性的制约下，又受到东西方向上"两高"（大兴安岭和小兴安岭）夹"一低"（松嫩平原）的地形影响所致。海拔高度还使大兴安岭地区的永久冻土比小兴安岭地区更为发育，大片连续、大片连续-岛状分布的永久冻土集中在大兴安岭，而在小兴安岭只有岛状和稀疏岛状永久冻土分布。永久冻土层的温度也由西向东升高。我国东北永久冻土区与西伯利亚南部的三个永久冻土亚区的特征相似，而我国东北冻土的年平均温度，还与西伯利亚永久冻土北区的一部分相当，甚至我国东北永久冻土较邻近的西伯利亚南部地区更为发育，其原因在于，西邻额尔古纳河的东外贝加尔地区的海拔一般为350~400 m，北邻黑龙江的低山区海拔仅为200~400 m。可见，在我国东北永久冻土的发育中，尤其是大片永久冻土的出现，海拔起了重要作用（周幼吾 等，2000）。

2. 永久冻土分区

永久冻土是气候和地质地理因素综合作用的产物，在不同尺度的地质及地理因素作用下，形成不同层次的气候，决定着永久冻土的形成、演替和分布。在永久冻土区内，不同成因和面积大小不等的融区，制约着永久冻土分布的连续性。因而永久冻土区又有连续分布和不连续分布之分，后者进一步分为大片岛状及岛状分布的永久冻土区（表7.3）（李新和程国栋，2002），漠河盆地永久冻土多为连续分布和岛状分布（图7.10）（周幼吾 等，2000）。

表 7.3 东北地区永久冻土分布及主要特征

永久冻土类型	分布	连续性/%	年平均气温/℃	年平均地温/℃	永久冻土层厚度/m
大片连续永久冻土	大片连续	65~75	<-5	-4.2~-1	50~100
大片岛状永久冻土	局部连续	50~64	-5~-3	-1.5~0.5	20~50
	不连续	40~49			
岛状永久冻土	岛状	20~39	-3~0	-1~0	5~20
	稀疏岛状	5~19			
	零星岛状	<5			
季节冻土	季节融化	—	0~3.5	—	—

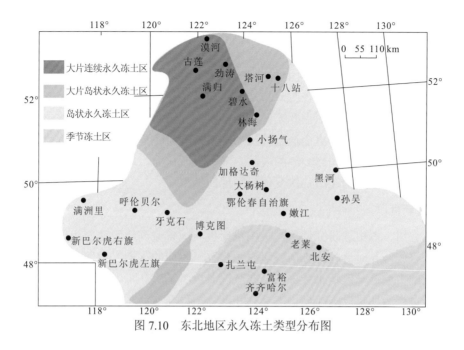

图 7.10　东北地区永久冻土类型分布图

1）大片连续永久冻土区

大片连续永久冻土区位于研究区的最北部，漠河—劲涛—碧水一线以西均较发育。大片连续永久冻土区冻结期长（一般大于 7 个月），年平均气温低（一般低于-5℃），年温差较大，属典型的寒温带气候。区域内植被茂盛，土壤层薄，河流阶地及山间谷底潮湿，沼泽土与泥沼土极为发育。气候寒冷，植被繁密，土层湿润松散，以及在冬季存在的广泛而又稳定的逆温层等，是永久冻土厚度大、连片性强且连续分布的根本原因。

该区永久冻土呈大片连续分布，约占冻土总面积的 70%～80%，连续性高达 65%～75%，但由于坡向、松散层厚度、植被发育规模等外部因素的影响，永久冻土层的厚度、温度等均存在一定的差异。永久冻土层最为发育之处一般位于山间谷底、沼泽洼地及低级阶地，厚度一般为 50～80 m，部分区域最厚处可达 90～100 m，永久冻土的年平均地温介于-4.2～-1℃，最低可达-4.4℃；永久冻土层较发育处多位于阴坡，永久冻土厚度多为 50～60 m，年平均地温为-2～-1℃；裸露及植被不发育的阳坡永久冻土发育稀少，一般无永久冻土仅发育少量的季节性冻土。

2）大片岛状永久冻土区

大片岛状永久冻土区位于大片连续永久冻土区的外缘，主要分布于塔河、十八站等地。大片岛状永久冻土区的年平均气温为-5～-3℃，气候、土壤、植被等自然条件由南至北发生渐变。由于大片岛状永久冻土区融区范围扩大，除植被稀少且裸露在外的阳坡成为融区外，大中河床床下、部分小河床床下、深大断裂冲水带也为融区，使永久冻土分布的连续性明显下降，连续性仅为 40%～64%。区域内永久冻土分布于阴坡、半阴坡及谷底等年均地温较低处（一般为-1.5～0.5℃），厚度一般为 20～50 m，永久冻土层的厚度及地温变化呈现一定的趋势，由南向北厚度逐渐增加，而地温逐渐降低。

3. 演化阶段

冻土历史演变过程恢复较为困难，因为冻土本身具有较大的热惰性，对自然条件的反应速度较为迟缓。计算结果表明，与地表热交换条件变化相对应的冻土形成或融化往往需要上千年或万年时间，如在此期间经历多次次一级的波动，往往会被该时期的响应结果所容纳。我国现存的古冻土遗迹除极个别以外均为晚更新世寒冷期所遗留，结合国内冻土层厚度不超过 130～150 m 的现状，多数学者认为，现存的永久冻土系晚更新世寒冷期所形成，后随波动经历几次变化后呈现的结果。

1）晚更新世以前

根据古冰川、古植被研究结果，早中更新世我国青藏高原及西部山地、东北北部曾经历过寒冷气候，并对喜马拉雅山、昆仑山建立了相应的冰期，但较为遗憾的是一直没有发现相应的古遗迹，致使永久冻土分布状况难以考证。

中更新世寒冷期形成的冰楔仍然保存在北纬 64°勒拿河—维柳伊低地，同期的冰楔一直延续到北纬 56°的地方，永久冻土已波及东北北部地区。考虑地势因素，东北地区当时的永久冻土南界应位于北纬 45°～46°，而漠河盆地地处北纬 52°20'～53°03'，由此说明，中更新世寒冷期可能为区域内最早的永久冻土形成期。在经历过冰期之后气候转暖，冰层融化，欧亚大陆永久冻土南界逐渐提升至北纬 58°左右，永久冻土已完全退出中国东北地区。

2）晚更新世

晚更新世冰盛期阶段（距今 1.1～3.2 Ma），北方大部分地区为干旱、沙漠环境，欧亚大陆纬度永久冻土带大幅向南推进，其南界抵达我国东北南部地区（北纬 40°～41.3°）。根据东北现今南界，结合乌玛冰楔恢复的古气温，漠河盆地当时的年平均气温低达-5～10℃，比现今该区气温低 5℃，为连续的永久冻土发育区，最大永久冻土厚度可能达到 150～200 m。晚更新世末次冰期，气温相对于冰盛期略有升高，根据砂土楔恢复的古气温为-6°～0°，区域内大片连续永久冻土开始逐渐向不连续的大片岛状过渡。

3）全新世至今

进入全新世以来，随全球性普遍增温，漠河盆地自然环境也发生了巨大变化，其变暖的时间距今 3 000～8 500 a，即全新世最适宜时期。气温的回升导致前期形成的永久冻土大幅向北回退，南界退缩至阿木尔、满归一带。全新世晚期气温逐渐降低，最适宜时期融化的永久冻土层又重新冻结。根据伊图里河冰楔恢复的古气温比现今低 1～3℃，晚全新世的极冷时期永久冻土南界要比现今往南推移一个纬度，即 100 km 左右。

通过上述分析，东北地区现有永久冻土层所形成的时代已基本清晰，北纬 51°～52°以北的地区，即漠河盆地所在区域的永久冻土层为晚更新世冰盛期与晚全新世寒冷期所形成的永久冻土层叠加；北纬 51°～52°以南地区至现今永久冻土南界的永久冻土层，为晚全新世极冷时期所形成。

4. 分布特征

地质体在形成和演化的过程中，由于身处不同环境，往往会导致其成分和结构的不同，从而导致自身各种物理性质如密度、弹性、传播速度、电性、磁性等存在一定差异，而正是上述差异的产生，为地球物理的探测提供了依据。对永久冻土层的调查同样源于其与非冻土层之间的物理性质差异。永久冻土区冻土层温度普遍低于相邻非冻层，温度的降低直接导致层内的水分冻结、迁移，冰在不同层位以不同形式聚集、消散，对其物理性质产生了极大的影响。对永久冻土层的调查常用的地球物理探测方法主要有 6 种，分别为音频大地电磁法（audio magnetotelluric method，AMT）、直流电阻率法、地质雷达法、地震折射法、瞬变电磁法（time domain electromagnetic method，TDEM）、偶极装置电位差比法（表 7.4）。

表 7.4　永久冻土地球物理探测方法

方法	基本原理	优点	缺点	试验地区及项目
音频大地电磁法	观测由远程天电引起的天然平面电磁波信号，计算处理达到确定地下的介质电阻率值	不受高阻层屏蔽，对低阻层的响应明显，采集频率较高，分辨率较高	精确程度受探测深度限制，深度越大探测精度越差	羌塘盆地、祁连山地区永久冻土调查
直流电阻率法	通过采集地表以下不同层位上视电阻率的数值划分地层	仪器轻，便于在交通困难地区携带，资料处理过程简单，可直接在野外获得大致信息	勘探效率差，精度低，仅适用于厚层冻土及埋藏冰川的勘探	青藏高原及东北地区永久冻土南界的确定
地质雷达法	利用不同频段的电磁波在地下传播过程中，由于不同介质的介电常数的存在差异而导致波阻抗引起电磁波反射，从而分析、处理得到雷达扫描图	采用连续剖面测量、频率高，可以准确地划分出冻融边界	水系丰富时无法工作，探测有效深度仅为 20～30 m，不能准确划分季节冻土与永久冻土	青海、西藏等永久冻土区的工程建设
地震折射法	根据高速折射层和速度差异，得到下层介质的深度及纵波速度，判定是否存在永久冻土，或判定土的类型	适用于永久冻土的分层	当地表松软时，激发条件会变差，难以追踪折射波	北美地区永久冻土调查
瞬变电磁法	利用不接地回线或接地线源向地下发射一次脉冲磁场，在一次脉冲磁场间歇期间，利用线圈或接地电极观测二次涡流场，通过测量断电后各个时间段的二次涡流场随时间变化规律，划分冻土层	在一定程度上缩小了解的非唯一性，能从观测资料中提取常规反演方法得不到的地下信息	理论较为复杂，野外适时进行快速反演受到极大限制	青藏高原永久冻土调查
偶极装置电位差比法	通过偶极装置的两极电位差之比的变化来确定永久冻土层	确定永久冻土边界较为灵敏、准确，仪器轻便和工效高	易受测量供电极近电场的畸变状态、地表不均匀性干扰	某岛状冻土区进行岛状永久冻土的圈定

冻土层为 0℃以下含有冰的岩石、土壤层，天然气水合物也为冰态物，而温度的变化通常会导致电阻率发生相应的变化。当含水的介质处于冰点以下时，其电阻率与温度

呈负相关关系，即温度降低，电阻率升高。2008 年，祁连山永久永久冻土区天然气水合物 DK-1 科学钻探试验孔测井结果显示相对正常的沉积地层，天然气水合物成矿带表现出明显的高阻特征，而永久冻土带也呈现高阻特征。相对于国外典型的永久冻土区，漠河盆地的纬度要略低，地表温度相对略高，永久冻土的厚度相对略薄，结合地温资料及天然气水合物的温压条件，漠河盆地永久冻土区冻土层厚度及天然气水合物的成矿深度较浅，可能为 100～800 m。由此说明，区域内各项因素均满足音频大地电磁法研究的要求，加之人口稀疏、干扰少，故最终选择音频大地电磁法对区域内永久冻土分布特征进行全方位的研究，并利用地质浅井的测井结果对模拟的结果进行误差校正，以保证结果的可靠性。

在漠河盆地西北地区共设置了 33 条剖面（图 7.11），试验使用的仪器为加拿大凤凰地球物理公司生产的 V5-2000 型大地电磁仪。选择区域内典型的 4 条测线剖面（图 7.12），对其永久冻土分布特征进行阐述。

（1）测线 L41 呈北东 30° 走向，全长 16 km，测点 160 个。测线 0～5.5 km 处见明显的高阻异常带，呈团块状连续分布，厚度可达 700～900 m。考虑区域内永久冻土厚度的实际情况，高阻体可能为地表以下发育的火山岩体，该处永久冻土层的实际厚度为 40～60 m。沿北东向，顶面连续分布的高阻层特征较为明显，厚度也逐渐增加，至 11～15 km 处达到峰值，永久冻土层平均厚度为 75～95 m。

（2）测线 L50 呈北西 15° 走向，全长 12 km，测点 120 个。测线全程均表现出明显的高阻异常，分布连续且厚度大。但顶部的高阻带与下部高阻带之间存在一个连续的相对低阻带，由此说明该测线中的高阻异常体并非全由永久冻土层所致，依据高阻层在纵向上的差异判断，下部的高阻带应为基岩或火山岩，永久冻土层的界面应划分在上、下高阻层之间的低阻带上。测线 L50 永久冻土层厚度分布稳定，平均为 65～75 m，在 2.5～4 km、5～5.5 km、8.5～10.5 km 处存在三个永久冻土相对发育区，最大厚度可达 85 m。

（3）测线 L26 呈北东 30° 走向，全长 8 km，测点 80 个。测线顶部高阻异常区呈岛状断续分布，特征不明显，在地表浅部没有高阻层的区域，说明永久冻土层不发育，永久冻土层根据前后位置的高阻层厚度进行划分，划分厚度需小于前后高阻层的厚度。测线由南西至北东方向永久冻土层厚度逐渐增加，连续性增强，在 5.5～6 km 处达到最大值，永久冻土层厚度最大可达 95 m，继而逐渐递减。

（4）测线 L22 呈北东 30° 走向，全长 8 km，测点 80 个。测线在位于 0～4 km 处永久冻土厚度呈现先增大后减小的趋势，平均为 90～100 m，在测线 1.5 km 处的永久冻土最大厚度超过 120 m。沿北东向继续向前，永久冻土层厚度因地形的变化而再次呈现两个相对高值区，分别为测线的 6 km 处和 8 km 处，永久冻土层最厚均可达到 100 m，在 4 km 处较为明显的低阻区可能为凹陷区或断裂发育区。

在漠河盆地共钻探了 6 口地质浅井对 AMT 测量结果进行误差校正（表 7.5），结果表明，利用 AMT 解释的永久冻土层厚度与利用视电阻率、纵波速度、井径、自然伽马等参数综合解释结果基本一致，具有较高的可靠性。根据永久冻土标志层绘制了漠河盆地西北地区永久冻土分布厚度等值线图（图 7.13），从图中可知勘查区永久冻土层较发育，永久冻土厚度稳定、连续性好，多分布于 20～100 m，平均厚度超过 40 m，局部最大厚

图7.11 漠河盆地西北地区AMT测线分布图

图例 ⟋ 测线 ● 剖面

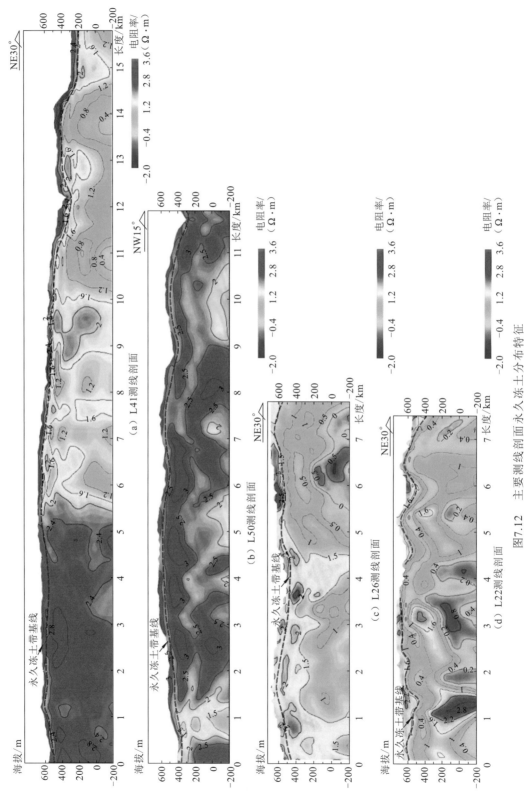

图7.12　主要测线剖面永久冻土分布特征

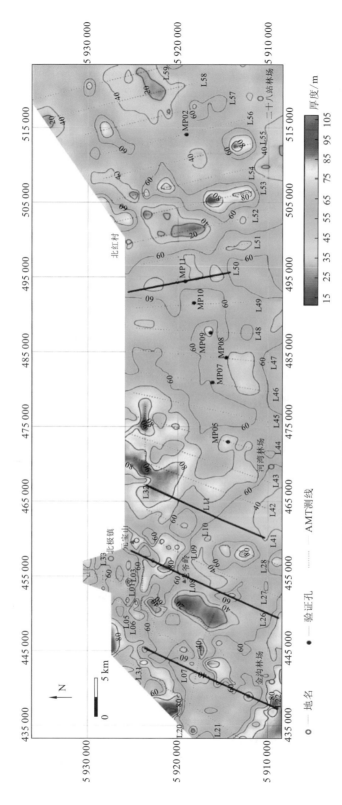

图7.13　漠河盆地西北地区永久冻土分布厚度等值线图

度可超过 150 m。永久冻土层作为天然气水合物圈闭的重要组成部分，其发育与地质构造、地表环境等因素关系密切，区域内永久冻土层分布特征整体表现为西部厚、东部薄，北部厚、南部薄，在金沟凹陷和宝宝林山凹陷区永久冻土层厚，元宝山凸起区永久冻土层薄。永久冻土层的分布特征表明在凹陷区及周边永久冻土层发育，而在凸起区永久冻土层相对不发育。

表 7.5　漠河盆地 AMT 测量永久冻土厚度与测井永久冻土厚度对比结果

序号	AMT 测点号	永久冻土厚度 1/m	地质浅井编号	永久冻土厚度 2/m
1	MP05A	92	MP05	90
2	MP07A	90	MP07	89
3	MP08A	64	MP08	70
4	MP09A	47	MP09	49
5	MP10A	52	MP10	49
6	MP11A	85	MP11	84

注：永久冻土厚度 1 为 AMT 测量解释结果；永久冻土厚度 2 为测井参数综合解释结果

7.2.3　天然气水合物稳定带

永久冻土带的天然气水合物稳定带，系天然气水合物相边界分别与永久冻土层内和之下地温梯度曲线两个交点之间的区域，两交点（分别为天然气水合物稳定带顶界、底界）之间的距离即天然气水合物稳定带的厚度。开展天然气水合物稳定带计算所需参数，除了永久冻土层厚度，还包括气体组分和地温梯度。

1. 气体组分

MK-2 井施工过程中，项目组采集了 541 件岩心气样品，并对这些气体样品进行了现场气相色谱分析，获得了大量数据。为了保障天然气水合物稳定带计算的准确性，本小节挑选了气量较大的样品（约 180 件），将这些烃类气体组分的平均值（表 7.6）作为计算漠河盆地永久冻土带天然气水合物稳定带的气体组分。虽然漠河盆地烃类气体以 CH_4 占绝对优势，但 C_2H_6 等重烃体积分数也很高，达 6% 以上，对该永久冻土区天然气水合物的形成十分有利。

表 7.6　漠河盆地 MK-2 井岩心气的平均组成

项目	CH_4	C_2H_6	C_2H_4	C_3H_8	C_3H_6	iC_4H_{10}	nC_4H_{10}	iC_5H_{12}	nC_5H_{12}
平均浓度/（μl/L）	274 747.86	11 844.48	5.61	4 295.87	4.19	634.32	722.61	208.27	74.49
体积分数/%	93.92	4.05	0	1.47	0	0.22	0.25	0.07	0.03

注：C_3H_6 为丙烯；C_5H_{12} 为戊烷

先依照 CSMHYD 程序的运算要求，输入气体组分和特定的温度数据（按-2.4～19℃的温度区间，以 2℃的温度为间隔，输入温度数据），计算漠河盆地 MK-2 井岩心气形成天然气水合物的类型、相平衡压力及响应深度。计算结果表明，该区域岩心气可形成 SII 型天然气水合物，天然气水合物平衡压力见表 7.7。

表 7.7　漠河盆地 MK-2 岩心气天然气水合物平衡温度与平衡压力

项目	平衡温度/℃								
	-2.4	0	2	4	6	8	10	12	14
平衡压力/MPa	0.90	0.99	1.27	1.60	2.01	2.54	3.22	4.12	5.33
深度/m	81	91	119	153	195	249	318	410	533

项目	平衡温度/℃							
	15	16	17	18	19	20	22	24
平衡压力/MPa	6.10	7.02	8.15	9.55	11.31	13.50	19.30	26.76
深度/m	612	706	821	964	1 143	1 367	1 958	2 719

2. 地温梯度

迄今，仅有 1 口井（漠 D1 井）具测温数据，据该井测温数据计算结果看，地温梯度为 17℃/km（表 7.8）。项目组先后在漠河盆地实施了 MK-1、MK-2 两口天然气水合物试验井（分别为 500 m 和 2 300 m 左右），按照这两口井的测温数据，分别计算获得地温梯度为 18℃/km 和 24℃/km，两者较为接近。

表 7.8　漠河盆地及邻近地区的地温梯度

钻井（地区）	地温梯度/（℃/km）	计算深度/m	备注
漠 D1 井	17	20～1000	石油井
MK-1 井	18	25～500	天然气水合物试验井
MK-2 井	24	10～1 000	天然气水合物试验井

3. 天然气水合物稳定带划分

按照天然气水合物相平衡数据，绘出岩心气的天然气水合物相平衡曲线，确定天然气水合物稳定带底界埋深。按表 7.8 绘制岩心气的天然气水合物相平衡曲线。然后，选择 20 m、60 m、120 m 这几个特征的永久冻土厚度、天然气地温为-2.4℃、地温梯度为 17℃/km 等数据，绘制地温梯度线（图 7.14）。从图中可以看出，天然气水合物稳定带顶界为 91～114 m，底界为 690～790 m，即漠河盆地在 91～790 m 的深度，皆有天然气水合物成矿的可能，天然气水合物稳定带的厚度为 576～699 m。

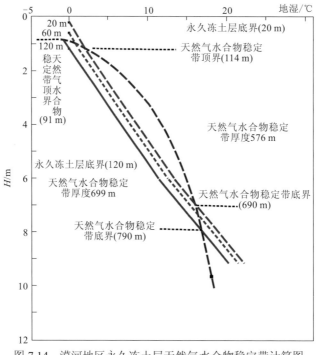

图 7.14　漠河地区永久冻土层天然气水合物稳定带计算图

7.3　埋藏史及生烃史分析

生烃史模拟可为油气成藏条件的时空匹配及油气资源评价等研究提供依据,本次采用的模拟软件为 PetroMod 盆地模拟软件,该软件为全球著名的含油气系统模拟软件之一。热史模拟采用稳态的常数热流模型;成熟史模拟采用 EASY%R_o化学动力学一级反应模型;生烃史模拟采用软件提供的干酪根油气双组分模型。

7.3.1　埋藏史

依据前人的研究认识和最新的研究成果,可以初步建立漠河盆地生烃史模拟的基础地层格架。前人研究表明:漠河盆地锆石裂变径迹测年长度分布在 1.52~9.84 μm,中值年龄为 58~144 Ma(标准差为 8.1~17.7 Ma),年龄主要分布在 95 Ma 和 135 Ma(图 7.15),说明全区经历了两次大规模的隆升过程,隆升发生的时间是 95 Ma 和 135 Ma(孙求实,2013)。而依据新采样品的磷灰石裂变径迹热模拟分析发现漠河盆地存在110~140 Ma 和 23 Ma 两个阶段的抬升、剥蚀作用;同时,根据断裂带方解石脉 ESR年龄测定,认为断裂活动在 23.9 Ma、9.6~10.7 Ma 都有出现,从而也证实 23 Ma 左右这次构造运动的存在。

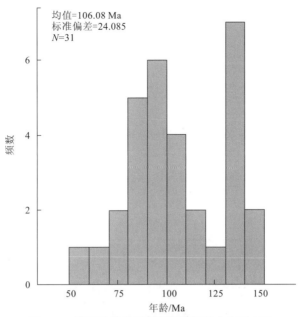

图 7.15　漠河盆地锆石裂变径迹年龄分布直方图

模拟地层年龄采用国际标准地层年龄，更次级的组年龄、段年龄采用内插方法获取；地层顶底埋深参考野外剖面厚度及相关文献数据，地层格架参考地质调查报告和相关文献资料综合建立；岩性资料主要依据野外观测及相关地质调查报告。建立的埋藏史见图 7.16。

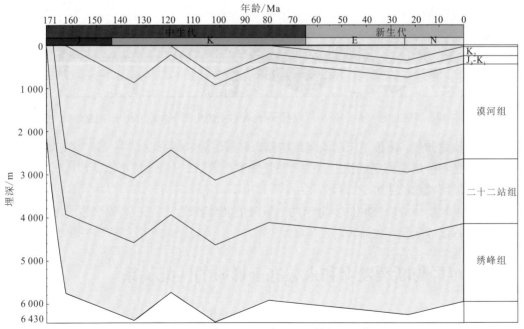

图 7.16　漠河盆地三零干线—北红村剖面埋藏史

7.3.2　生烃史

漠河盆地主要的烃源岩层位为漠河组和二十二站组。图 7.17 为 PetroMod 盆地模拟软件输出的漠河盆地三零干线—北红村剖面烃源岩生烃史图，从图中可以看出：漠河组底部烃源岩在早白垩世早期（145 Ma 左右）进入生烃门限（R_o=0.5%），处于低成熟热演化阶段。二十二站组在中侏罗世晚期（165 Ma 左右，也就是漠河组沉积中晚期）进入生烃门限（R_o=0.5%），在早白垩世早期（145 Ma 左右）进入成熟热演化阶段（R_o>0.7%），现阶段下部处于成熟热演化阶段，中部、上部处于低成熟热演化阶段。此外绣峰组现阶段主体处于成熟热演化阶段。

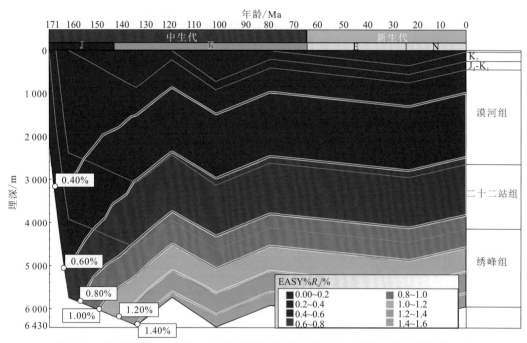

图 7.17　漠河盆地三零干线—北红村剖面烃源岩生烃史图（模拟有机质成熟度 R_o）

值得注意的是，模拟结果与漠河组中部、上部烃源岩特征明显不一致（图 7.17），究其原因还是与区域动力变质作用有关，正是侏罗纪末期—白垩纪的区域动力变质作用彻底改变了漠河盆地的生烃史。区域动力变质作用不但使漠河组烃源岩提前进入生烃阶段，而且还使漠河组烃源岩在晚侏罗世末期—早白垩世普遍进入成熟-高成熟热演化阶段，局部甚至进入过成熟热演化阶段。

7.3.3　生烃与断裂发育和永久冻土形成的匹配关系

漠河盆地从烃源岩生烃，圈闭的形成及油气的运移均离不开构造活动的影响。从构造演化来看，侏罗纪中期漠河盆地在张性应力作用下，形成近东西向展布的张性正断层

（纬向构造体系控制），控制晚侏罗世沉积，同时局部地区形成了一些北东向的大型断裂（纬向构造体系和新华夏构造体系联系控制）。晚侏罗世末期，漠河盆地早期形成的正断层可能发生翻转，转变为逆断层，以近东西向展布为主。晚侏罗世晚期—早白垩世早期发育一期漠河逆冲推覆构造，导致在北东方向上重新形成正断层或部分先期断层活化；同时又发育了一组北北东向次级断裂（新华夏系构造改造），具正断层性质；伴生一组北西向断裂，以正断层为主。漠河盆地在新生代 23.9 Ma、9.6～10.7 Ma 都存在较大规模的构造运动，且中新世—第四纪的构造运动主要形成了南北向断裂。

由断裂形成时间来看，漠河组烃源岩生烃时间与其匹配良好，晚侏罗世晚期—早白垩世早期形成的断裂可成为油气运移通道，从而形成原生油气藏；而新生代的构造运动则有利于原生油气藏调整后油气运移，有利于天然气水合物的成矿。

永久冻土形成时间较晚，一般认为是在晚更新世的冰盛期，该时期由于强烈的动力变质作用，漠河组主力烃源岩的主生烃期已近结束，显然永久冻土与烃源岩生烃之间的匹配关系不好，若依靠烃源岩为天然气水合物的成矿直接提供大量气源可能性不大。但好在漠河盆地存有数量巨大的生物成因气及生物改造气，其形成时间不受烃源岩热演化程度的影响，只要存在有机质和微生物细菌，条件合适，就有可能持续形成生物成因气，运移至永久冻土带以下的天然气水合物稳定带，聚集成矿。

7.4　成矿模式及成矿有利区带划分

7.4.1　成矿模式

结合常规油气（天然气）和非常规油气（天然气水合物）地质研究成果，综合分析漠河盆地油气的成矿模式。总体上，漠河盆地烃源岩形成的油气首先在圈闭内聚集成藏，形成原生油气藏。后期因构造运动影响部分圈闭遭受破坏，一部分烃类经运移在新的圈闭中聚集形成次生油气藏，另一部分天然气则以断裂等为有效运移通道继续向上运移，最终可能在特殊环境下的裂缝或孔隙相对发育的储层及部分有利圈闭中聚集，形成天然气水合物。当然，生物成因气也是漠河盆地天然气水合物的重要气源（图 7.18）。

漠河盆地不同区域，由于烃源岩热演化程度不同、构造运动强弱及储层储集性能的差异也会导致天然气水合物在成矿上存在一定的差异。

漠河盆地西部及中北部地区地处漠河逆冲推覆构造根带，构造活动强烈，烃源岩经动力变质作用迅速达到高成熟至过成熟热演化阶段，甚至部分出现变质，对早期油气生成、油气藏破坏与保存影响巨大，总的看来不利于常规的气藏形成。但在永久冻土层形成之后，与浅层微生物甲烷菌作用，仍可以形成一定规模的生物成因气，在构造裂缝中赋存形成天然气水合物矿产。

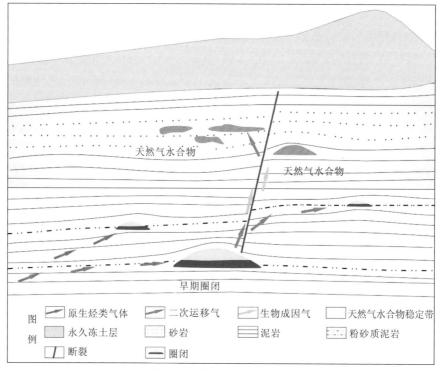

图 7.18　漠河盆地成矿模式

　　漠河盆地中部地区处于漠河逆冲推覆构造中带，构造活动相对漠河逆冲推覆构造根带较弱，圈闭类型多样，早期漠河逆冲推覆构造根带形成的油气有一部分运移至此得以保存，后期的断层活化可能导致部分原生油气藏中的油气散逸至孔隙、裂缝相对发育的有利圈闭中再次成藏。运移过程中，油气可能受微生物细菌的改造而形成部分生物改造气，而在地层的浅部也可能混入少量的生物成因气，导致气源成因类型多样。晚更新世永久冻土形成后，部分气藏进入稳定成矿带而形成天然气水合物。

　　漠河盆地东部地区位于漠河逆冲推覆构造锋带，构造活动弱，由于挤压作用形成了一部分小型的复式向斜及褶皱为油气的有效储集提供了一定的空间，油气经长距离运移至此成藏后基本未受到后期断裂活动的影响从而得以有效保存。部分油气在晚更新世冰盛期的永久冻土形成之后，圈闭中的温压条件发生骤变，使之处于天然气水合物的稳定带，而形成相应的天然气水合物成矿带。

7.4.2　成矿有利区带划分

1. 常规油气

　　漠河盆地常规油气成藏最主要的控制因素为烃源岩和油气的保存条件。综合分析，圈定出区域内三个常规油气有利区（图 7.19）。

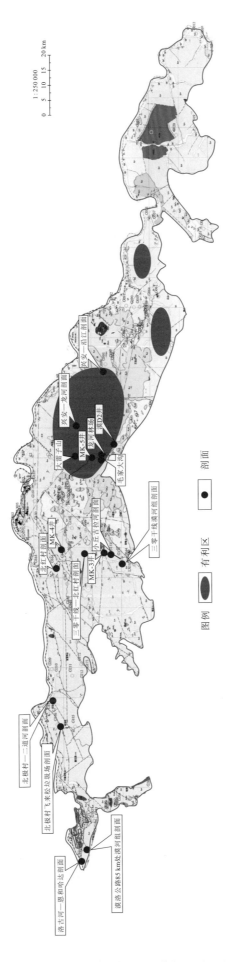

图7.19 漠河盆地常规油气有利区

图例　　　■ 有利区　　● 剖面

一区位于龙河林场附近。区域内漠河组厚度较大（≥1300 m），其中暗色泥岩厚度普遍大于300 m，最厚处超700 m；有机质丰度较高，TOC普遍大于1.0%，最高可达1.5%；烃源岩热演化程度高，局部受动力变质作用影响；储层物性较好，孔隙度平均为2.04%，渗透率平均为0.03 mD，孔隙连通性较好。一区虽局部构造活动强烈且开库康组剥蚀殆尽，但生储条件相对较好。

二区位于沿江林场的西南方，盘古河的两岸；三区位于开库康乡。两者位置均远离构造活动带，动力变质作用弱，断裂不发育且地层保存较为完好，开库康组未见明显剥蚀。早期形成的油气运移至此，在有利圈闭中汇聚成藏，后期得以有效保存。

2. 天然气水合物

漠河盆地永久冻土层较发育、厚度稳定、连续性好，多分布于20～100 m，平均厚度超过40 m，处于40～950 m的深度，皆为适合天然气水合物成矿的稳定带，故有利区的划分除参考常规油气的主要影响因素外，还要重点分析永久冻土层的展布规律。通过分析，圈定出漠河盆地天然气水合物的三个有利区（图7.20）。

一区与常规油气的有利区一致，位于龙河林场附近。区域内断裂发育，其中发育在晚侏罗世—早白垩世和中新世—全新世的断裂对油气运移和天然气水合物成矿的意义重大，前者与烃源岩生烃史匹配较好，有利于原生油气的运移，后者与永久冻土层形成时间匹配较好，有利于天然气水合物形成。

二区分布在国防公路南、小丘古拉河以西地区；三区分布在龙江第一湾南部的二十七站附近地区。三区烃源岩厚度多为300～600 m，TOC分布在1.0%左右，且区域构造上位于漠河逆冲推覆构造中带略靠近于锋带的位置，构造活动相对较强，断裂的频繁活动为油气提供良好的运移通道的同时也会破坏早期形成的圈闭，使早期形成的油气在永久冻土层形成之前散逸。三区中的局部构造稳定带可作为天然气水合物勘探的有利区。

四区位于北极村及邻近地区。区域内虽漠河组厚度较大且发育连续分布的巨厚层暗色泥岩，但位于漠河逆冲推覆构造根带，构造活动强烈，动力变质程度高，泥岩及粉砂岩已呈现一定程度的糜棱岩化，最新钻井资料揭示其烃源岩有机质热演化程度多处于高成熟-过成熟阶段且有机质丰度并不高。区域内深大断裂的发育、强烈的破碎作用均对早期生成的油气形成了巨大的破坏。四区虽可作为天然气水合物勘探的有利区，但勘探风险相对较大。

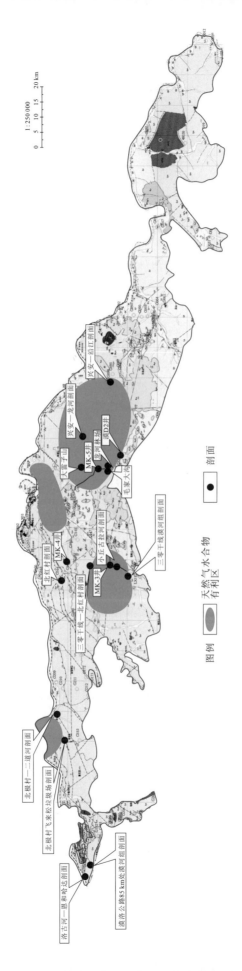

北极村—二道河剖面

北极村飞米松垃圾场剖面

洛古河—恩和哈达剖面

漠洛公路85 km处漠河组剖面

北红村剖面

三零干线—北红村剖面

MK-4井

MK-3井

小丘古拉河剖面

三零干线漠河组剖面

毛家大沟

龙河林场

MK-5井

大雷子山

源D2井

兴安—龙河剖面

兴安—沿江剖面

图例

天然气水合物
有利区

天然气水合物

剖面

图7.20 漠河盆地天然气水合物有利区

1 : 250 000

0 5 10 15 20 km

包建平, 梅博文, 1997. 25-降藿烷系列的"异常"分布及其成因. 沉积学报, 15(2): 179-183.

董树文, 吴锡浩, 吴珍汉, 等, 2000. 论东亚大陆的构造翘变: 燕山运动的全球意义. 地质论评, 46(1): 8-13.

杜宝安, 李秀荣, 段文海, 1982. 甘肃崇信延安组、直罗组孢粉组合. 古生物学报, 21(5): 597-606, 636-638.

傅家谟, 彭平安, 1988. 沉积矿床有机地球化学. 矿物岩石地球化学通讯, 8(1): 88-90.

付金华, 2004. 鄂尔多斯盆地上古生界天然气成藏条件及富集规律. 西安: 西北大学.

郭东信, 王绍令, 鲁国威, 等, 1981. 东北大小兴安岭多年冻土分区. 冰川冻土, 3(3): 1-9.

和政军, 李锦铁, 牛宝贵, 等, 1998. 燕山—阴山地区晚侏罗世强烈推覆-隆升事件及沉积响应. 地质论评, 44(4): 407-418.

和钟铧, 刘招君, 郭宏伟, 等, 2008. 漠河盆地中侏罗世沉积源区分析及地质意义. 吉林大学学报(地球科学版), 38(3): 398-404.

侯伟, 刘招君, 何玉平, 等, 2010. 漠河盆地上侏罗统沉积特征与构造背景. 吉林大学学报(地球科学版), 40(2): 286-297.

黄嫔, 1995. 新疆吐哈盆地大南湖煤田早、中侏罗世孢粉组合及其地层意义. 古生物学报, 34(2): 171-193.

黄嫔, 李建国, 2007. 新疆玛纳斯河畔红沟剖面西山窑组和头屯河组孢粉组合及地层意义. 微体古生物学报, 24(2): 170-193.

黄第藩, 李晋超, 1982. 干酪根类型划分的 X 图解. 地球化学, 11(1): 21-30.

纪友亮, 李清山, 王勇, 等, 2012. 高邮凹陷古近系戴南组扇三角洲沉积体系及其沉积相模式. 地球科学与环境学报, 34(1): 9-19.

江德昕, 王永栋, 何卓生, 等, 2008. 新疆塔里木盆地中侏罗世塔尔尕组孢粉植物群及地层和古地理意义. 微体古生物学报, 25(4): 333-344.

姜在兴, 操应长, 2000. 砂体层序地层及沉积学研究: 以山东惠民凹陷为例. 北京: 地质出版社.

李春雷, 2007. 漠河盆地构造特征演化与成盆动力学研究. 北京: 中国地质大学(北京).

李锦铁, 和政军, 莫申国, 等, 2004. 大兴安岭北部绣峰组下部砾岩的形成时代及其大地构造意义. 地质通报, 23(2): 120-129.

李强, 2009. 吐鲁番—哈密盆地台北凹陷早、中侏罗世地层及孢粉组合研究. 西安: 西北大学.

李新, 程国栋, 2002. 冻土-气候关系模型评述. 冰川冻土, 24(3): 315-321.

刘晓佳, 赵立国, 田珺, 等, 2014. 漠河逆冲推覆构造活动时代的 ESR 年龄证据. 地质力学学报, 20(3): 299-303.

刘兆生, 1998. 塔里木盆地北缘侏罗纪孢粉组合. 微体古生物学报, 15(2): 144-165.

刘兆生, 孙立广, 1992. 新疆温泉煤田早、中侏罗世孢粉组合及其地层意义. 古生物学报, 31(6): 629-645,

761-764.

刘兆生, 何卓生, 董凯林, 1999. 新疆库车牙哈井下克孜勒努尔组底部孢粉组合. 微体古生物学报, 16(1): 82-88.

任建业, 李思田, 2000. 西太平洋边缘海盆地的扩张过程和动力学背景. 地学前缘, 7(3): 203-213.

尚玉珂, 1995. 内蒙古东胜延安组孢粉研究. 微体古生物学报, 12(4): 398-420.

斯行健, 1956. 新疆西北部准噶尔盆地中生代含油地层的植物群. 古生物学报, 4(4): 461-476, 650-654.

斯行健, 周志炎, 1962. 中国中生代陆相地层. 北京: 科学出版社.

孙峰, 1989. 新疆吐鲁番七泉湖煤田早、中侏罗世孢粉组合. 植物学报, 31(8): 638-646.

孙求实, 2013. 漠河盆地晚侏罗系以来剥露过程研究. 长春: 吉林大学.

王宝山, 1988. 黑龙江省漠河盆地高精度构造航磁普查成果报告. 长春: 长春市东方地球物理技术服务公司航磁队.

王川, 黄铮, 樊民星, 等, 1996. 天然气资源成藏模型评价系统的建立. 石油与天然气地质, 17(2): 102-109.

王永栋, 江德昕, 杨惠秋, 等, 1998. 新疆吐鲁番—鄯善地区中侏罗世孢粉组合. 植物学报, 40(10): 969-976.

王瑜, 1996. 晚古生代末—中生代内蒙古—燕山地区造山过程中的岩浆热事件与构造演化. 现代地质, 10(1): 66-75.

邬立言, 1986. 油气储集岩热解快速定性定量评价. 北京: 石油工业出版社.

吴河勇, 杨建国, 黄清华, 等, 2003. 漠河盆地中生代地层层序及时代. 地层学杂志(3): 193-198.

辛仁臣, 吴河勇, 杨建国, 2003. 漠河盆地上侏罗统层序地层格架. 地层学杂志, 27(3): 199-204.

尹凤娟, 侯宏伟, 1999. 陕西彬县地区中侏罗世延安组孢粉植物群及其意义. 植物学报, 41(3): 325-329.

张春生, 刘忠保, 施冬, 等, 2000. 扇三角洲形成过程及演变规律. 沉积学报, 18(4): 521-526, 655.

张旗, 许继峰, 王焰, 等, 2004. 埃达克岩的多样性. 地质通报, 23(9-10): 959-965.

赵省民, 邓坚, 李锦平, 等, 2011. 漠河多年冻土区天然气水合物的形成条件及成藏潜力研究. 地质学报, 85(9): 1536-1550.

赵省民, 邓坚, 饶竹, 等, 2015. 漠河盆地多年冻土带生物气的发现及对陆域天然气水合物勘查的重要意义. 石油学报, 36(8): 954-965.

赵文智, 汪泽成, 王红军, 等, 2008. 中国中、低丰度大油气田基本特征及形成条件. 石油勘探与开发, 35(6): 641-650.

赵越, 杨振宇, 马醒华, 1994. 东亚大地构造发展的重要转折. 地质科学, 29(2): 105-119.

周幼吾, 郭东信, 邱国庆, 等, 2000. 中国冻土. 北京: 科学出版社.

周幼吾, 王银学, 高兴旺, 等, 1996. 我国东北部冻土温度和分布与气候变暖. 冰川冻土, 18(s1): 139-147.

朱筱敏, 2008. 沉积岩石学. 4 版. 北京: 石油工业出版社.

朱志澄, 马曹章, 杨坤光, 1989. 鄂东南多层次滑脱拆离及其与桐柏—大别山滑脱拆离的对接关系. 地球科学, 14(1): 19-27.

HUANG W Y, MEINSCHEIN W G, 1979. Sterols as ecological indicators. Geochimica et Cosmochimica Acta, 43(5): 739-745.

RADKE M, RULLKÖTTER J, VRIEND S P, 1994. Distribution of naphthalenes in crude oils from the Java Sea: Source and maturation effects. Geochimica et Cosmochimica Acta, 58(17): 3675-3689.